勘探开发梦想云丛书

东方智能物探

苟　量　张少华　詹仕凡◎等编著

石油工业出版社

内 容 提 要

本书为《勘探开发梦想云丛书》之一，以东方物探建设世界一流地球物理技术服务公司为背景，系统地回顾了东方物探 2018 年以前的数字化与信息化建设历程和取得的成果，并以此为基础分析了东方物探数字化转型智能化发展所面临的形势与挑战，描绘了智能物探云与勘探开发梦想云融合发展的蓝图和核心应用场景，展示了 2019 年以来数字化转型的初步建设成效，展望了东方物探数字化转型智能化发展的未来愿景。

本书可供从事数字化转型智能化发展建设工作的管理人员、科研人员及大专院校相关专业师生参考阅读。

图书在版编目（CIP）数据

东方智能物探 / 苟量等编著 . —北京：石油工业出版社，2021.8

（勘探开发梦想云丛书）

ISBN 978-7-5183-4700-1

Ⅰ . ① 东… Ⅱ . ① 苟… Ⅲ . ① 地球物理勘探 – 智能技术 – 应用 Ⅳ . ① P631-39

中国版本图书馆 CIP 数据核字（2021）第 176260 号

出版发行：石油工业出版社
（北京安定门外安华里 2 区 1 号　100011）
网　　址：www.petropub.com
编辑部：（010）64523736　图书营销中心：（010）64523633
经　　销：全国新华书店
印　　刷：北京中石油彩色印刷有限责任公司

2021 年 8 月第 1 版　2021 年 8 月第 1 次印刷
710×1000 毫米　开本：1/16　印张：16.25
字数：260 千字

定价：150.00 元
（如出现印装质量问题，我社图书营销中心负责调换）
版权所有，翻印必究

《勘探开发梦想云丛书》编委会

主　任：焦方正

副主任：李鹭光　古学进　杜金虎

成　员：（按姓氏笔画排序）

丁建宇　马新华　王洪雨　石玉江
卢　山　刘合年　刘顺春　江同文
汤　林　杨　杰　杨学文　杨剑锋
李亚林　李先奇　李松泉　何江川
张少华　张仲宏　张道伟　苟　量
周家尧　金平阳　赵贤正　贾　勇
龚仁彬　康建国　董焕忠　韩景宽
熊金良

《东方智能物探》
编 写 组

组　长：苟　量

副组长：张少华　詹仕凡

成　员：康南昌　杨茂君　安佩君　张　武
　　　　温铁民　崔京彬　易昌华　张晓斌
　　　　王乃建　张晋飚　马　涛　许增魁
　　　　关业志　宋林伟　朱斗星　韩瑞冬
　　　　尚民强　耿伟峰　刘　博　董文刚
　　　　杨葆军　魏月婷　乔永杰　王　楠
　　　　杨　柳　张方述　杨占军　石艳玲
　　　　李　磊　徐　晨　丁建群　王　岩
　　　　唐　虎　申宇朋　蓝益军　罗卫东
　　　　曾国强　王文闯　刘　滨

PREFACE •••

序 一

过去十年,是以移动互联网为代表的新经济快速发展的黄金期。随着数字化与工业产业的快速融合,数字经济发展重心正在从消费互联网向产业互联网转移。2020年4月,国家发改委、中央网信办联合发文,明确提出构建产业互联网平台,推动企业"上云用数赋智"行动。云平台作为关键的基础设施,是数字技术融合创新、产业数字化赋能的基础底台。

加快发展油气工业互联网,不仅是践行习近平总书记"网络强国""产业数字化"方略的重要实践,也是顺应能源产业发展的大势所趋,是抢占能源产业未来制高点的战略选择,更是落实国家关于加大油气勘探开发力度、保障国家能源安全的战略要求。勘探开发梦想云,作为油气行业的综合性工业互联网平台,在这个数字新时代的背景下,依靠石油信息人的辛勤努力和中国石油信息化建设经年累月的积淀,厚积薄发,顺时而生,终于成就了这一博大精深的云端梦想。

梦想云抢占新一轮科技革命和产业变革制高点,构建覆盖勘探、开发、生产和综合研究的数据采集、石油上游 PaaS 平台和应用服务三大体系,打造油气上游业务全要素全连接的枢纽、资源配置中心,以及生产智能操控的"石油大脑"。该平台是油气行业数字化转型智能化发展的成功实践,更是中国石油实现弯道超车打造世界一流企业的必经之路。

梦想云由设备设施层、边缘层、基础设施、数据湖、通用底台、服务中台、应用前台、统一入口等 8 层架构组成。边缘层通过物联网建设,打通云边端数据通道,重构油气业务数据采集和应用体系,使实时智能操作和决策成为可能。数据湖落地建成为由主湖和区域湖构成、具有油气特色的连环数据湖,逐步形成开放数据生态,推动上游业务数据资源向数据资产转变。通用底台提供云原生开发、云化集成、智能创新、多云互联、生态运营等 12 大平台功能,纳管人工智能、大数据、区块链等技术,成为石油上游工业操作系统,使软件开发不再从零开始,设计、开发、运维、运营都在底台上实现，构建业务应用更快捷、高效，业务创新更容易，成为中国石油自主可控、功能完备的智能云平台。服务中台涵盖业务中台、数据中台和专业工具，丰富了专业微服务和共享组件，具备沉淀上游业务知识、模型和算法等共享服务能力，创新油气业务"积木式"应用新模式，极大促进降本增效。

梦想云不断推进新技术与油气业务深度融合，上游业务"一云一湖一平台一入口""油气勘探、开发生产、协同研究、生产运行、工程技术、经营决策、安全环保、油气销售"四梁八柱新体系逐渐成形，工业APP数量快速增长，已成为油气行业自主安全、稳定开放、功能齐全、应用高效、综合智能的工业互联网平台，标志着中国石油油气工业互联网技术体系初步形成，梦想云推动产业生态逐渐成熟、应用场景日趋丰富。

油气行业正身处在一扇崭新的风云际会的时代大门前。放眼全球，领先企业的工业互联网平台正处于规模化扩张的关键期，而中国工业互联网仍处于起步阶段，跨行业、跨领域的综合性平台亟待形成，面向特定行业、特定领域的企业级平台尚待成熟，此时，稳定实用的梦想云已经成为数字化转型的领跑者。着眼未来，我国亟须加强统筹协调，充分发挥政府、企业、研究机构等各方合力，把握战略窗口期，积极推广企业级示范平台建设，抢占基于工业互联网平台的发展主动权和话语权，打造新型工业体系，加快形成培育经济增长新动能，实现高质量发展。

《勘探开发梦想云丛书》简要介绍了中国石油在数字化转型智能化发展中遇到的问题、挑战、思考及战略对策，系统总结了梦想云建设成果、建设经验、关键技术，多场景展示了梦想云应用成果成效，多维度展望了智能油气田建设的前景。相信这套书的面世，对油气行业数字化转型，对推进中国能源生产消费革命、推动能源技术创新、深化能源体制机制改革、实现产业转型升级都具有 重大作用，对能源行业、制造行业、流程行业具有重要借鉴和指导意义。适时编辑出版本套丛书以飨读者，便于业内的有识之士了解与共享交流，一定可以为更多从业者统一认识、坚定信心、创新科技作出积极贡献。

中国科学院院士 雷承造

PREFACE •••

序 二

当今世界，正处在政治、经济、科技和产业重塑的时代，第六次科技革命、第四次工业革命与第三次能源转型叠加而至，以云计算、大数据、人工智能、物联网等为载体的技术和产业，正在推动社会向数字化、智能化方向发展。数字技术深刻影响并改造着能源世界，而勘探开发梦想云的诞生恰逢其时，它是中国石油数字化转型智能化发展中的重大事件，是实现向智慧油气跨越的重要里程碑。

短短五年，梦想云就在中国石油上游业务的实践中获得了成功，广泛应用于油气勘探、开发生产、协同研究等八大领域，构建了国内最大的勘探开发数据连环湖。业务覆盖 50 多万口油气水井、700 个油气藏、8000 个地震工区、40000 座站库，共计 5.0PB 数据资产，涵盖 6 大领域、15 个专业的结构化、非结构化数据，实现了上游业务核心数据全面入湖共享。打造了具有自主知识产权的油气行业智能云平台和认知计算引擎，提供敏捷开发、快速集成、多云互联、智能创新等 12 大服务能力，构建井筒中心等一批中台共享能力。在塔里木油田、中国石油集团东方地球物理勘探有限责任公司、中国石油勘探开发研究院等多家单位得到实践应用。梦想云加速了油气生产物联网的云应用，推动自动化生产和上游企业的提质增效；构建了工程作业智能决策中心，支持地震物探作业和钻井远程指挥；全面优化勘探开发业务的管理流程，加速从线下到线上、从单井到协同、从手工到智能的工作模式转变；推进机器人巡检智能工作流程等创新应用落地，使数字赋能成为推动企业高质量发展的新动能。

《勘探开发梦想云丛书》是首套反映国内能源行业数字化转型的系列丛书。该书内容丰富，语言朴实，具有较强的实用性和可读性。该书包括数字化转型的概念内涵、重要意义、关键技术、主要内容、实施步骤、国内外最佳案例、上游应用成效等几个部分，全面展示了中国石油十余年数字化转型的重要成果，勾画了梦想云将为多个行业强势赋能的愿景。

没有梦想就没有希望，没有创新就没有未来。我们正处于瞬息万变的时代——理念快变、思维快变、技术快变、模式快变，无不在催促着我们在这个伟大的时代加快前行的步伐。值此百年一遇的能源转型的关键时刻，迫切需要我们运用、创造和传播新的知识，展开新的翅膀，飞临梦想云，屹立云之端，体验思维无界、创新无限、力量无穷，在中国能源版图上写下壮美的篇章。

中国科学院院士 郭才鸿

FOREWORD TO SERIES

丛书前言

党中央、国务院高度重视数字经济发展，做出了一系列重大决策部署。习近平总书记强调，数字经济是全球未来的发展方向，要大力发展数字经济，加快推进数字产业化、产业数字化，利用互联网新技术新应用对传统产业进行全方位、全角度、全链条的改造，推动数字经济和实体经济深度融合。

当前，世界正处于百年未有之大变局，新一轮科技革命和产业变革加速演进。以云计算、物联网、移动通信、大数据、人工智能等为代表的新一代信息技术快速演进、群体突破、交叉融合，信息基础设施加快向云网融合、高速泛在、天地一体、智能敏捷、绿色低碳、安全可控的智能化综合基础设施发展，正在深刻改变全球技术产业体系、经济发展方式和国际产业分工格局，重构业务模式、变革管理模式、创新商业模式。数字化转型正在成为传统产业转型升级和高质量发展的重要驱动力，成为关乎企业生存和长远发展的"必修课"。

中国石油坚持把推进数字化转型作为贯彻落实习近平总书记重要讲话和重要指示批示精神的实际行动，作为推进公司治理体系和治理能力现代化的战略举措，积极抓好顶层设计，大力加强信息化建设，不断深化新一代信息技术与油气业务融合应用，加快"数字中国石油"建设步伐，为公司高质量发展提供有力支撑。经过20年集中统一建设，中国石油已经实现了信息化从分散向集中、从集中向集成的两次阶段性跨越，为推动数字化转型奠定了坚实基础。特别是在上游业务领域，积极适应新时代发展需求，加大转型战略部署，围绕全面建成智能油气田目标，制定实施了"三步走"战略，取得了一系列新进步新成效。由中国石油数字和信息化管理部、勘探与生产分公司组织，昆仑数智科技有限责任公司为主打造的"勘探开发梦想云"就是其中的典型代表。

勘探开发梦想云充分借鉴了国内外最佳实践，以统一云平台、统一数据湖及一系列通用业务应用（"两统一、一通用"）为核心，立足自主研发，坚持开放合作，整合物联网、云计算、人工智能、大数据、区块链等技术，历时五年持续攻关与技术迭代，逐步建成拥有完全自主知识产权的自主可控、功能完备的智能工业互联网平台。2018年，勘探开发梦想云1.0发布，"两统一、一通用"蓝图框架基本落地；2019年，勘探开发梦想云2.0发布，六大业务应用规模上云；2020年，勘探开发梦想云2020发布，梦想云与油气业务深度融合，全面进入"厚平台、薄应用、模块化、迭代式"的新时代。

  勘探开发梦想云改变了传统的信息系统建设模式，涵盖了设备设施层、边缘层、基础设施、数据湖、通用底台、服务中台、应用前台、统一入口等8层架构，拥有10余项专利技术，提供云原生开发、云化集成、边缘计算、智能创新、多云互联、生态运营等12大平台功能，建成了国内最大的勘探开发数据湖，支撑业务应用向"平台化、模块化、迭代式"工业APP模式转型，实现了中国石油上游业务数据互联、技术互通、研究协同，为落实国家关于加大油气勘探开发力度战略部署、保障国家能源安全和建设世界一流综合性国际能源公司提供了数字化支撑。目前，中国石油相关油气田和企业正在以勘探开发梦想云应用为基础，加快推进数字化转型智能化发展。可以预见在不远的将来，一个更加智能的油气勘探开发体系将全面形成。

  为系统总结中国石油上游业务数字化、智能化建设经验、实践成果，推动实现更高质量的数字化转型智能化发展，本着从概念设计到理论研究、到平台体系、到应用实践的原则，中国石油2020年9月开始组织编撰《勘探开发梦想云丛书》。该丛书分为前瞻篇、基础篇、实践篇三大篇章，共十部图书，较为全面地总结了"十三五"期间中国石油勘探开发各单位信息化、数字化建设的经验成果和优秀案例。其中，前瞻篇由《数字化转型智能化发展》一部图书组成，主要解读数字化转型的概念、内涵、意义和挑战等，诠释国家、行业及企业数字化转型的主要任务、核心技术和发展趋势，对标分析国内外企业的整体水平和最佳实践，提出数字化转型智能化发展愿景；基础篇由《梦想云平台》《油气生产物联网》《油气人工智能》三部图书组成，主要介绍中国石油勘探开发梦想云平台的技术体系、建设成果与应用成效，以及"两统一、一通用"的上游信息化发展总体蓝图，并详细阐述了物联网、人工智能等数字技术在勘探开发领域的创新应用成果；实践篇由《塔里木智能油气田》《长庆智能油气田》《西南智能油气田》《大港智能油气田》《海外智能油气田》《东方智能物探》六部图书组成，分别介绍了相关企业信息化建设概况，以及基于勘探开发梦想云平台的数字化建设蓝图、实施方案和应用成效，提出了未来智能油气的前景展望。

该丛书编撰历经近一年时间，经过多次集中研究和分组讨论，圆满完成了准备、编制、审稿、富媒体制作等工作。该丛书出版形式新颖，内容丰富，可读性强，涵盖了宏观层面、实践层面、行业先进性层面、科普层面等不同层面的内容。该丛书利用富媒体技术，将数字化转型理论内容、技术原理以知识窗、二维码等形式展现，结合新兴数字技术在国际先进企业和国内油气田的应用实践，使数字化转型概念更加具象化、场景化，便于读者更好地理解和掌握。

该丛书既可作为高校相关专业的教科书，也可作为实践操作手册，用于指导开展数字化转型顶层设计和实践参与，满足不同级别、不同类型的读者需要。相信随着数字化转型在全国各类企业的全面推进，该丛书将以编撰的整体性、内容的丰富性、可操作的实战性和深刻的启发性而得到更加广泛的认可，成为专业人员和广大读者的案头必备，在推动企业数字化转型智能化发展、助力国家数字经济发展中发挥积极作用。

中国石油天然气集团有限公司副总经理　焦方正

FOREWORD ●●●

前 言

东方地球物理勘探有限责任公司（简称东方物探，英文缩写 BGP）是中国石油天然气集团有限公司（简称中国石油，英文缩写 CNPC）全资物探专业化子公司。经过数十年的不断发展，东方物探已经成为全球最大的地球物理技术服务承包商，为全球 73 个国家 300 多家油公司提供油气勘探服务，全球市场规模占比达 40% 以上，营业收入连续 6 年位居全球物探行业首位，对国家油气资源发现和保障国家能源安全发挥了重要作用。

东方物探开展数字化、信息化建设历经几十载春秋，取得的成果对东方物探的生产、科研、经营、管理、安全、环保等各个业务领域都起到了核心支撑作用。但是，由于受当时各种条件限制，所建信息系统多为"烟囱式"模式，仍存在信息孤岛，且应用深度不均衡、信息安全较薄弱，导致数据难共享、应用难集成、业务难协同，已经不能满足东方物探数字化转型智能化发展的现实需要。随着 2018 年 11 月 27 日中国石油勘探开发梦想云的正式发布，标志着中国石油上游业务信息化建设全面进入平台化、模块化和开放、共享、智能、敏捷、生态发展新时代，为东方物探数字化转型智能化发展带来了新理念、新方法和新路径。为落实国家数字化转型发展战略和"共享中国石油"战略部署，东方物探以梦想云为依托，以优化完善数字化转型智能化发展顶层设计为新起点，以搭建智能物探云与东方数据湖为新基石，在新平台上逐步绘就东方物探宏伟新蓝图，全力推进建设行业领先的东方智能物探。

在新时代建设"上云—用数—赋能—深耕"智能物探新征程的追梦奋进道路上，东方物探以"数"为枪，以"智"为弹，以"梦"为靶，铸信强基、数智创新、共创未来，取得了数字化转型的阶段性成果，特以本书与读者分享。

本书正文共分为四章，主要内容介绍如下：

第一章是物探工程数字化建设成果，从东方物探 2018 年之前的信息化、数字化建设基础入手，系统介绍了东方物探业务概况以及数字化、信息化建设成效。

第二章是数字化转型发展蓝图，从分析物探工程核心业务发展趋势入手，剖析了新时期东方物探转型发展所面临的问题与挑战，在归纳了东方物探数字化转型、智能化发展需求的基础上，谋划了东方物探数字化转型智能化发展的愿景蓝图，描绘了东方物探核心业务的应用场景，提出了数字化转型智能化发展的实施计划和保障措施。

第三章是数字化转型发展建设成效，围绕"提质、降本、增效、控险"主体目标，重点介绍梦想云平台发布以来东方物探实施数字化转型智能化发展的最新建设成果，主要包括采集业务数字化转型初见成效、处理解释数字化转型取得成果、物探软件生态建设等方面的转型发展成果。

第四章是物探技术智能化发展展望，主要从物探区域数据湖助力物探数据生态建设、打造"AI+物探"行业智能应用生态、建设世界一流智能物探公司三个侧面，展望描绘了未来五到十年智能物探的发展愿景。

本书由东方物探执行董事、党委书记苟量任组长，总经理张少华、首席专家詹仕凡为副组长，参加本书编写的还有康南昌、杨茂君、安佩君、张武、温铁民、崔京彬、易昌华、王乃建、张晓斌、张晋飚、马涛、许增魁、曾国强、关业志、宋林伟、朱斗星、韩瑞冬、尚民强、耿伟峰、刘博、董文刚、杨葆军、魏月婷、乔永杰、王楠、杨柳、张方述、杨占军、石艳玲、李磊、徐晨、丁建群、王岩、唐虎、申宇朋、蓝益军、罗卫东、王文闯、刘滨等。同时，本书在编写过程中，得到中国石油高级专家杜金虎教授的精心指导和大力支持，对书稿组织了多次审查和指导，昆仑数智科技有限公司刘哲生、孙云霞、杨志军、阴芳、何宪鹏、冯胜、胡志学、黎勇、郭艳霞也参与了书稿的修改完善工作，樊少明、王铁成、赵秋生等参与了书稿审核并提出了宝贵意见，此外，石油工业出版社金平阳等也从出版和读者角度对本书组织了编辑、审查和设计，在此一并表示感谢！

由于时间仓促以及编写人员的业务知识有限，书中难免有不妥之处，敬请读者批评指正。

目录

第一章 物探工程数字化建设成果

东方物探作为全球知名的石油天然气勘探专业技术服务公司，伴随着中国石油工业的成长、发展与壮大，在经历了 50 多年的发展历程后的今天，已成为全球石油天然气勘探市场占有率最大的跨国经营公司。

本章主要介绍了 2018 年以前东方物探业务概况以及物探业务数字化、信息化建设的发展历程和所取得的成效。

- 第一节　公司业务概况　　　　　　　　　　　　　　　　/02
  - 一　公司简介及核心业务　　　　　　　　　　　　　/02
  - 二　发展战略　　　　　　　　　　　　　　　　　　/06
- 第二节　业务数字化建设成效　　　　　　　　　　　　　/08
  - 一　发展历程　　　　　　　　　　　　　　　　　　/09
  - 二　主要成效　　　　　　　　　　　　　　　　　　/22
- 第三节　物探信息化建设成效　　　　　　　　　　　　　/28
  - 一　发展历程　　　　　　　　　　　　　　　　　　/28
  - 二　主要成效　　　　　　　　　　　　　　　　　　/45

第二章 数字化转型发展蓝图

东方物探作为中国石油"十四五"数字化转型智能化发展建设试点单位，本着"实事求是、遵循规律、着眼长远、统筹兼顾"的原则，组织完成了数字化转型智能化发展蓝图规划和试点建设方案编制，将为东方物探创新优先、成本领先和综合一体化、全面国际化的"两先两化"战略落地提供数字化转型智能化发展的支撑与保障。

本章从物探工程核心业务发展趋势研究入手，分析了东方物探所面临的问题和挑战，提出了加快数字化转型智能化发展的应对策略，制定了东方物探数字化转型发展方向、目标与策略，描绘了数字化转型发展蓝图，制定了实施计划和保障措施。

- **第一节 物探工程核心业务发展趋势** /50
- **第二节 面临的问题与挑战及应对策略** /54
  - 一 面临的问题与挑战 /54
  - 二 应对策略 /56
- **第三节 转型发展蓝图** /58
  - 一 业务构架 /59
  - 二 组织体系 /61
  - 三 转型发展指导思想与目标 /62
  - 四 转型发展总体蓝图 /63
- **第四节 核心业务应用场景** /80
  - 一 采集技术服务中心 /81
  - 二 处理解释协同工作中心 /86
  - 三 企业运营管理中心 /89
  - 四 生产指挥与决策中心 /90
- **第五节 实施计划与保障措施** /91
  - 一 实施计划 /91
  - 二 保障措施 /92

第三章 数字化转型发展建设成效

坚持技术创新引领和做大做强物探业务的发展理念，东方物探摆脱了对国外技术与装备的长期依赖，实现了自主发展、安全可控，并在国际同行业市场竞技中取得了一定的优势。面对全球化的数字化转型智能化发展浪潮，东方物探充分借鉴梦想云的发展理念和成果，提出了全新的转型发展蓝图，经过两年左右时间的实践，取得了明显成效。

本章从采集业务数字化转型初见成效、处理解释业务数字化转型取得成果、物探软件生态建设3个方面，介绍东方物探转型发展建设所取得的初步成果。

- **第一节　采集业务数字化转型初见成效　　　　　　　　/96**
  - 一　混合云支撑全球化采集业务　　　　　　　　　　　/96
  - 二　采集软件云化升级　　　　　　　　　　　　　　　/101
  - 三　陆上采集业务智能化应用　　　　　　　　　　　　/125
  - 四　海上采集业务智能化应用　　　　　　　　　　　　/140
  - 五　三级生产指挥与远程技术支持　　　　　　　　　　/141
- **第二节　处理解释业务数字化转型取得成果　　　　　　/148**
  - 一　地震处理解释业务云　　　　　　　　　　　　　　/148
  - 二　GeoEast 云化升级　　　　　　　　　　　　　　　/153
  - 三　处理解释业务数字化转型成效　　　　　　　　　　/162
  - 四　地震地质工程 & 油藏一体化转型成果　　　　　　/184
  - 五　重磁电勘探数字化转型初探　　　　　　　　　　　/193
- **第三节　物探软件生态建设　　　　　　　　　　　　　/196**
  - 一　多学科一体化开放式软件平台 GeoEast-iEco　　　/197
  - 二　物探软件生态系统建设成效　　　　　　　　　　　/203

第四章 物探技术智能化发展展望

随着新兴数字化技术在物探技术领域的普及应用，东方物探到"十四五"末将建成自有特色的数据共享生态，建成"AI＋物探"的智能应用生态，使得物探技术界熟知的机器学习、深度学习等人工智能技术将为物探技术智能化发展带来更深刻的变革和更大的突破，进而推动东方物探向物探智能生产、企业智能运营、企业智能决策方向发展，建成世界一流智能物探公司。

本章从物探区域数据湖助力开放物探数据生态建设、打造"AI＋物探"行业智能应用生态、建设世界一流智能物探公司3个方面展现物探技术智能化发展前景和愿景。

- 第一节　物探区域数据湖助力物探数据生态建设　　　　/206
  - 一　东方物探多湖生态　　　　/206
  - 二　物探行业开放数据生态　　　　/208
  - 三　发展愿景　　　　/209
- 第二节　打造"AI＋物探"行业智能应用生态　　　　/209
  - 一　物探技术智能生态　　　　/211
  - 二　采集作业智能生态　　　　/214
  - 三　处理解释智能生态　　　　/219
  - 四　运营管理智能生态　　　　/223
- 第三节　建设世界一流智能物探公司　　　　/226
  - 一　物探智能生产　　　　/226
  - 二　企业智能运营　　　　/232
  - 三　企业智能决策　　　　/236

结束语　　　　/239

参考文献　　　　/240

第一章
物探工程数字化建设成果

　　东方物探作为全球知名的石油天然气勘探专业技术服务公司，伴随着中国石油工业的成长、发展与壮大，在经历了 50 多年的发展历程后的今天，已成为全球石油天然气勘探市场占有率最大的跨国经营公司。

　　本章主要介绍了 2018 年以前东方物探业务概况以及物探业务数字化、信息化建设的发展历程和所取得的成效。

第一节　公司业务概况

一、公司简介及核心业务

1. 公司简介

中国石油物探发展史是一部因新中国的建立而孕、为新中国经济建设而生、为改变中国能源供给落后面貌而不断拼搏的奋斗史，也是一部与中国石油工业发展荣辱与共、相伴相生、开拓进取的创业史，经历了在探索中起步、在成长中壮大、在跨越中发展的创业历程，成为蜚声国际的石油地球物理勘探技术与服务品牌。

东方物探的前身是中国石油工业大发展中早期（20 世纪 70 年代）的石油地球物理勘探局，经 2000 年后的两次重大重组，整合了中国石油原所属的 10 多家油气田企业中的地球物理勘探队伍后，形成了如今的国内最大、也是全球最大的石油与天然气地球物理勘探专业化技术服务公司。东方物探现有员工 2.8 万余人，拥有 1 名中国工程院院士、11 名享受国务院政府津贴专家、13 名公司级首席技术专家、79 名公司高级技术专家和 9 千余人的专业技术队伍。现有 203 支作业队伍，主要物探装备制造水平与国际先进水平同步。国内业务主要分布在 30 个省、自治区、直辖市，为 20 多家油气田提供技术服务；海外业务分布在 73 个国家，为 300 多个油公司提供技术服务。营业收入连续 6 年保持全球物探行业第一位。

东方物探是国家级企业技术中心和油气勘探计算机软件国家工程研究中心，是国资委深化人才体制机制改革示范企业和国家引才引智示范基地，是国际地球物理承包商协会（IAGC）核心会员单位、欧洲地球物理学家与工程师协会（EAGE）会员单位和勘探地球物理学家协会（SEG）会员单位。

东方物探自成立以来，始终以为国找油找气、保障国家能源安全为己任，围绕建设世界一流地球物理技术服务公司的目标，努力做大做强油气勘探主业，持续发展物探资料采集、处理、解释技术与业务，培育了物探软件、信息技术服务、深海勘探、装备研发与制造等成长性业务，打造了物探全领域的技术服务能力。其中，采集、处理、解释业务技术服务能力达到国际先进水平；综合物化探业务综合实力处于国际领先水平；海上勘探业务拥有 6 支深海勘探作业船队，具有全球领先的海底采集节点（Ocean Bottom Node，简称 OBN）勘探作业能力。此外，在物探装备与配套系统研发制造，采集、处理、解释一体化软件研发，勘探开发数据资产管理、物探工程生产运行管理、各种环境下的生产作业管理、HSSE 管理等方面，借助数字、信息及智能技术，打造了一系列开拓国际高端勘探市场的利器，形成了较强的找油找气能力，能为全球客户提供石油勘探、固体矿产勘查、非常规能源勘查、水资源勘查、工程地质勘查等领域的专业化服务。

在为国找油找气的道路上，东方物探始终把打造世界一流企业为宗旨，以高质量发展为引领，大力弘扬石油精神、铁人精神，认真践行"我为祖国献石油"的核心价值观，持续打造以"精诚伙伴、找油先锋"为特质的先锋文化，在野外极其恶劣和海外极其复杂的环境中，用智慧和汗水矢志找油、奉献社会。东方物探坚持以人为本，追求企业与员工、用户、社会、自然环境的和谐发展，坚持经济、政治和社会责任的有机统一，创造了良好的信誉和知名度，先后荣获全国五一劳动奖状、中央企业先进集体、中央企业先进基层党组织和全国模范劳动关系和谐企业等光荣称号。

面对未来发展，东方物探正沿着率先打造世界一流地球物理技术服务公司的宏伟目标坚定前行，坚持秉承"奉献能源、创造和谐"的宗旨，以为国找油找气为使命，持续提升技术服务保障能力，以一流的技术和管理，努力为国内外广大客户提供更优的服务、创造更大的价值。

东方物探介绍

2. 核心业务

东方物探自成立以来，以地球物理方法勘探油气资源为核心业务，是集陆上、海上油气勘探、资料处理解释、综合物化探、物探装备制造、物探软件研发、信息技术服务，以及多用户勘探、员工培训、矿区服务等业务于一体的综合性国际化技术服务公司。作为中国石油找油找气的主力军和战略部队，东方物探勘探足迹遍布国内主要含油气盆地，先后为新疆、大庆、华北、胜利、四川、江汉、陕甘宁、辽河和塔里木等各大油气田的发现做出了重要贡献，被国家授予"地质勘探功勋单位"。到 2020 年底，对中国石油海内外油气重大成果发现继续保持了 100% 的参与率。

东方物探始终坚持改革发展不动摇，持续优化调整组织机构，加快构建适应时代要求和企业发展需要的新型组织体系，不断增强生存力、竞争力、发展力和持久力。

东方物探坚持科技先行，技术立企，持续加大科技创新力度，构建了开放式、国际化研发平台，建立了"两国三地"24 小时研发模式。成立了东方物探院士工作站，推进技术创新进入"快车道"。"十三五"以来，累计申请专利 1170 件，取得授权专利 968 件，荣获省部级以上奖励 67 项，其中，国家科技进步奖一等奖 1 项、二等奖 1 项，GeoEast 地震数据处理解释一体化软件系统、地震采集质量监控软件系统、G3i 有线地震仪、LFV3 低频可控震源等 4 项技术入选"中国石油工程技术利器"名录；KLSeis、GeoEast、逆时偏移成像、低频可控震源、微地震监测、uDAS 井中地球物理光纤采集系统、基于起伏地表的速度建模软件、可控震源超高效混叠地震采集、eSeis 陆上节点地震仪器等 17 项创新技术分别被评为历年中国石油十大科技进展项目。物探技术的进步，为东方物探"找油找气"业务发展发挥了重要支撑作用。在综合物化探业务方面，自主研发了 GMECS 重磁电采集软件和 GeoGME 重磁电处理解释一体化软件系统，达到了国际领先和国际先进水平；自主研发了时频电磁技术与配套大功率发射—采集装备，实现了硬件系统全面国产化，达到国际领先水平。东方物探在 2020 年中国能源企业创新能力百强榜单中排名第三，实现了向物探全领域技术服务的转变，陆上勘探技术实力居国际领先地位。建立了亚洲最大的地震勘探资料处理解释中心，在南美地区、中东地区和东南亚地区建立了三大资料处理中心，处理解释业务技术服务能力达到国际先进水平。建立了全球最大的重磁电及地球化学勘探与综合地质研究服务中心，为全球客户在石油勘探、油气田开发、固体矿产勘查、非常规能源勘查、水资源勘查、工程地质勘查等领域提供优质服务，技术实力处于国际领先水平。深海勘探打造形成了全球领先的 OBN 勘探作业能力。软件研发、装备制造、信息技术服务能力居国际先进水平，为东方物探打造了一系列先进勘探利器，有力提升了找油找气能力。

东方物探坚持科技创新，始终把研发国际一流自主技术、软件、装备作为提升核心竞争力的重要抓手，目前已打造形成核心软件、核心装备和关键技术三大系列技术：

（1）核心软件方面，自主研发并形成了涵盖物探技术全领域、整体水平行业领先的 KLSeis Ⅱ 软件系统、GeoEast 软件系统，极大地满足了油公司一体化物探服务需求，逐步发展成为全球物探行业主流软件，有力推进了国内外市场开发。特别是新一代物探处理解释软件系统的研发成功，突破了海量地震数据处理关键技术，创新五维处理解释技术，形成了 VTI/TTI 各向异性建模、Q 建模及成像技术系列，具备了完整的复杂介质成像处理、叠前叠后一体化解释及多波多分量解释能力。核心软件与技术的进步，为"共建、共享、共赢"的物探软件新生态建设提供了有力支撑。

（2）核心装备方面，EV56 宽频高精度可控震源达到国际领先水平，实现了从低频向宽频的跨越，成为目前国际上唯一规模化应用的宽频激发可控震源，为宽频高精度地球物理勘探技术的发展和应用提供了装备支撑；自主攻关研发、设计、制造的 eSeis 节点仪器，达到了国际领先水平并实现了大批量工业化制造，具备了向百万道采集规模发展的技术基础，为实现高难山地等复杂地表区域高效采集，大幅提高地震资料分辨率和油气勘探能力打下坚实基础；uDAS 分布式光纤传感地震采集系统成功发布与应用，大幅提高了目标地层的分辨能力，为复杂构造地区油气勘探增储上产提供了新的技术支持，提高了油气田勘探开发效益，增强了国际市场竞争力。

（3）关键技术方面，打造形成了针对全球油气勘探客户的 PAI 技术系列品牌。创新了对称均匀高密度采样理论，突破了宽频高精度激发、宽方位超高效采集和混叠数据分离处理等关键技术，形成复杂区"两宽一高"地震勘探配套技术，整体达到国际领先水平，在显著提高地震资料品质和勘探精度的同时，生产效率得到大幅提升，引领了超高效采集高端市场，有力支撑了国内外油气勘探重要发现。基于创新技术的支撑，东方物探获得了阿拉伯联合酋长国16亿美元的全球第一大地震勘探合同，成为国家"一带一路"倡议油气领域项目合作的典范。

高效采集与质控相配套的一体化海底节点地震勘探配套技术，首创了多震源船同步激发综合导航技术，突破了高效混采数据分离关键技术难题；配套的气枪震源激发、节点数据切分、海底节点定位技术，实现了海陆一体化和全地形、不同水深地震数据的整体采集，有力支撑了东方物探OBN业务在最近三年以每年超过50%的速度持续高速增长，并于2019年跻身全球海洋节点市场前列，占有率达到40%，成为全球海洋物探市场的重要参与者和主要竞争者。

东方物探始终把全面国际化作为实现高质量发展的战略举措，持续加大"走出去"步伐，推进海外业务实现跨越式发展，在海外形成了中东、中亚、北非、东非、西非、东南亚、拉美七大规模生产基地，高端市场占比72%，先后成功打造了壳牌印度尼西亚子公司OBN、科威特KOC、沙特阿拉伯S78等在业界产生重大影响的样板工程，推动东方物探成为中东高端市场最大物探承包商。东方物探建立了具有国际先进水平的运营管理体系，海外项目本土化率达到90%，外籍雇员占用工总量的25%。HSE管理业绩居行业先进水平，获得国家安全生产标准化一级达标企业资质，2020年荣获河北省安全生产先进企业称号。

二 发展战略

1. 业务发展战略

东方物探自2003年完成首次重组伊始，就面向国内与国际市场，以全球化视野及市场、数字化技术及手段、一体化业务管理与协同为目标，制定了"全球化、数字化、一体化"发展战略，提出了以信息化促进全球业务管理的协同化、一体化和科学化，以数字化提升技术服务能力和核心竞争力的数字化战略。2016年，结合行业环境变化和自身发展实际，瞄准世界一流地球物理技术服务公司目标，提出了"两先两化"战略，即"创新优先、成本领先，综合一体化、全面国际化"，新的发展战略把创新驱动摆在核心位置，强调创新引领和数字化技术驱动作用（图1-1-1）。

● 图 1-1-1　东方物探发展战略

（1）创新优先战略是东方物探主动适应创新发展趋势和深化改革要求的首要选择，要始终把创新驱动摆在核心位置。坚持技术创新，突出集成创新和推广应用，形成能随时掌握主动权的技术优势；坚持改革创新，树立问题意识，借助"互联网＋"思维优化管理，提升组织绩效，激发人才活力，鼓励全员创新。

（2）成本领先战略是东方物探应对低油价挑战和保持稳健发展的重要举措，要始终把低成本贯穿企业运营各个环节。树立一切成本都可降低的理念，深化降本增效，借助信息化发展打造成本竞争优势；树立边际贡献理念，盘活资源要素，强化项目管控，提高市场应对能力和创效水平。

（3）综合一体化战略是东方物探保持全业务链优势和技术价值链优势的客观需要，要始终坚持这个方向不动摇。优化业务布局，突出发展现有业务，加快发展新兴业务，积极培育发展新动能；大力加强采集处理解释、油藏开发、软件研发、装备制造和信息技术等一体化服务，把服务优势转变为发展优势。

（4）全面国际化战略是东方物探利用"两个市场、两种资源"和推进转型升级的必然选择，要始终坚定不移走国际化发展之路。树立一盘棋思想，打破国内海外管理界限，全面提升管控能力；树立国际化思维，突出市场空间、发展资源、运营管理等方面的全面国际化，建设国际化的东方物探。

2. 信息化发展战略

随着数字与智能技术的高速发展，推进了信息化与工业化"两化"的深度融合，加快了东方物探数字化转型发展，数字化成为企业发展的核心战略之一。

"十三五"以来，东方物探作为中国石油信息化建设主力军，认真贯彻落实"共享中国石油"战略部署，深度研用物联网、大数据、云计算、区块链及人工智能等技术，按照中国石油上游板块"两统一、一通用"总体方案，打造了中国石油勘探开发梦想云平台，在16家油气田企业与研究机构进行了推广，推进了梦想云平台在油气田企业的深度应用。随着2018年11月27日梦想云1.0的正式发布，标志着中国石油上游业务进入数字化转型发展新阶段。

东方物探在对物探行业信息化发展趋势调研与对标分析的基础上，结合自身业务数字化发展现状，提出了打通主营业务的数据链，建立基于各工序的业务系统和数据分析平台，打造"智能物探"，实现数据互联、业务协同、精益管理、智能决策的目标规划。基于便捷安全的网络架构、云计算、数据存储等基础设施，共享中国石油勘探开发梦想云及其持续、快速增长的平台能力，构建"上云—用数—赋能—深耕"新型的数字与智能创新环境，打造物探业务可持续发展新动能，再造东方物探涵盖采集、处理、解释等业务生产、经营管理的数据湖和面向野外地震队作业和处理解释的业务工作平台，从而实现公司信息畅通、数据完整、技术统一、业务高效，进一步缩小与国际先进油服公司的信息化差距，助力东方物探"两先两化"战略落地和世界一流地球物理技术服务公司建设。

第二节　业务数字化建设成效

东方物探始终坚持数字立企、技术强企的发展宗旨，将"数字化"作为发展战略之一，通过大力开展面向业务的数字化、信息化建设，打造了一系列撬动并开拓国际油气勘探市场的利器，取得了市场、品牌与经营等方面的骄人业绩，为东方物探数字化转型智能化发展奠定了坚实的基础。东方物探业务数字化发展总体历程如图 1-2-1 所示。

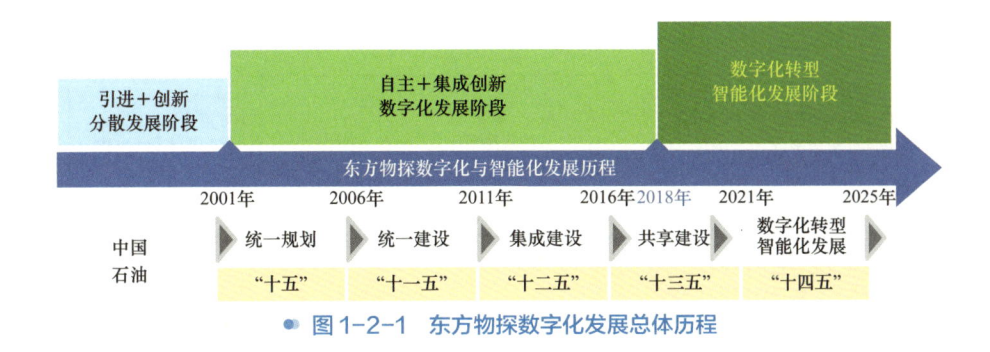

图 1-2-1 东方物探数字化发展总体历程

一、发展历程

物探技术的发展史本身也是物探数字技术的进步史。为获取地下岩层中的油气等矿藏的储藏信息，自 20 世纪 30 年代就已采用反射法地震勘探技术从事油气田的勘探发现工作。国内从 1951 年开始进行地震勘探，广泛应用于石油和天然气资源勘查、煤田勘查、工程地质勘查及某些金属矿的勘查。早期的地震勘探采用光点仪器记录地下对地震激发信号的响应，而后采用磁介质记录地震响应的模拟信号。地震信号记录由最初的一次激发数道记录，发展到目前的组合激发 23 万道同时记录的超大规模能力，这完全得益于数字技术的进步。

东方物探业务专业化、规模化发展起步于 20 世纪 90 年代初期，随着业内第一个石油工业应用软件工程化标准的颁布，标志着国内石油行业技术研发活动步入工程化时代。

1991 年，石油天然气行业标准 SY/T 5232.1—1991 至 SY/T 5232.17—1991《石油工业应用软件工程规范》共 17 个分册正式颁布执行；至 1999 年，17 个分类标准被整合修订为 SY/T 5232—1999《石油工业应用软件工程规范》一个标准。同期，中国石油《勘探数据库逻辑结构及填写规定》《开发数据库逻辑结构及填写规定》《钻井数据库逻辑结构及填写规定》等企业规范颁布实施。

1994—1996年，启动石油软件平台实验室 PSP（Petroleum Software Platform）项目建设，开展了石油应用软件工程化与集成技术 OIO（Oil in One）设计，如图 1-2-2 所示。

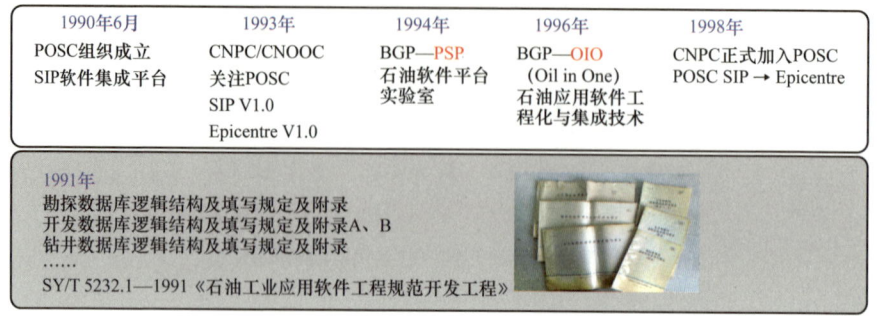

- 图 1-2-2　国内石油工业软件以及数据标准的起步

下面将从地震勘探采集、物探资料处理与解释和装备制造等维度介绍东方物探主要业务数字化建设历程与成效。

1. 地震勘探采集业务

地震勘探采集业务主要包括陆上（平原、丘陵、山地、戈壁、沙漠、沼泽、丛林等）、滩海过渡带、深海等环境的地震勘探数据采集作业相关活动，重点解决震源（井炮、可控震源、震源船气枪阵等）高效施工、海上地震动态导航定位、地震数据采集（地震信号接收、传输、记录）等工程技术与管理问题，以及采集作业设计、资料质控、模型正演模拟、静校正等工程技术问题，为地震处理提供地震原始数据。

1）地震采集工程软件系统 KLSeis——从陆上采集设计到全环境全功能智能支撑

历经 20 多年的持续完善升级，KLSeis 软件系统在地震采集生产中得到了广泛应用，至 2020 年已发展到第二代第 4 个版本。该系统包含了 KLSeis Ⅱ 插件式快速开发环境，基于插件开发环境形成了采集设计、资料质控、模型正演、静校正、可控震源五大系列、共 27 项软件产品：能够完成陆上、海洋、VSP 等地震采集设计；实现地震数据分析与评价、地震采集实时质控、数据转储、节点质控、气枪质控等质控功能；能够完成地质建模、照明分析、模型正演计算；提供近地表调查、初至拾取、静校正量计算、近地表反演等多种静校正工具；能够对可控震源进行作业方案设计、施工参数设计、扫描信号设计、震源与接收系统质控等。在陆上、过渡带、海上地震采集业务中全面支撑了东方物探海内外物探采集业务开展。

1998—2011 年，为第一代 KLSeis 软件系统，共经历了 6 个版本的迭代升级，主要是为了解决野外勘探施工的技术设计、静校正计算、资料质控等问题而研发的单机版软件，广泛配置并应用于地震采集施工现场作业小队和物探处采集方法研究部门。

2012—2013 年，为了解决了平台的单一性、系统封闭不开放、计算性能不强等问题，于 2012 年启动了新一代 KLSeis II 软件系统研发，2013 年正式发布了 KLSeis II V1.0 版本。

2014—2018 年，随着 KLSeis II 软件系统的不断完善，增加了物探采集应用模块，尤其是现场海量数据运算能力方面加强了单机多核多线程、PC 集群多线程并行运算能力优化，使新平台更加稳定、开放；嵌入了节点采集技术、实现了每日 5 万炮的混采质控能力，标志着地震勘探智能高效的时代即将到来。

2）采集作业数字化管理——从数字化地震队到智能化地震队

数字化地震队的概念起源于 2010 年左右，当时东方物探国际化项目在运作之中，出于资源国环境保护的要求，倡导使用大规模可控震源采集激发方式，而大规模震源作业的震源车调度与精准导航成为当时的技术瓶颈问题。

2011—2012 年，东方物探结合国际项目运作实践，率先提出了以震源导航为核心的数字化地震队（DSS）概念，以实现可控震源高效采集、激发点无桩号施工、震源导航作业、野外远程管理为目标，组织研发了第一个数字化地震队系统 DSS，并率先在海外应用；2012 年在国内引用并实施。

2013—2014 年，进一步强化作业现场网络通信能力，开展低频宽带网络与公网结合的应用研究，建立地震作业队、项目经理部和东方物探本部的信息连接，保障工区作业通信质量和数据安全。同时，面向可控震源高效施工作业，解决了快速导航、快速入位、快速放炮、快速质控问题；面向队部生产监控和指挥，解决了生产进度统计、生产位置监控、生产指令下发等问题；面对井炮激发的效率问题，研发了炸药震源驱动激发辅助作业系统，为表层调查、放线、钻井、设备维修等业务环节提供从作业任务制定、分配、导航、监控到统计分析于一体的闭环作业管理系统，增强可控震源数字化和采集作业协同化能力。

2017—2018年，建成了公司级采集作业生产指挥中心，形成了沟通管理、决策支持、生产调度等一体化信息化保障体系；成功研发了全工序信息化的数字地震队系统 GISeis V1.0，包括排列管理系统、井炮高效作业、震源导航、生产组织规划等，有效提高了采集作业效率。

东方物探采集业务数字化地震队建设与发展主要历程如图 1-2-3 所示。

● 图 1-2-3　东方物探采集业务数字化地震队建设与发展历程

3）海洋地震勘探业务——从陆上到滩海再到深海

滩海与深海是油气资源勘探与开发的重要领域，是东方物探"十一五"至"十三五"期间重点探索与发展的技术服务领域。

2005—2010年，东方物探启动了海洋地震勘探导航定位等相关技术的研究，对浅海过渡带、海底电缆（Ocean Bottom Cable，简称 OBC）、海洋节点等地震勘探导航定位理论、技术、作业方法、数据处理、质量控制等进行系统性研究和归纳，先后形成了 HydroPlus 单船地震勘探导航系统、Dolphin 海上节点勘探综合导航系统，为海洋勘探业务的开展积蓄力量。

2010—2020 年，东方物探针对国内外滩海与深海油气勘探的市场需求，购置了深海勘探船，并为其配套了气枪震源激发、节点数据切分、海底节点定位技术，研发了高效采集与质控等一系列海洋地震勘探配套技术，首创了多震源船独立同步激发综合导航技术，突破高效混采数据分离关键技术，实现了海陆一体化和全地形、不同水深地震数据的整体采集能力。

其中，Dolphin 海洋节点海上勘探综合导航系统在全球最大的海洋 OBN 项目——ADNOC 项目中的成功应用，全面替代了国外同类产品。

2. 物探资料处理与解释业务

物探资料处理与解释业务包括二维 / 三维地震资料处理与解释、综合物化探资料处理与解释、井中地震资料处理与解释、综合地质研究、油藏研究等相关业务活动，为油气发现和油气资源评价提供可靠的物探处理解释、地质研究、油藏研究等成果资料。

1）早期的地震资料处理技术发展——从百万次 150 工程到亿次银河系统

东方物探地震处理解释业务最早可以追溯到 20 世纪 60 年代。1966 年，随着石油工业部从法国 CGG 公司引进 CS-621 型模拟回放仪给六四六厂研究大队为始点，开启了华北地区勘探热潮。

1968 年，石油工业部决定联合四机部，共同研制可用于石油物探数据处理的百万次计算机（型号 DJS-Ⅱ），即 150 工程。

1969—1970 年，150 工程被列为国家重点科研项目，由北京大学负责，四机部 738 厂、石油工业部共同承担研制任务，石油工业部委托六四六厂代表石油工业部参与 150 工程的领导工作。1970 年 9 月，150 工程完成 DJS-Ⅱ计算机总体设计，并启动工程化建设。

1973 年 6 月，DJS-Ⅱ计算机（后简称"150 计算机"）硬件部分建设完成（图 1-2-4），8 月完成安装联调和系统恢复，9 月完成考核，10 月通过验收并配备"B"程序进行试生产，12 月完成留路地区模拟地震资料处理任务，生产出第一条模拟多次覆盖水平叠加数字处理地震剖面。标志着国内首个自主设计的百万次计算机的诞生，首个自主开发的计算机操作系统得到应用，首个地震数据处理系统投入运行，首个合格的地震处理成果问世。

● 图 1-2-4　国产 DJS-Ⅱ百万次电子计算机

　　1973 年底，为了拓展海上石油勘探，燃料化学工业部利用引进的 501 勘探船，使用蒸汽枪激发、数字信号接受和数字磁带记录等技术，在南海海域完成了南海Ⅱ测线的采集作业施工。施工完成后，当时负责技术支持的外商专家认为，中国没有能力处理数字资料，也不可能在短时间内就做出中国计算机与这台仪器接口的设备，必须将这些地震资料拿到国外厂家去处理。150 计算机团队，为尽快完成上级交办的海洋地质调查任务，拿出能够反映海底情况的地质剖面，一方面解决磁带机数据接口问题，另一方面，加紧研制和完善适应海洋地震资料处理的"C"程序。从 1974 年 3 月 28 日接受资料，到 4 月 2 日经过 150 计算机连续五昼夜的运算，终于处理完成了我国第一条海洋数字地震剖面，这个剖面在当时被赞誉为"争气剖面"。

　　1982 年 6 月，国防科工委与石油工业部签署"银河亿次电子计算机"移交使用协议。同年 8 月底，国防科技大学与石油物探局签署"银河地震数据处理系统"

联合研制合同。1986年5月"银河地震数据处理软件"投入试生产（图1-2-5）。1987年2月"银河地震数据处理系统"通过国家级技术鉴定。1991年9月银河地震数据处理系统完成首个冀东油田南堡凹陷6块三维连片处理任务，标志着国内地震数据处理能力进入亿次计算的三维处理时代。

● 图1-2-5　国产银河亿次电子计算机

2）地震资料处理解释软件规模化发展——从引进为主到自主可控

1990—2000年，随着胜利、华北、陕甘宁、塔里木等一大批油气田的陆续被发现，物探技术进步的脚步从未停歇。面对国内东部人口稠密城镇之下的潜山及断块型油气藏、西部沙漠戈壁下的大深度低幅度构造油气藏、中北部黄土塬低渗透砂岩油气藏和西南复杂山地之下的石灰岩裂隙油气藏，必须突破复杂地表以及复杂地下勘探的难题，才能保证国民经济高速发展对能源的需求，才能彻底摆脱贫油国的帽子。为此，物探先辈们发扬艰苦奋斗、自力更生、勇于创新的大庆精神铁人精神，开展了高陡构造偏移成像、黏弹介质模型正演、深度偏移等技术攻关，并充分利用计算机小型化、微型化的优势，研发了面向现场处理的GRISYS地震数据处理系统，面向国内复杂地质条件的GRIStation地震资料解释系统，突破西方技术垄断，实现技术升华，迫使西方放宽其技术输出门槛，并大幅度压低其技术使用许可价格。

3）地震资料解释技术的进步——研发系统性方案，大幅度提高地震勘探精度

1989—1995 年，在开展的塔里木石油会战中，针对塔里木盆地复杂地表（沙漠、戈壁、山前带、山地）和地下大深度小幅度构造等地质特征，以及前期勘探所发现的地下介质各向异性、地震反射波速度横向变化大等问题所导致的"构造带轱辘""目的层预测深度误差大"等"速度陷阱"问题，组织开展了提高地震勘探精度的研究，为此建立了塔里木盆地全区二维地震测量成果库、叠加速度库、浮动基准面库、VSP 测井成果库和 t0 控制层位库，提出了利用 VSP 测井成果和钻井分层数据进行约束的"层位控制法"建立高精度地震波速度场的方法，并研制了配套的全变速成图软件。在实际应用中，首次建立了全盆地 6 大套层位的层速度场，通过该层速度场进一步搞清了不同地质时代地层的物源供给方向；利用大层细分和井资料约束小层化技术，显著提高了目标区的变速成图精度，彻底解决了"速度陷阱"问题，提高了大深度小幅度构造的解释精度，即在 5500～6000 米深度范围内，可以有效分辨出 15～10 米左右的小幅度构造。该项成果将地震深度构造图对目的层预测深度的误差压缩了一个数量级，即由原二维地震资料解释标准中的目的层预测深度误差由 5% 降为 5‰ 以下，三维地震目的层预测深度误差由原来的 3% 降为 3‰ 以下。"层位控制法"建立高精度地震波速度场的方法及软件，在华北、大港、玉门、大庆等国内探区，以及巴布亚新几内亚、苏丹、哈萨克斯坦等海外项目中得到应用。

4）处理解释一体化技术与软件系统工程建设——冲出重围，走向卓越

2001—2002 年，面对石油地球物理勘探局海外业务发展，国外竞争对手为避免东方物探参与海外油公司地震采集、处理、解释业务的竞争，不再为东方物探提供其处理、解释软件的使用授权，东方物探海外业务发展再次受到制约。

2003 年，重组后的东方物探，面向处理解释一体化需求，正式启动了 GeoEast 软件系统研发，2004 年底发布了具备基本处理与解释功能的 GeoEast

> **小贴士**
>
> 速度陷阱：由于地下地层因沉积环境变化大等所导致的较强的各向异性，在地震反射波勘探中，表现为地震速度横向变化大，如果按照以往（1990年之前）的仅依据t0构造图确定探井井位和用统一的时深尺确定目的层顶面深度的做法，将会产生较大的误差，包括横向或水平方向上的较大偏移（即所谓的"构造带辙辘"）、构造顶界预测深度与实际钻遇深度存在较大的误差，另外，在构造形态和构造幅度上也会产生较大的偏离，这统归为"速度陷阱"问题。
>
> 例如：塔里木盆地轮西某井与轮南某井相距60千米左右，在时间剖面上，位于两口井下的某目的层顶面t0时间均为3.2秒左右，但在实际钻井后发现，该目的层实际埋深相差1000米左右，这种情况就是由于"速度陷阱"所引起的典型现象。

V1.0版本，初步形成了处理解释一体化应用新模式的雏形。2009年发布了GeoEast V2.0版本，具备了统一数据平台、统一显示平台和统一开发平台的能力，形成了从现场到室内、水平叠加到时间偏移、构造解释到叠后储层预测的常规处理解释能力。

2007年初启动了PAI技术品牌建设工作，2007年12月在北京首次发布，2008年5月在罗马欧洲地质学家与工程师学会国际会议上对外发布。至2013年，已形成了包括4项一体化技术解决方案和8项特色技术的新版PAI技术品牌。PAI技术涵盖了东方物探采集、处理和解释一体化的技术服务领域，浓缩了东方物探多年来的成功勘探经验，集成了物探技术持续创新和实践的最新成果。其中，4项一体化解决方案包括PAI-Land陆上高精度地震勘探一体化解决方案、PAI-TZ过渡带地震勘探一体化解决方案、PAI-RE油藏地球物理勘探一体化解决方案和PAI-GME3D重磁电勘探一体化解决方案，8项特色技术包括PAI-Vibroseis数字化地震队与可控震源高效采集技术、PAI-Marine海洋地震勘探技术、PAI-Imaging速度建模与成像技术、PAI-Attribute and Inversion属性及反演技术、PAI-MC多波地震勘探技术、PAI-Unconventional oil & gas非常规油气地震勘探技术、PAI-Statics综合静校正技术和PAI-TFEM时频电磁检测技术。

"十二五"期间，地震勘探向更复杂地区推进，更高覆盖密度、更大道数成为发展趋势，GeoEast 软件系统也快速发展，于 2015 年底发布了 GeoEast V3.0 版本，突破了 OVT、各向异性建模、高精度成像、五维地震解释、现代属性提取等关键技术瓶颈，在东方物探内部处理解释应用率达到 80% 以上，成功替代国外软件，成为东方物探处理解释系统基础平台。

"十三五"期间，以国内"低、深、海、非"为代表的复杂油气藏勘探开发带来的技术难题层出不穷，国际物探市场高端处理解释技术竞争日益加剧。GeoEast 软件系统迎难而上，突破高效混采数据分离、海洋宽频、深度域 Q 建模及成像、井震联合解释、高精度反演等关键技术瓶颈，成功研发了 GeoEast V4.0，助力找油找气能力全面提升，成为中国石油地震处理解释软件主力平台，为海外市场开拓提供了核心技术保障，成为名副其实的"物探中国芯"。

5）复杂山地地震软件系统——填补空白，助力油气新发现

始于 2007 年的 GeoMountain 山地地震数据处理解释软件系统，历经 10 年的持续研发、完善与升级，至 2017 年已推出 3.0 版本，填补了国内复杂山地地震工程软件领域的产品空白。该系统在山地地震勘探项目中得到了广泛应用，实现了复杂山地地区精确地震成像，为地震勘探禁区油气获得重大突破发挥了重要作用。复杂山地地震软件系统主要研发历程：

2007 年 6 月 19 日，启动了 619 工程，标志着 GeoMountain 软件系统研发全面启动。

2009 年 1 月 8 日，GeoMountain 采集、解释子系统 1.0 版本成功发布。

2010 年 1 月 8 日，GeoMountain 软件系统成功发布。

2011 年 11 月，GeoMountain 软件系统 1.5 版本推出。

2013 年 12 月，GeoMountain 软件系统 2.0 版本推出。

2017 年，GeoMountain 软件系统 3.0 版本推出。

6）综合物化探业务——持续创新，综合能力保持全球领先

综合物化探指地震勘探之外的重力、磁法、电法勘探与化探，是东方物探业务

的重要分支。

东方物探的综合物化探业务最早可以追溯到 20 世纪 60 年代，与其地震勘探业务的发展处于相同的年代。自 70 年代末、80 年代初计算机技术在石油勘探领域开始规模化发展与应用以来，重、磁、电勘探方法与技术得到了快速发展。自 1980 开始，重、磁、电的特殊性逐渐得到发挥，在复杂山前构造、深部潜山以及砾岩、火山岩等特殊目标体的勘探上表现出独特优势。

1981—1984 年，基于国内电磁勘探业务的需要，联合武汉地质学院和国家地震局，组织自研了国产 SD-Ⅰ、SD-Ⅱ型数字大地电磁测深仪及配套的采集、处理与解释方法和软件，填补了国内电磁勘探仪器与技术的空白，获得国家科技进步奖二等奖。

1985—1990 年，采用仪器引进与软件自研相结合，对华北与华中等地区开展了大地地电结构调查，取得了清晰的地质认识。同时，通过与国内院校及研究机构合作，在国内率先研发了大地电磁一维反演、二维正演和三维正演模拟等技术，为电测法勘探业务的发展奠定了技术基础。同期，启动并开展了重磁电震联合反演技术研究工作。

2000 年以来，随着科技的进步、勘探市场需求的变化，综合物化探业务在原有技术基础上，借由微电子技术和计算机技术的发展，改进物化探仪器装备、观测方法及处理解释技术，形成重磁电震一体化解决方案。目前已拥有三维重磁电、时频电磁、重磁电震综合勘探等三项特色技术和陆地重磁勘探、海洋重磁勘探、水下重力勘探、大地电磁勘探、建场测深勘探、井地电法勘探、其他浅层勘探技术、地球化学油气检测等 8 项成熟技术。

3. 物探装备制造业务

获取可靠的物探数据离不开先进的物探仪器装备。如果将物探比作地质家的眼睛，那么高精度的物探仪器装备就是获取地下地质信息的强大工具。物探仪器装备的发展经历了引进、学习和自主研发生产的过程，至今东方物探装备制造已基本实现自主设计、自行制造和配套生产。

1）研发 G3i HD 大型地震仪——实现自主创新

地震仪器是野外地震勘探采集作业的核心装备，自 20 世纪 30 年代世界首台地震仪诞生以来，大致经历了模拟光点地震仪、模拟磁带地震仪、数字地震仪、遥测地震仪，以及以卫星授时和自主采集记录为特征的节点式地震仪等阶段，仪器的带道能力也由最早的 12 道，发展到现在的有线仪器 20 万道级和节点仪器的无限道采集，与之配套的相关应用技术也得到了快速发展。

"十一五"之前，地震仪器严重依赖进口，面对日益激烈的市场竞争，历时 10 年，打造了具有自主知识产权的 G3i（有线）和 Hawk、eSeis（节点）等仪器产品，实现了装备的自主创新发展。随着大数据量和无线采集需求的提出，对信息技术应用提出了新的要求和挑战。自主化的装备也为信息的共享、自动智能分析提供了便利，推动了高精度地震勘探技术的规模化应用，增强了对复杂油气藏、深层油气藏等目标的勘探能力，为国家能源安全提供了可靠保障。

地震仪自主创新研发历程如图 1-2-6 所示。

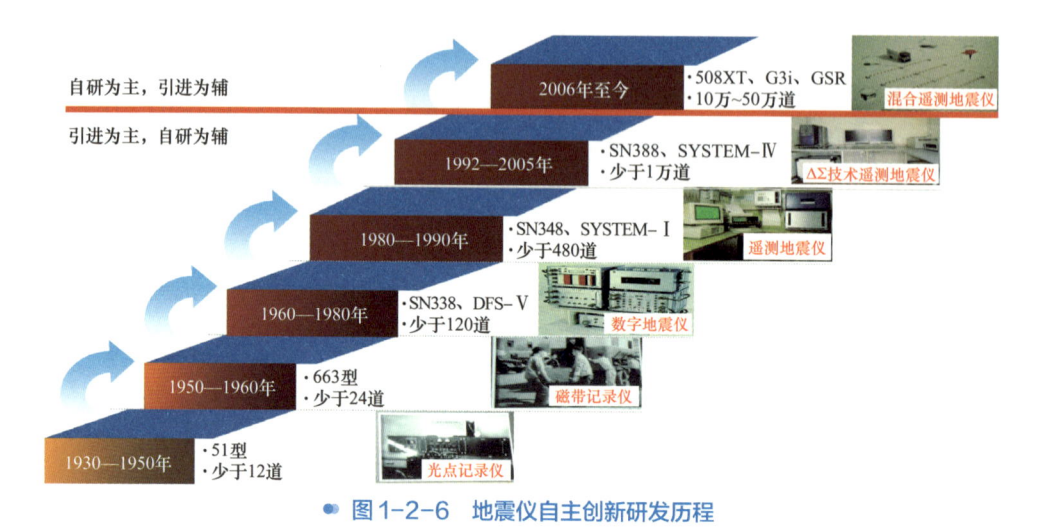

● 图 1-2-6　地震仪自主创新研发历程

2）可控震源创新发展——从无到有，从跟跑到超越

东方物探可控震源技术的发展是一个艰辛而又自强的创新之路，四十余载磨一剑，最终研发出具有自主产权的系列化东方物探可控震源。

第一代常规可控震源：20 世纪 80 年代初，可控震源技术一经引进，石油工业部就及时组织专业部门开展了技术的消化、吸收进程，动用了国家部委下辖的近百个厂家开展技术攻关，历经三年，终于完成了5台KZ-7型震源的研制生产。但在当时，KZ-7型震源仅在国内完成了不到200千米的地震作业后便偃旗息鼓，因为整个系统的可靠性成为制约这项技术推广应用的瓶颈。

第二代常规可控震源：在困难面前，研发人员没有被吓倒，KZ-13型震源的研发工作提上日程，这次可控震源的国产化研究获得了中国石油科技进步奖一等奖、国家科技进步奖三等奖，KZ-13型震源也开启了国产可控震源工业化应用的大门。随后的KZ-20型可控震源更是迈入了国际市场，使我国成为当时继美国后，具备制造同类可控震源的第二个国家。20世纪90年代，更大激发能级可控震源的需求摆在了研发人员的面前，KZ-28型大吨位可控震源破茧而出，其核心系统完全自主设计完成，主要技术指标达到了国际同等水平，在国外市场的销售量超过50%。

2008年，可控震源研究团队正式提出了低频可控震源研发的创意，在KZ-28型可控震源的基础上，完成两台KZ-28LF型可控震源，并进行了低频激发测试，开创了1.5赫兹低频地震信号工业化应用的先河。

虽然KZ-28LF型可控震源取得了巨大成功，但是该可控震源的液压系统极不完善，为了解决这个问题，研发团队首次提出采用工业计算机实现对合流逻辑关系的控制，形成了逻辑互锁与升降压联合控制技术。经历了多次系统完善后，2009年LFV3低频可控震源诞生了。

"十二五"期间，东方物探可控震源研发团队在国家"863"计划中提出了高精度可控震源技术的概念，并经过技术攻关和创新，终于在2015年成功研制出世界上第一台高精度可控震源EV56宽频高精度震源。高精度可控震源不是简单的宽频可控震源，它涵盖了两个概念：（1）高精度可控震源模型控制技术；（2）宽频地震信号的激发技术。高精度可控震源技术不仅解决了低信噪比地区勘探、复杂地质体成像、岩性勘探以及精细油气藏描述与检测等勘探难题，而且进一步提高了地震资料成像和油气预测精度，将地球物理技术的应用带入了新的发展时代。

可控震源的创新发展历程如图1-2-7所示。

图 1-2-7　可控震源的创新发展历程

二　主要成效

1. 高性能（HPC）计算中心建设保持行业领先水平

2013年以来，随着异构计算、并行存储、高密度集群、GeoEast-Lightning等软硬件架构应用，东方物探高性能计算机水平跨越式发展，计算规模跃进到帕（P）级（10^{15}量级）。截至2018年底，东方物探HPC各项性能指标为如下。

（1）计算能力：浮点运算能力4.5PFlops（每秒4500万亿次浮点运算），1.8万个CPU（16万核），2000个GPU（200万核）。

（2）存储能力：数据存储总量超过120PB。

（3）处理能力：年处理能力达到二维40万千米，三维20万平方千米，GeoEast软件系率应用率95%。

（4）运营能力：包括涿州、昌平两个超大规模计算中心和国内外31个靠前计算中心，已经成为中国乃至亚洲最大的地震勘探资料处理研究中心。

2. 数字化地震队系统全面深化应用

配合高效、高密度采集作业，全面深化应用数字化地震队系统，支持工区内自组网络和可控震源精准导航、井炮源驱动、可控震源实时质量控制、远程生产指挥、任务管理、高效生产数据分析等。井炮高效激发作业子系统在国内西部名山、四棵树等三维地震勘探等生产项目中测试后推广应用，实现了井炮激发作业自动化，解决了"隔山炮"与安全距离控制等问题，减轻了作业人员工作强度，提高了生产效率。2012年以来，可控震源导航子系统分别在新疆、塔里木、吐哈、青海、长庆、华北、新兴、辽河、西南等物探处承担的102个项目中得到应用，支持完成657万余炮的施工生产，其中无桩号施工、质量控制、高精度导航、炮点共享等功能及效果得到多家物探管理部门高度认可。在国际项目应用方面，数字化地震队系统已在阿曼、伊拉克、沙特阿拉伯、科威特、阿富汗、哈萨克斯坦、阿尔及利亚、尼日尔、苏丹、埃及等十几个国家得到了广泛应用。2011年伊拉克鲁迈拉项目首次应用数字化地震队技术，通过可控震源独立同步扫描采集，跨越雷场禁区，把一个普通近千人的三维地震队用工降到了150人，日效从过去的几百炮提高到8000炮以上。2017年在阿曼PDO项目中首次实现超高效混叠采集（UHP），日均产量达到30000炮，并创造了日效54947炮的高效采集世界纪录。

3. 物探装备制造实现系列化、自主化

物探装备制造走出了一条自主创新、持续发展之路，解决了一系列"卡脖子"的装备配套问题，实现了重大装备的自主研发制造，形成了12大物探装备系列（图1-2-8）。

东方物探历时10年，经过四代震源人的努力，成功研制了LFV3低频可控震源和EV56高精度可控震源，首次实现了低频信号的工业化应用，实现技术超越。检波器构建了以SL11、ML21为代表的数字检波器和以SN系列为代表的模拟检波器的系列产品。数字化地震队系统全面实现了勘探业务从生产到指挥的全流程覆盖，实现了向数字勘探、智能勘探的转变。SD40-80山地钻机系列成果使山地钻井全面走向机械化。气枪震源、十二缆深海勘探船满足了从滩涂到深海的勘探需求。GeoSNAP定位和导航测量设备包括海上综合导航、陆上地震勘探导航定位技术、航测遥感等，整体技术达到国际先进、国内领先，部分产品技术已经达到国

际领先水平。特种运输装备全面满足勘探作业环境下的物资与人员运输需求，辅助仪器是主要作业设备的补充。

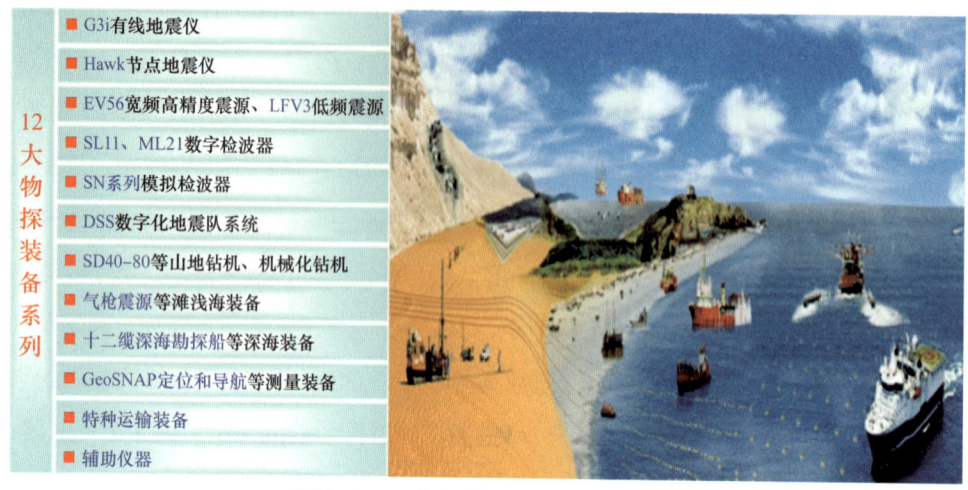

● 图 1-2-8　物探装备 12 大装备技术系列

4. 物探工程专业软件形成国际品牌

1）KLSeis 软件系统

新一代 KLSeis 软件系统采用全新的插件式架构，是业界唯一同时具备开放性、高性能、大数据、跨平台、多语种这五大特征的地震采集工程软件平台。通过研发共申请发明专利 72 项、软件著作权 53 项、技术秘密 3 项，制修订企业标准 9 项。在石油勘探领域取得了举世瞩目的成绩，冲破了西方的封锁、打破了少数寡头的垄断。

KLSeis 软件系统适用于陆上、过渡带和深海地震采集，可以用于从工区踏勘、地质建模、地震数值模拟、采集方案设计、采集设备配置、野外现场质控、静校正计算、地震采集辅助数据整理等地震采集全过程，着力于提高地震勘探精度，着力于地震采集项目提质提效，是地震采集人员的好帮手。KLSeis 软件系统在国内外探区广泛应用，被国际油公司普遍认可，是国际领先、国际知名的地震采集工程软件，为"两宽一高"采集技术的实现提供了强有力支撑。

KLSeis Ⅱ 地震采集工程软件系统功能构成如图 1-2-9 所示。

第一章 物探工程数字化建设成果

采集设计	资料质控	模型正演	静校正	可控震源
陆上地震采集设计 / 拖缆地震采集设计 / 数据驱动地震采集设计 / 二维VSP采集设计	地震数据分析与评价 / 地震采集实时监控 / 地震数据转储与质控 / 节点采集质量控制 / 气枪激发实时质控 / 地震辅助数据工具	二维模型正演与照明 / 二维VSP模型正演 / 三维波动正演 / 三维照明分析 / 三维地质建模	面波反演近地表 / 初至拾取 / 模型静校正 / 折射静校正 / 近地表调查 / 初至剩余静校正 / 层析静校正	可控震源扫描信号设计 / 可控震源与接收系统质控 / 可控震源施工参数设计 / 可控震源作业方案设计

KLSeis Ⅱ 软件系统

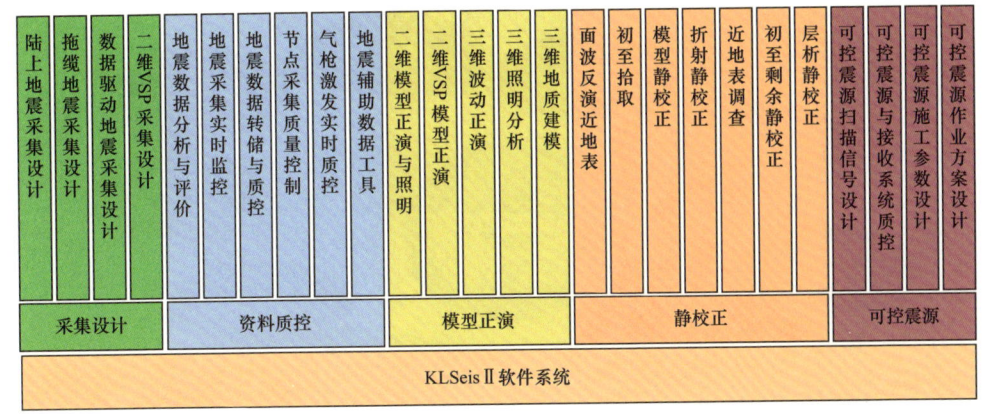

● 图 1-2-9　KLSeis Ⅱ 地震采集工程软件系统构成

2）GeoEast 地震数据处理解释一体化软件系统

GeoEast 地震数据处理解释一体化软件系统是中国石油具有自主知识产权的超大型油气勘探软件。该系统整合地球物理、地质、计算机及高性能计算等多学科先进技术及新方法，基于统一的数据模型、显示和开发平台，支持地震数据处理和解释过程中的多种数据信息共享和多学科专家的协同工作，可广泛应用于油气勘探的各个阶段，是有效提高油气勘探成功率的软件利器，同时系统具有良好的开放性，可作为广大科研院所进行应用地球物理功能的研发平台，加快科研成果的转化。

GeoEast 处理系统具备高分辨率及宽频处理、海洋资料处理、速度建模、叠前偏移、多波处理及 VSP 处理等多项处理技术系列，可以满足从陆地到海洋、从纵波到转换波、从常规采集到高效采集、从地面到井中等各类采集方式的地震资料精细处理的需求（图 1-2-10）。

GeoEast 解释系统集精细高效构造解释、地震属性提取与分析、井震联合解释、三维地质建模、井位论证及地质导向等功能为一体，具有完备的多工区联合解释、多波解释和深度域解释能力，可以满足叠前叠后一体化、地震地质一体化、解释建模一体化的综合地震地质解释需求（图 1-2-11）。

GeoEast 软件系统可以完成陆上、海洋、多波及 VSP 地震资料的高精度处理及叠前时间/深度域成像，并具备多工区联合和深度域解释能力，可实现高效精

● 图 1-2-10　GeoEast 处理系统技术系列

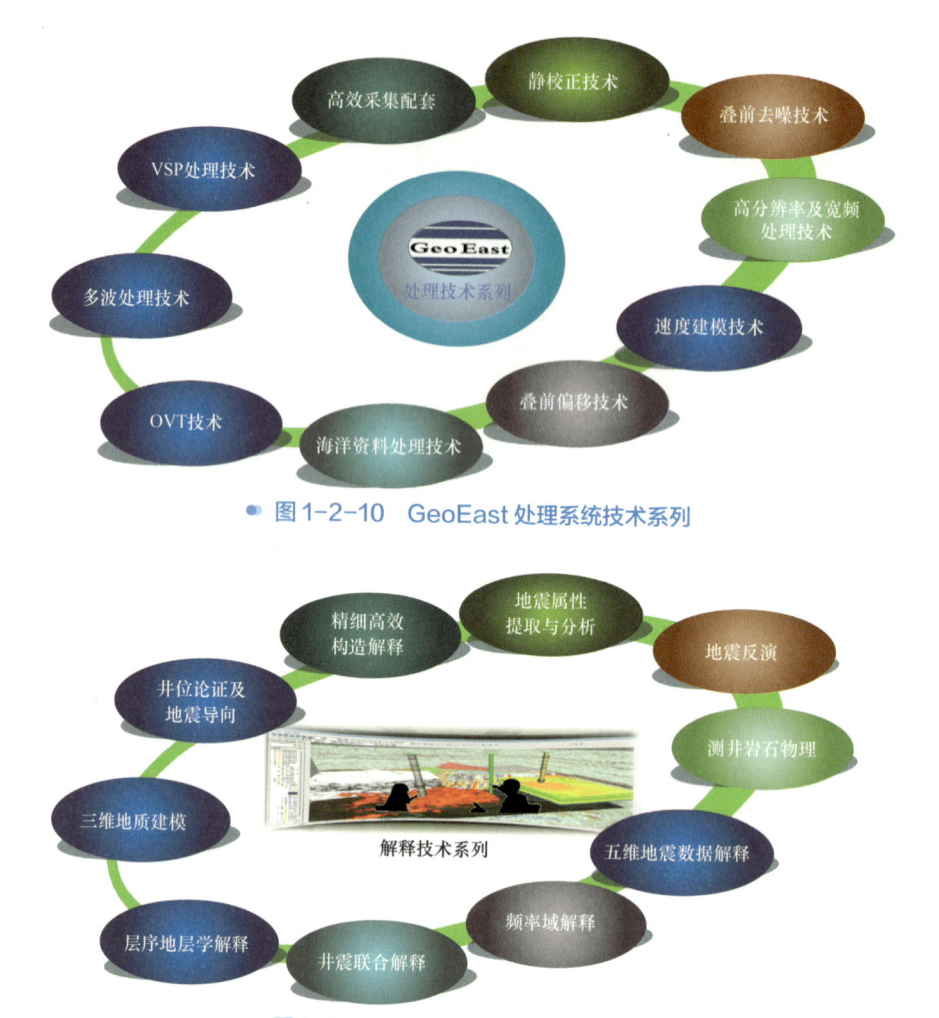

● 图 1-2-11　GeoEast 解释系统技术系列

细构造解释、储层预测、油气检测、五维地震数据解释、井震联合解释、水平井地震导向、三维可视化及地质体检测，整体功能达到国际先进水平，多项技术处于国际领先水平，成为全球主流物探软件之一。各项技术获得国家授权发明专利 216 项，认定企业技术秘密 101 项，登记计算机软件著作权 62 项。曾获 2013 年度国家科学技术进步奖二等奖及 2018 年度河北省科学技术进步奖一等奖。至 2018 年，GeoEast 软件系统在中国石油 19 家油气田及科研院所处理、解释项目的应用率分别超过 60% 和 70%，逐步替代了同类商业进口软件。

3）山地地震勘探技术与复杂山地地震软件系统 GeoMountain

针对四川盆地油气勘探与增储上产的总体要求，为解决山地地震勘探技术问题，适应复杂山地地震勘探的业务需求，于 2007 年启动了山地地震勘探技术与复杂山地地震软件系统 GeoMountain 研发工作（图 1-2-12），历经 10 年的持续提升与完善，至 2017 年已形成了 4 大技术系列，即复杂山地地震采集技术系列、山地复杂构造地震成像技术系列、山地复杂构造地震综合解释技术系列和山地地震特色技术系列，具备了复杂山地、黄土塬、戈壁、沙漠、丘陵、平原及其他复杂地区一体化地震勘探能力。其中，无阴影地震探测设计、山地地震信号增能降噪、地下复杂构造精确速度建模、地震大数据拟真地表精确归位成图、含逆断层复杂储层无盲区预测等 5 项核心技术达到国际领先水平，获 58 件国家授权发明专利，认定 36 项企业技术秘密，获 67 项软件著作权登记，2012 年获"世界石油最佳勘探技术"提名奖，2013 年认定为国家战略性创新产品，获得 2015 国家技术发明奖二等奖。在我国 7 大盆地和 12 个国家的山地复杂构造油气勘探中大规模应用，为发现和探明我国四川盆地磨溪区龙王庙组气田、安岳整装气田、三叠系须家河组气田和新疆库车气田等 4 个万亿立方米特大型规模天然气储量区提供了物探技术支撑。

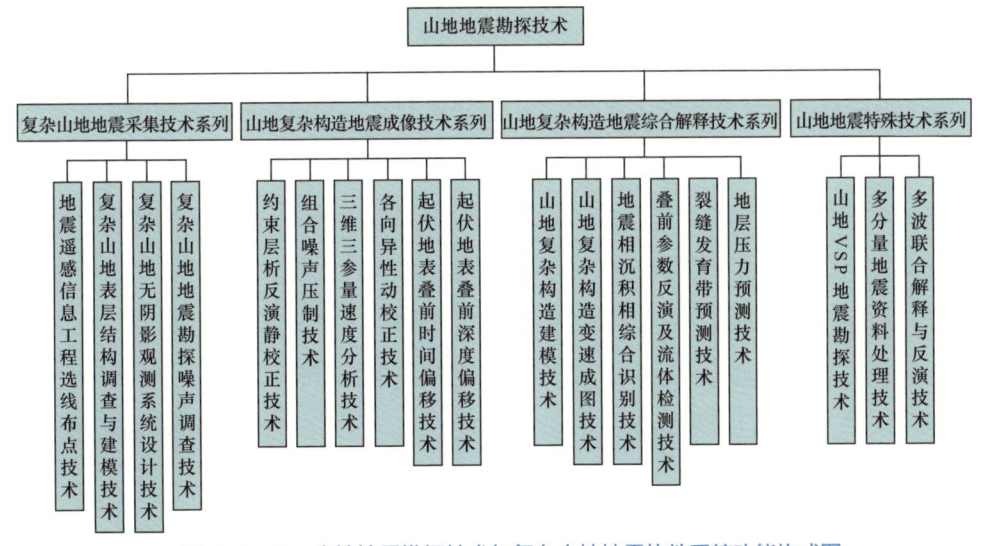

● 图 1-2-12 山地地震勘探技术与复杂山地地震软件系统功能构成图

第三节　物探信息化建设成效

面对新时代物联网、大数据、云计算、移动应用，以及区块链、人工智能等新兴信息技术发展的大潮，石油物探人始终勇立潮头，以奋斗者的姿态，拥抱新技术、创造新应用、发掘新价值、开拓新领域、发展新业务，通过信息技术与物探业务深度融合，全面支撑东方物探的全球化综合管理、生产管理、经营管理和安全运营体系的高效运行，打造了以企业管理、智慧油气、智慧油服等为代表的技术与标准体系和服务能力，为石油物探数字化转型升级和智能化新业态发展奠定了坚实基础，助力中国石油数字化转型智能化发展。

与物探业务数字化建设目标与发展方向不同，物探业务信息化以业务一体化、协同化、高质量、高效益为核心目标，通过企业资源的全局化和一体化管理、优化与共享，以及业务流程的纵向贯通、横向协同，解决用工偏多、低水平重复、流程不畅、管理不细、效率低下、成本虚高等影响企业生产、科研、管理、运营和决策效率的卡顿低效等痛点问题。

一、发展历程

东方物探信息化的规模化建设起步于1998年，以引进和应用勘探数据银行系统（PetroBank MDS）为起点，组织开展了企业内部网络规模化建设，启动了无纸化办公自动化系统（BGPOA）和企业资源规划（ERP）系统试点建设，打造了一支作风顽强、勇于创新的IT团队，培养了团队的大型系统集成、企业信息化管理、勘探开发数据资产化管理和服务能力，形成了早期的技术产品。2005年东方物探被国务院信息化测评中心评为"中国企业信息化标杆企业"；2008年东方物探首次进入中国企业信息化500强前50位。2013年东方物探获得国家系统集成一级资质。

下面从IT基础设施、经营管理、综合办公管理、生产管理及企业数据资产管理等方面对物探信息化历程进行简要介绍。

1. IT 基础设施建设

1999 年，东方物探最早的信息化机房建成投运，同时重点完成了有线网络、无线网络和卫星通信等基础设施建设。2014 年，随着中国石油昌平云数据中心和东方物探高性能计算中心建成并投运，开展了 IT 运维管理体系达标建设。东方物探信息化机房拥有核心网络设备多台，上联中国石油，下联涿州各院区办公场所和国内外各片区，为东方物探办公用户提供办公网络访问的业务；建成了高清视频会议系统，同时利用中油易连云视频系统，为生产业务提供视频沟通支持，保障了全球业务的连续开展。

以涿州科技园机房为核心，通过专线链路和中国石油广域网，形成了覆盖全国 19 个生产、科研和生活基地的局域办公网络，承载了综合办公、经营管理、科研、生产指挥等各项业务，支持办公用户数达 2 万多人。利用最新的云视频技术，形成了国内外、野外一线、石油内外网全覆盖的视频会议系统，在生产指挥、经营决策、安全管理、疫情防控等方面发挥了重要作用。

截至 2018 年底，东方物探信息化机房拥有物理服务器 131 台、虚拟化平台 3 个、运行虚拟机 252 个，共承载东方物探应用系统 48 套。建成主备存储 6 套，完善了同城异地备份机制。虚拟化技术的引入大大提高了资源的利用率，降低了投资成本，保证了业务系统的高可用性。通过分级资源管控，实现了正式环境与开发环境分离，东方物探 IT 基础运行环境如图 1-3-1 所示。

● 图 1-3-1　东方物探 IT 基础运行环境

在信息系统运维方面，实现了运维工具的支撑和运维流程数字化管理。运维监控平台实现了对网络设备、互联链路、主机、应用，业务服务等资源的实时监控；运维流程管理平台实现了"事件管理、问题管理、配置管理、变更管理与发布管理"5大管理流程。

2. 经营管理系统建设

2003年，按照"全球化、数字化、一体化"总体发展战略，东方物探作为中国石油试点单位启动了企业资源规划系统建设，2004年完成国内和国际151个下属单位的全覆盖推广运行，实现了企业财务、物资、设备、项目、人力资源和质量健康安全环保（QHSE）等核心业务与资产的一体化高效管理。

2010年起，包括人事、财务、资产、物资、设备、项目、销售等核心业务的ERP系统不断升级，系统运行平稳，完成了与物采系统、电商系统、合同系统等统建系统和东方物探相关自建系统的整合集成，实现了主要流程的互通与数据共享（图1-3-2）。

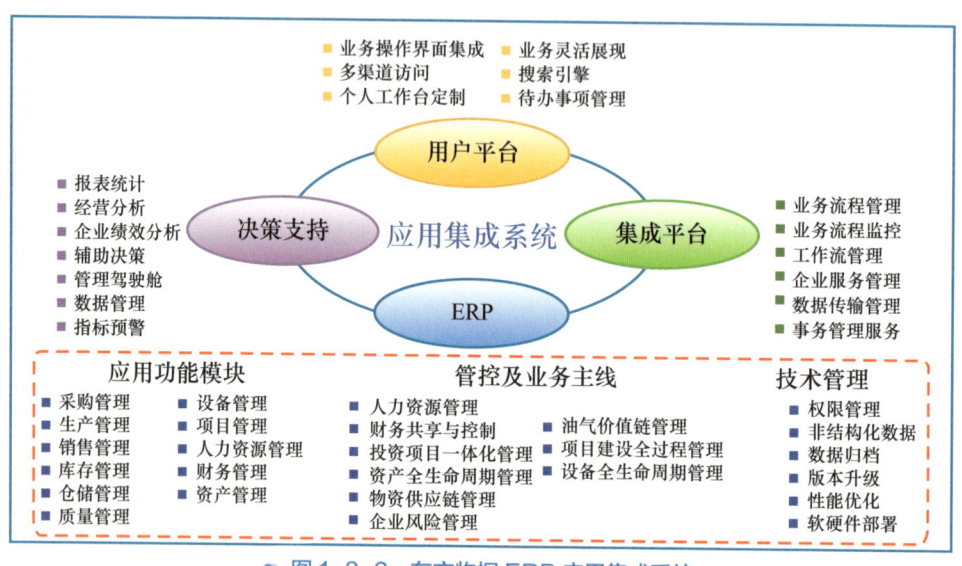

● 图1-3-2　东方物探ERP应用集成系统

同时，东方物探在ERP等统建系统基础上，以设备管理为核心，以设备全生命周期管理为主线，搭建了统一、规范的设备管理工作平台（图1-3-3）。利用成本、效益、效率等翔实数据，实现东方物探各层级对设备的信息化、精细化、指标化管理，支持对设备资产的考核评价与决策分析，提升设备的信息化管理水平。

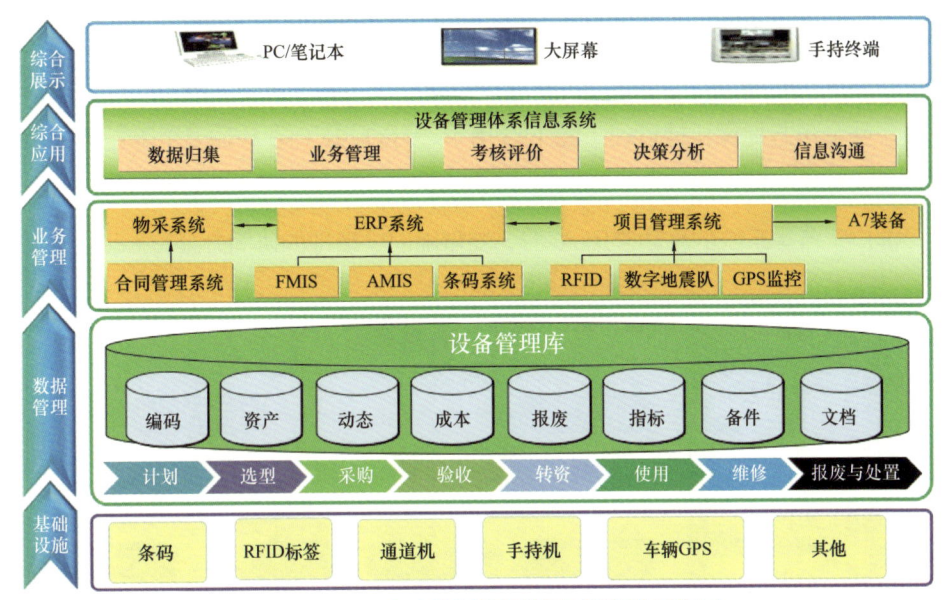

● 图1-3-3　东方物探设备管理系统架构示意图

3. 健康安全环保（HSE）云系统建设

基于中国石油健康安全环保系统项目推广建设，结合东方物探业务需求，扩展了车辆监控（VTS-6）、民爆物品管理等系统为辅助的专项管理系统，完善了东方物探 HSE 云系统体系（图1-3-4）。

● 图1-3-4　东方物探 HSE 云系统架构示意图

— 31 —

4. 综合管理系统建设

2001—2004 年，首个自主研发的企业级综合办公系统 BGPOA 上线应用，支撑了东方物探全球化业务的办公流程化、无纸化和自动化。

利用移动应用平台和信息门户等技术，搭建了东方物探统一的信息集成与应用平台，整合东方物探科技管理（图 1-3-5）、督查督办（图 1-3-6）等各类综合管理系统，并将各种应用与服务按照每个人的身份和权限，集成到个人工作界面。开发、推广了各类系统的移动应用 APP，支持随时、随地的协同办公。

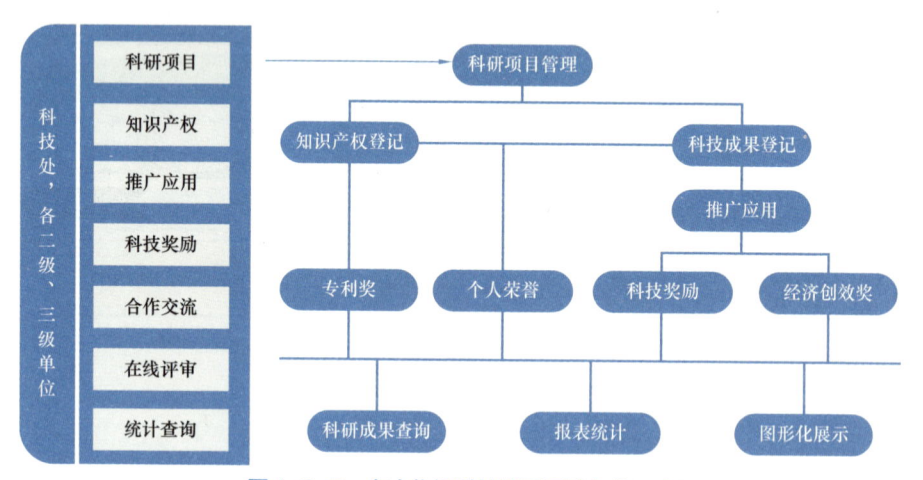

● 图 1-3-5 东方物探科技管理系统架构示意图

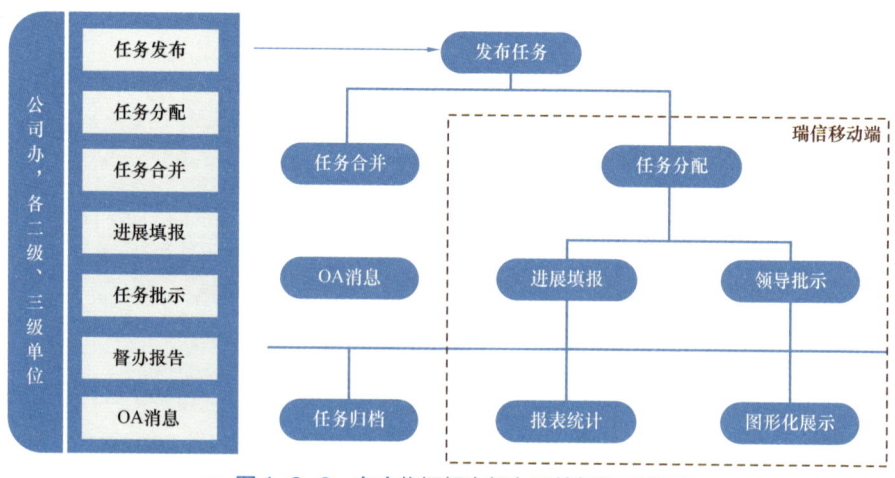

● 图 1-3-6 东方物探督查督办系统架构示意图

为了适应 2003 年非典事件及 2008 年金融危机后的市场形势变化，搭建了统一市场营销信息管理系统（图 1-3-7），规范了东方物探整体的市场营销行为，实现了市场工作平台化、客户中心化、制度程序化、支持智能化、显示可视化，全面提升了东方物探对市场营销的管理水平。该系统已成为市场开发决策的参谋、一线市场开发人员的移动工作助手。

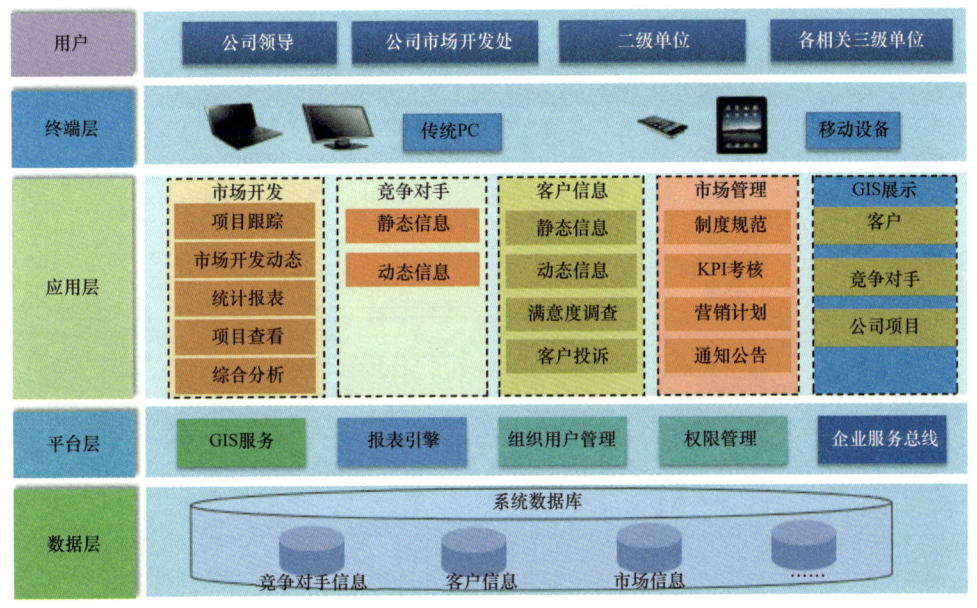

● 图 1-3-7　东方物探市场营销信息管理系统架构示意图

5. 生产管理系统建设

2006 年，中国石油工程技术生产运行管理系统（A7）项目启动建设，围绕物探、钻井、录井、测井和井下作业五大专业工程，完成系统研发与推广应用，实了五大工程作业过程的数据采集与管理、现场作业管理、生产运行管理、决策支持、综合查询服务等。2012 年，东方物探在对中国石油工程技术生产运行管理系统深化应用的基础上，引入了国际先进的项目管理理念，充分利用物联网、GIS（地理信息系统）与数据分析等技术，结合主营业务管理需求以及业务全球化的特点，重新规划设计了物探生产管理系统，实现了以计划管理为主线、以成本为核心的进度、资源、费用、质量、HSE 等要素的协同管理。经过近十年的持续建设，该系统已成为东方物探进行项目管理的工作平台，可以满足不同管理层的管理需求（图1-3-8）。最新的物探生产管理系统集成了生产指挥中心、六个专业系统和一个数字化地震队系统。其中，六个专业系统分别为项目管理系统、生产监测系统、知识管理系统、专家支持系统、决策支持系统、应急管理系统。通过该系统实现了对物探生产项目的前端作业现场、中端生产管理、后端经营决策的业务全覆盖，满足了东方物探各层级对生产过程精细化管理的需求。

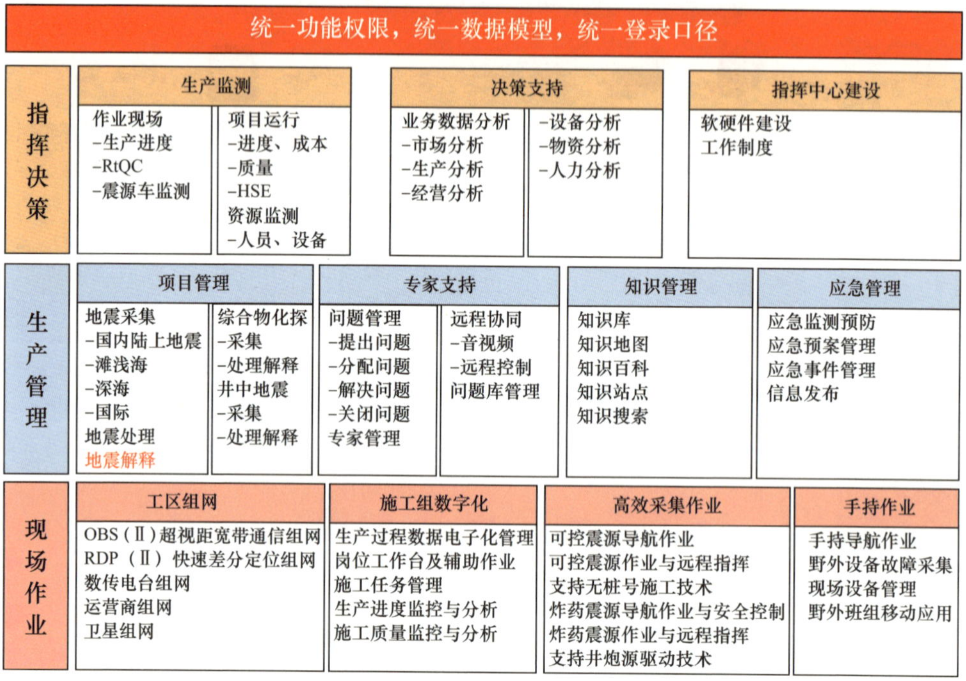

	统一功能权限，统一数据模型，统一登录口径			
指挥决策	**生产监测** 作业现场 -生产进度 -RtQC -震源车监测 项目运行 -进度、成本 -质量 -HSE 资源监测 -人员、设备	**决策支持** 业务数据分析 -市场分析 -生产分析 -经营分析 -设备分析 -物资分析 -人力分析	**指挥中心建设** 软硬件建设 工作制度	
生产管理	**项目管理** 地震采集 -国内陆上地震 -滩浅海 -深海 -国际 地震处理 地震解释 综合物化探 -采集 -处理解释 井中地震 -采集 -处理解释	**专家支持** 问题管理 -提出问题 -分配问题 -解决问题 -关闭问题 专家管理 远程协同 -音视频 -远程控制 问题库管理	**知识管理** 知识库 知识地图 知识百科 知识站点 知识搜索	**应急管理** 应急监测预防 应急预案管理 应急事件管理 信息发布
现场作业	**工区组网** OBS（Ⅱ）超视距宽带通信组网 RDP（Ⅱ）快速差分定位组网 数传电台组网 运营商组网 卫星组网	**施工组数字化** 生产过程数据电子化管理 岗位工作台及辅助作业 施工任务管理 生产进度监控与分析 施工质量监控与分析	**高效采集作业** 可控震源导航作业 可控震源作业与远程指挥 支持无桩号施工技术 炸药震源导航作业与安全控制 炸药震源作业与远程指挥 支持井炮源驱动技术	**手持作业** 手持导航作业 野外设备故障采集 现场设备管理 野外班组移动应用

● 图1-3-8　物探生产管理系统业务架构图

物探生产管理系统发展历程如图1-3-9所示。

6. 工程技术物联网技术应用

2012—2016年，中国石油工程技术物联网系统（A12）建设完成。面向物探、钻井、录井、测井和井下作业工程，采用物联网技术，开展了数据采集、数据传输、数据存储、综合应用"四系统"和远程作业支持中心"一中心"的建设，促进了前后方生产协调，最大化地发挥了专家稀缺资源的作用，提高了工程技术作业数据采集和传输效率，提高了数据采集的自动化水平和准确性，降低了作业现场技术人员手工填报工作量，提升了工程技术服务业务的管理和决策支持水平。

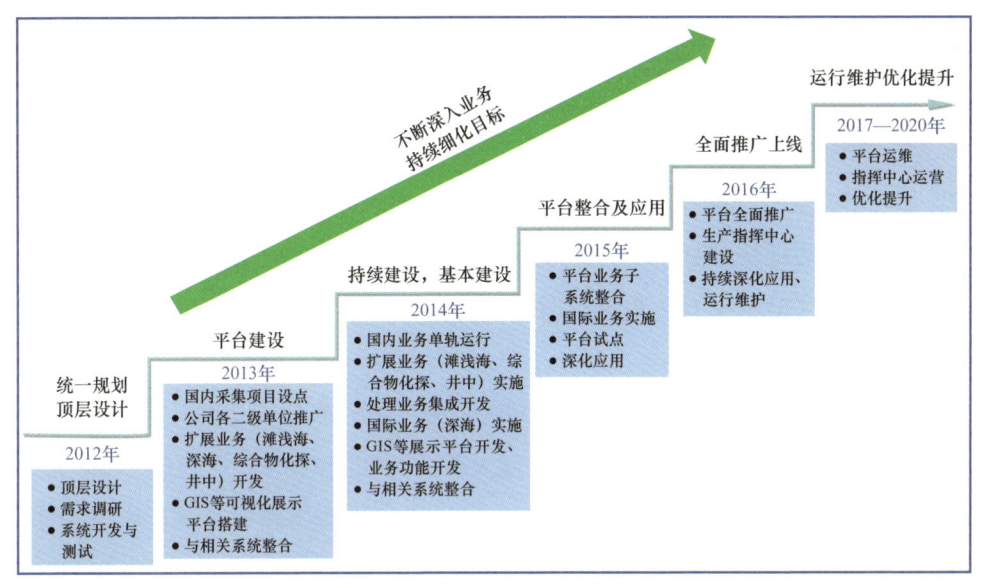

● 图 1-3-9　物探生产管理系统发展历程

物联网技术与物探生产相结合，减少可控震源施工工序和用工数量，提高了震源施工作业效率、质量和安全施工水平，实现了可控震源施工作业的效能突破，应用案例如图 1-3-10 所示。

● 图 1-3-10　中国石油工程技术物联网系统物探应用案例

7. 信息安全体系与桌面云服务建设

东方物探作为中国石油网络安全制度以及网络安全策略的创建与设施单位，肩负着中国石油信息安全防控的主体责任。在基础设施建设的基础上，提供面向用户的 IT 服务与桌面服务，包括建设集流程管理、资源监管、安全管理、考核管理、综合展示为一体的 IT 综合管理系统，实现人员、流程、信息及技术的统一管理；搭建了桌面云服务系统，为用户提供标准、安全、灵活、高效的桌面服务。

8. 数据资产管理技术体系建设

石油工业是一个信息密集型的产业，勘探开发信息是石油行业的核心信息，石油勘探投资的过程就是换取地下油气蕴藏信息的过程。而油气勘探开发数据是地下及其油气资源的信息载体，是油气田企业的核心资产，具有高投入、高附加值等特征。

全球油气勘探开发数据管理的热潮始于 20 世纪 90 年代初期。1998—2001 年，面对即将来临的信息化与互联网发展大潮，石油地球物理勘探局在与国际著名地球物理公司的对标中，敏锐地发现了信息技术对传统地球物理行业未来发展的影响和存在的重大机遇，结合自身所承担的中国石油勘探数据管理责任及推进综合地质研究技术进步的发展需求，在国内率先引进了国际著名的石油勘探开发数据管理系统，组织研发了配套的地震数据转储和质控软件 Preload 工作站版本，快速开展了热点探区的地震数据在线、近线管理与应用支持工作。

针对引进系统的不足，组织研发了成果管理数据库 EPDB 及其数据加载器 DBLoader；为扩展系统的应用范围，组织开发了首个 Web 应用模式的地理信息系统 WebGIS 及应用服务门户系统 EPBank V1.0，从而进一步完善了东方物探的勘探数据资产管理体系 BGPBank V1.0，如图 1-3-11 所示。

2001—2004 年，完成了中国石油"十五"科技攻关项目"石油物探数据资产化管理系统（PEDAM）""石油软件网络化应用系统（OilASP）"的研发与实验；结合塔里木盆地地震速度数据库和地震数据资源建设项目的实际需求，采用 C/S（客户端/服务器）与 B/S（浏览器/服务器）相结合的软件开发技术，研发了的地震数据资源建设系统 SDRCP、地震数据质控系统 SDQCS、测井数据质量控制系统 WDQCS、地震辅助数据管理系统 SADS、地震速度数据格式转换软件 SVFC，全面应用于中国石油勘探与生产技术数据管理系统（A1）1.0 版本项目建

第一章 物探工程数字化建设成果

设；针对勘探生产管理需求，在 BGPBank V1.0 的基础上，扩展了勘探动态数据的管理能力，并对东方物探整体数据资产管理体系进行了重新规划与设计，形成了 BGPBank V2.0 系统（图 1-3-12）。

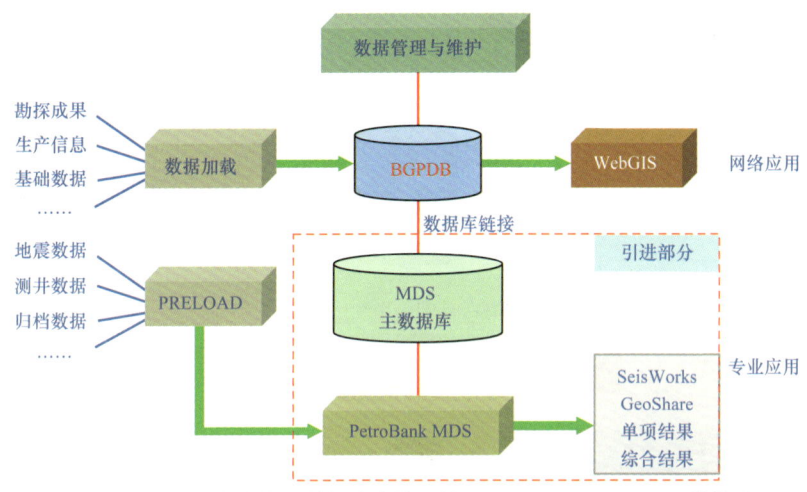

● 图 1-3-11　东方物探数据资产管理体系 BGPBank V1.0 系统构成

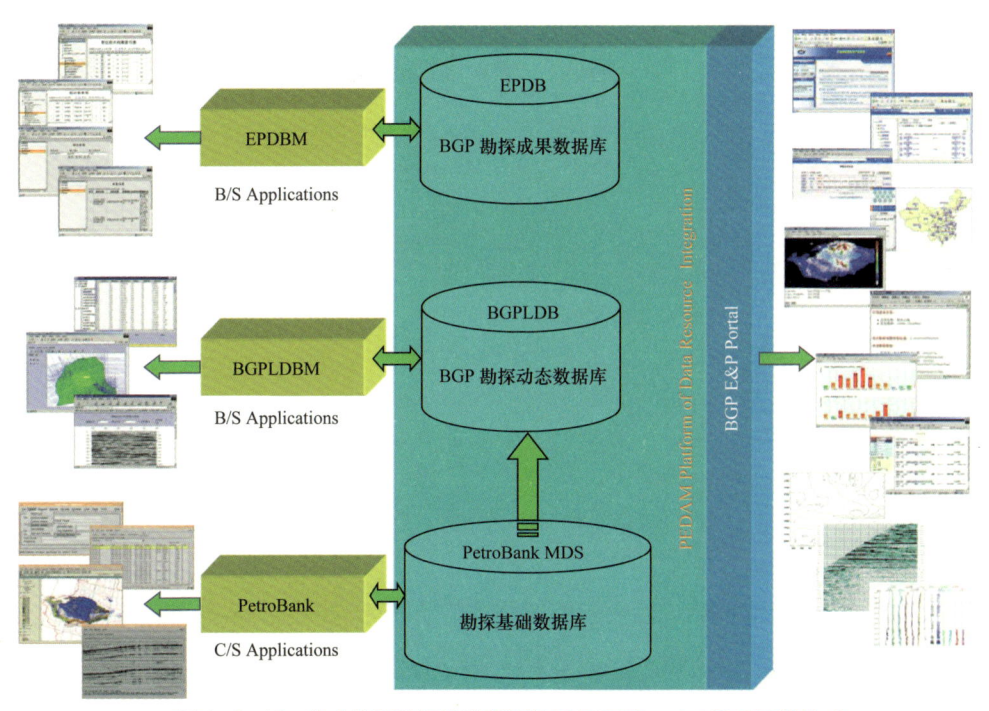

● 图 1-3-12　东方物探数据资产管理体系 BGPBank V2.0 系统构成

2005—2007 年，基于数据与应用资源集成系统技术，研发了勘探开发数据银行系统 EPBank V2.0（图 1-3-13）解决方案，应用于中国石油海外业务勘探开发静态数据管理。

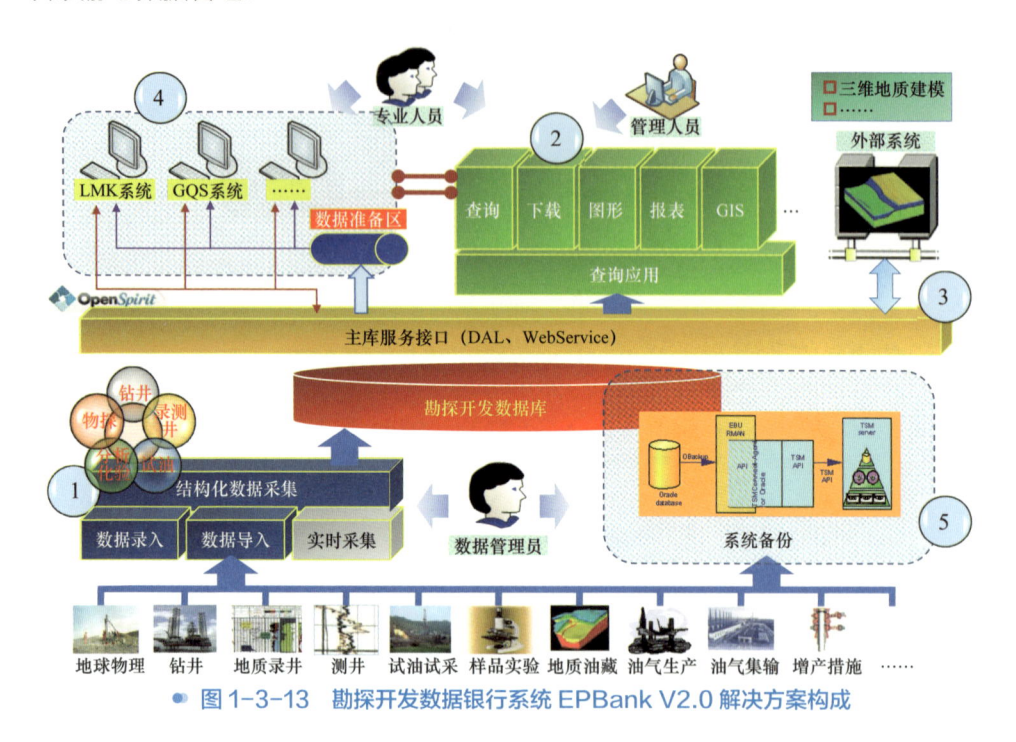

● 图 1-3-13　勘探开发数据银行系统 EPBank V2.0 解决方案构成

> **小贴士**
>
> 中国石油勘探与生产技术数据管理系统（A1）：
> 2005—2008 年，A1 1.0 版本采用哈里伯顿公司产品引进方案，在中国石油 16 家单位完成部署应用，建成了中国石油上游业务统一的技术数据管理系统，搭建了中国石油勘探开发一体化数据管理与应用平台和项目研究环境，首次实现了勘探开发数据管理与应用的系统统一、技术统一和标准统一。

2013—2018 年，首次使用了自主研发的全新的软件系统架构 ED-SOA（具有事件驱动能力的面向服务的体系架构）EPAI 技术，对 EPBank V2.0 系统进行了升级，完成了 EPBank V3.0 系统研发（图 1-3-14），应用于中国石油勘探与生产技术数据管理系统（A1）2.0项目及海外勘探开发信息管理系统EPIMS建设。新版本系统支持数据填报、数据加载、数据集成和数据服务装配，支持业务组件化和流程装配和应用集成与场景装配，具备了初步的敏捷式开发能力，有效地支撑了项目建设。

● 图1-3-14　勘探开发数据银行系统EPBank V3.0技术架构图

> **小贴士**
>
> EPAI技术：Exploration and production architecture infransture，勘探开发基础架构平台产品的简称，是东方物探自主研发的，主要包括基础层的平台运行时EPAI-RT、通用组件EPAI-CC、可视化组件EPAI-VC、业务域对象EPAI-DO、数据服务总线EPAI-DHUB、数据治理组件EPAI-DGC和集成层的事件中心EPAI-EC、信息总线EPAI-MQ、业务流程管理eBPM、企业服务总线eBus和门户EPAI-Portal组成。

东方物探勘探开发一体化数据管理系统解决方案及产品自主研发之路如图1-3-15所示。

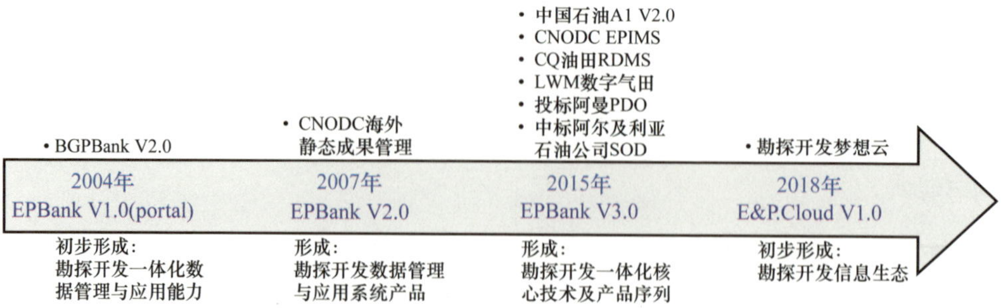

```
• BGPBank V2.0          • CNODC海外           • 中国石油A1 V2.0        • 勘探开发梦想云
                         静态成果管理          • CNODC EPIMS
                                              • CQ油田RDMS
                                              • LWM数字气田
                                              • 投标阿曼PDO
                                              • 中标阿尔及利亚
                                                石油公司SOD
2004年                   2007年                2015年                  2018年
EPBank V1.0(portal)     EPBank V2.0           EPBank V3.0             E&P.Cloud V1.0
初步形成：                形成：                 形成：                   初步形成：
勘探开发一体化数           勘探开发数据管理       勘探开发一体化核         勘探开发信息生态
据管理与应用能力           与应用系统产品         心技术及产品序列
```

EPBank—中国石油勘探开发数据银行系统产品
BGPBank—东方物探勘探数据银行系统
EPIMS—中国石油海外勘探开发信息管理系统

● 图1-3-15　东方物探勘探开发一体化数据管理技术演进示意图

9. 数据资产管理标准体系建设

国内勘探开发数据标准体系化建设起步于1990年，以《石油工业综合数据库设计规范》《石油勘探数据库文件格式》《石油及天然气探井数据项信息代码》等一系列标准的制定和1993年正式发布《石油工业信息分类编码导则》为标志，为石油信息标准奠定了基础。

2008—2012年，参考国际著名的POSC EPICentre V3.0、PPDM及EDM数据模型标准，在中国石油勘探与开发数据结构（PCDM 1997和PCDM 2002）分类标准的基础上，与中国石油勘探开发研究院共同完成了中国石油勘探开发一体化数据模型EPDM V1.0的研制与应用，在国内首次形成了油气勘探开发一体化的物理实体模型（图1-3-16），为实现业务意义上的勘探开发一体化奠定了基础。2012年该项成果通过了石油信息与计算机应用专业标准化委员会审核批准，作为相关企业标准颁布实施。

2012—2016年，按照"共享中国石油"战略部署，结合上游统建与油田自建项目，在对上游业务集成共享应用充分调研分析的基础上，针对EPDM V1.0存在的不足，首次采用了"集团主数据＋油田业务活动＋专业技术数据＋可定制应用"的数据模型分级管控与体系化治理方法及设计方案，开展了勘探开发一体化数据标准的扩展与升级研究，并在实际项目中对新的勘探开发数据模型EPDM V2.0进行了应用验证，新版数据模型作为中国石油有关企业标准发布实施。新版数据模型支持业务数据的分级管控、有序扩展和安全应用，打通了上游板块与工程技术之间的数据管控通道，实现了数据标准的统一，在中国石油上游业务信息化建设中得到广泛应用。

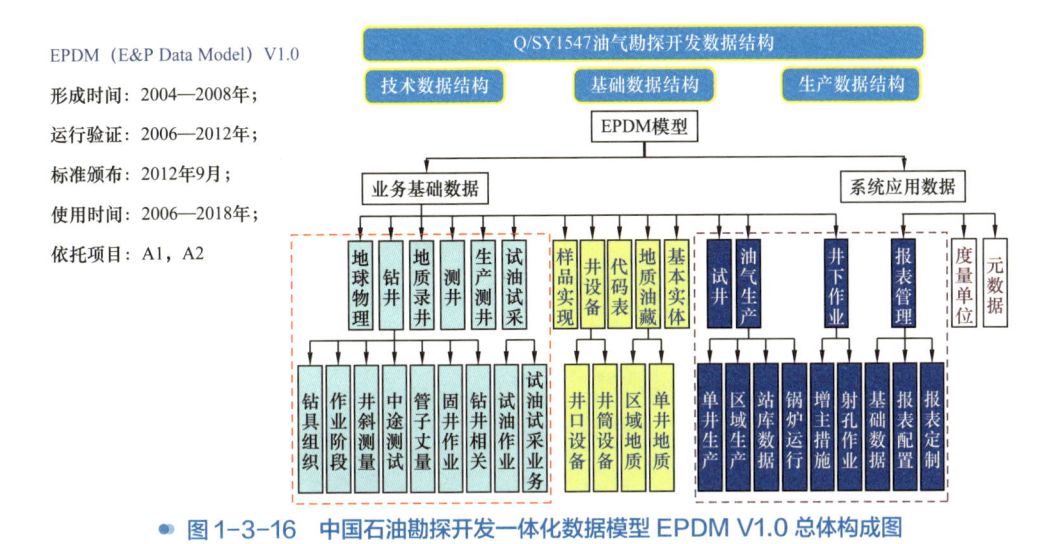

EPDM（E&P Data Model）V1.0
形成时间：2004—2008年；
运行验证：2006—2012年；
标准颁布：2012年9月；
使用时间：2006—2018年；
依托项目：A1，A2

● 图 1-3-16　中国石油勘探开发一体化数据模型 EPDM V1.0 总体构成图

> **小贴士**
>
> EPDM 模型：Exploration and production data model，即勘探开发数据模型，EPDM V1.0 是中国石油勘探与生产技术数据管理系统（A1）项目和油气水井生产数据管理系统（A2）项目建设所取得的重要成果之一。

图 1-3-17 展示了 EPDM V2.0 模型中的主数据模型设计思想，图 1-3-18 展示了 EPDM V2.0 模型生态的主要内容与建设方法，图 1-3-19 展示了 EPDM V2.0 模型体系架构，图 1-3-20 展示了 EPDM V2.0 模型实体关系模型示例。

2016—2018 年，基于勘探开发梦想云数据湖建设需求，在 EPDM V2.0 的基础上，采用可扩展标记语言 XML 标准，拓展了对实时数据、成果文档、成果图件、音视频、对媒体等非结构化、半结构化数据的管理能力，形成了油气上游业务数据集规范（EPDMX），用于梦想云数据湖及数据连环湖之间的数据存储、传输与交换（图 1-3-21）。

EPDM V2.0 基本实体（主数据）构成

总体设计思想

- 按照"中国石油主数据+油田业务活动+专业技术数据+可定制应用"设计思想
  - 数据模型分级管控
  - 体系化治理
  - 支持业务数据的分级管控、有序扩展和安全应用
- 按照上述方法，指导完成了 EPDM V2.0模型标准建设
  - 打通了上游板块与工程技术之间的数据管控通道
  - 实现了数据标准的统一

目标：数据生态体系建设

● 图 1-3-17 中国石油勘探开发主数据模型设计

EPDM V2.0 生态

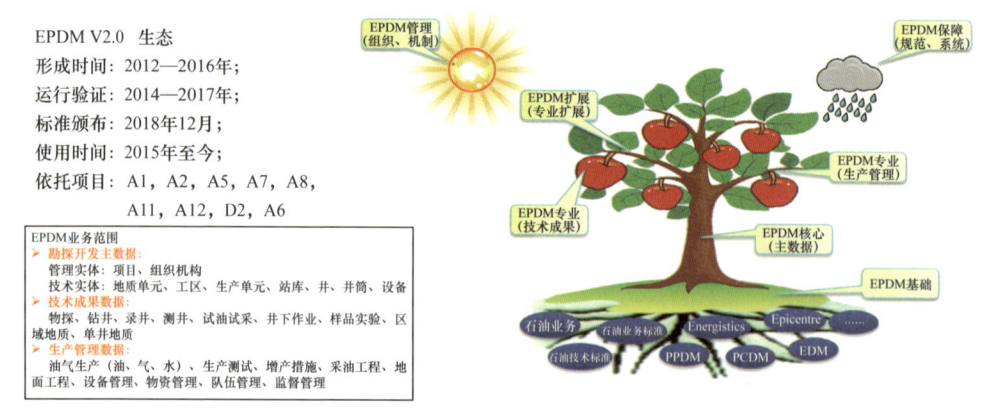

形成时间：2012—2016年；
运行验证：2014—2017年；
标准颁布：2018年12月；
使用时间：2015年至今；
依托项目：A1, A2, A5, A7, A8, A11, A12, D2, A6

EPDM业务范围
- 勘探开发主数据：
  管理实体：项目、组织机构
  技术实体：地质单元、工区、生产单元、站库、井、井筒、设备
- 技术成果数据：
  物探、钻井、录井、测井、试油试采、井下作业、样品实验、区域地质、单井地质
- 生产管理数据：
  油气生产（油、气、水）、生产测试、增产措施、采油工程、地面工程、设备管理、物资管理、队伍管理、监督管理

● 图 1-3-18 中国石油勘探开发一体化数据模型生态建设方法

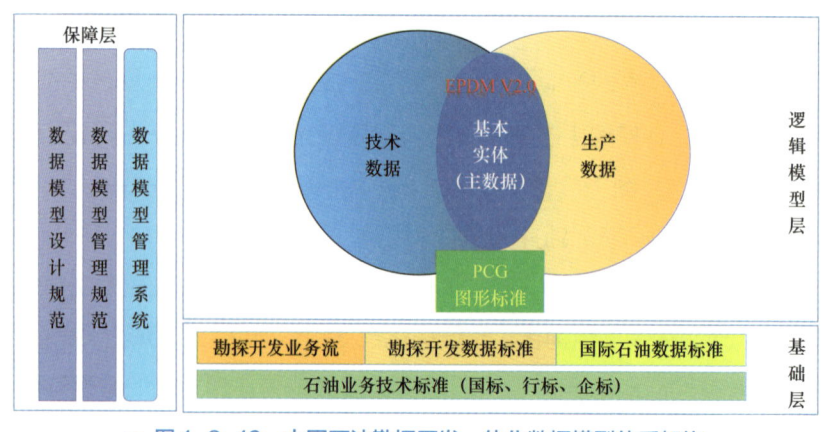

● 图 1-3-19 中国石油勘探开发一体化数据模型体系架构

第一章　物探工程数字化建设成果

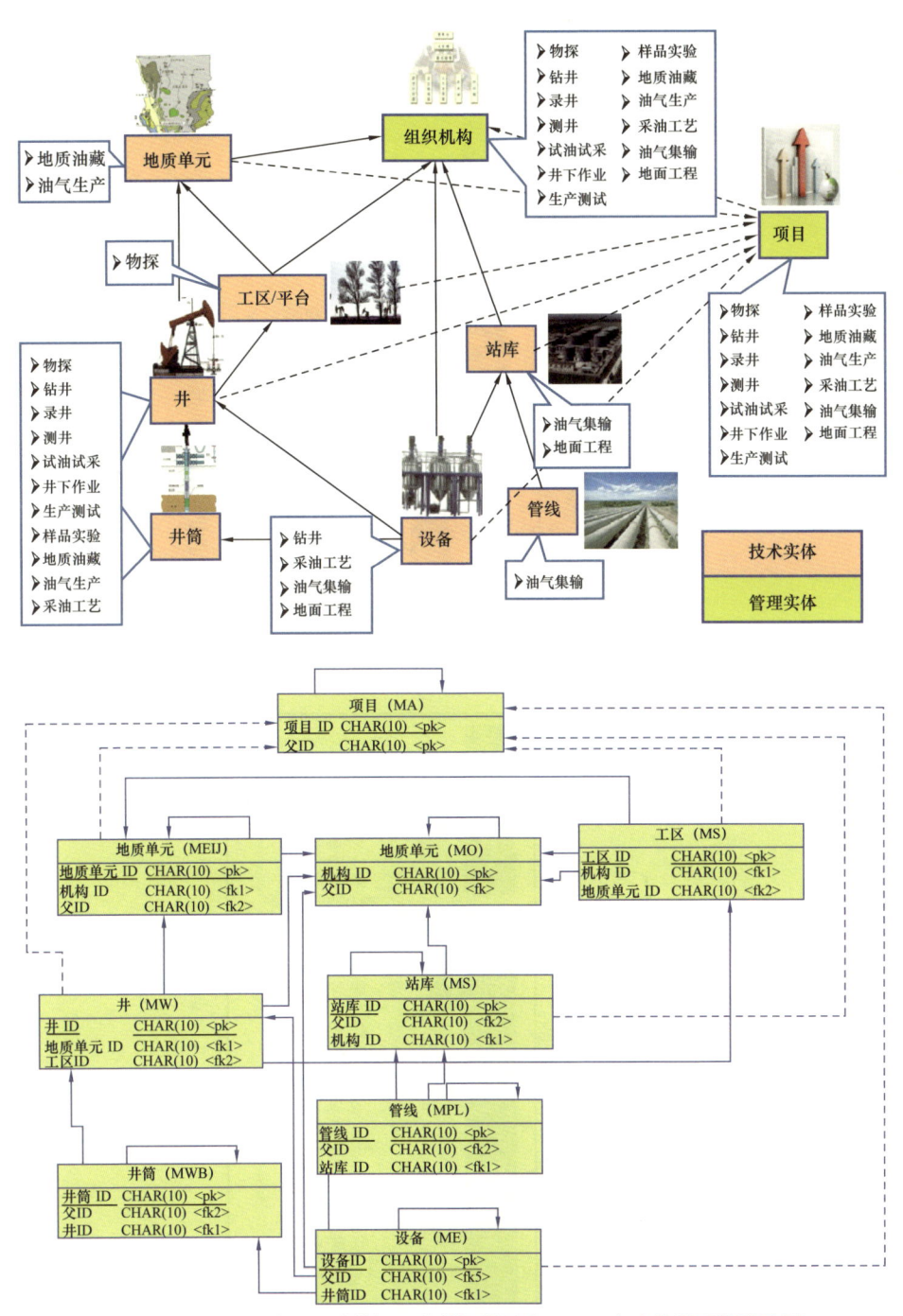

● 图 1-3-20　中国石油勘探开发数据模型（EPDM）实体关系模型示例

— 43 —

● 图1-3-21 中国石油勘探开发梦想云数据湖上游业务数据集规范

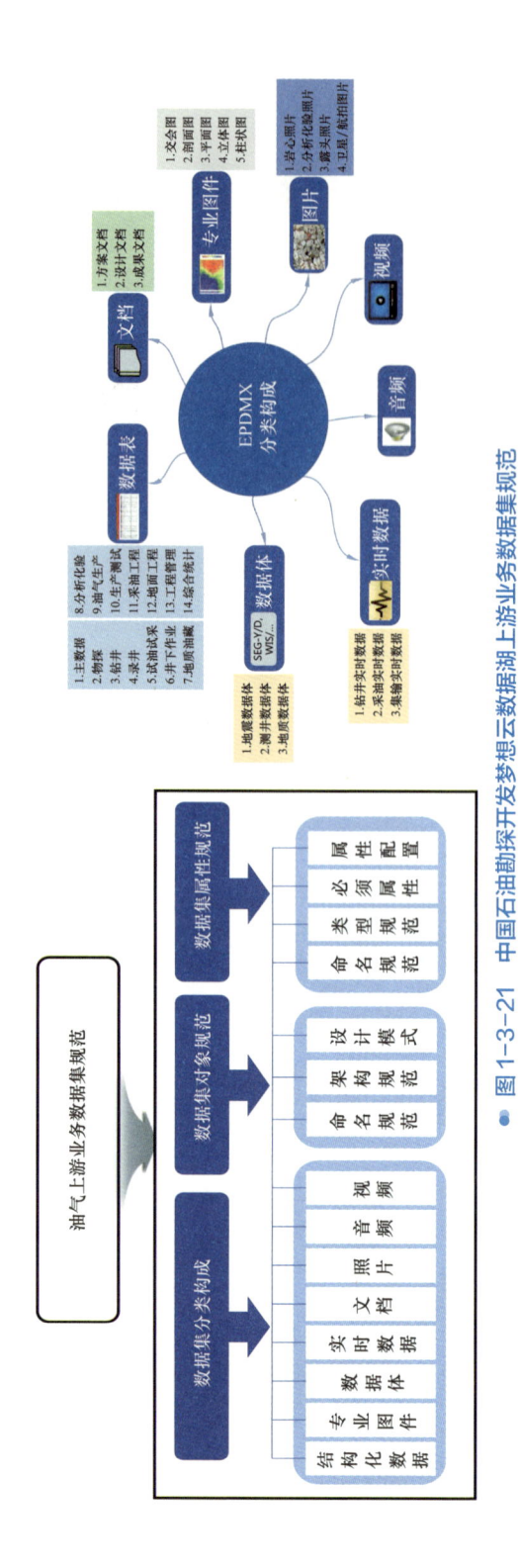

石油工业上游业务数据标准的演进历程如图 1-3-22 所示。

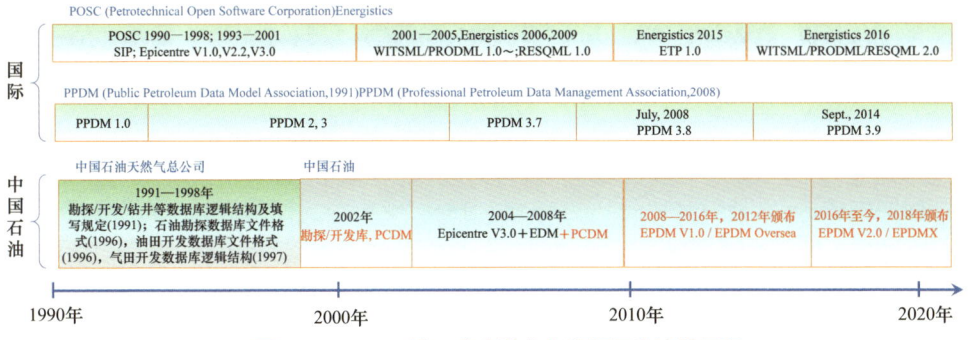

国际	POSC (Petrotechnical Open Software Corporation)Energistics				
	POSC 1990—1998; 1993—2001 SIP; Epicentre V1.0,V2.2,V3.0		2001—2005,Energistics 2006,2009 WITSML/PRODML 1.0~;RESQML 1.0	Energistics 2015 ETP 1.0	Energistics 2016 WITSML/PRODML/RESQML 2.0
	PPDM (Public Petroleum Data Model Association,1991) PPDM (Professional Petroleum Data Management Association,2008)				
	PPDM 1.0	PPDM 2, 3	PPDM 3.7	July, 2008 PPDM 3.8	Sept., 2014 PPDM 3.9
中国石油	中国石油天然气总公司	中国石油			
	1991—1998年 勘探/开发/钻井等数据库逻辑结构及填写规定(1991);石油勘探数据库文件格式(1996),油田开发数据库文件格式(1996),气田开发数据库逻辑结构(1997)	2002年 勘探/开发库, PCDM	2004—2008年 Epicentre V3.0+EDM+PCDM	2008—2016年, 2012年颁布 EPDM V1.0 / EPDM Oversea	2016年至今, 2018年颁布 EPDM V2.0 / EPDMX

1990年　　　　　　　　　　2000年　　　　　　　　　　2010年　　　　　　　　　　2020年

● 图 1-3-22　石油工业上游业务数据标准演进历程

中国石油上游业务数据标准的发展历程如图 1-3-23 所示。

● A1 V1.0　　● CNODC EPIMS　　● A1 V2.0　　● 勘探开发梦想云
● A2 V1.0　　● CQ油田RDMS　　● A2 V2.0　　● 中国石油上游系统
　　　　　　　● LWM数字气田　　● A5、A7
　　　　　　　　　　　　　　　　● ……

1991年 PCDM	2005—2008年 PCEDM	2012年 EPDM V1.0	2012—2018年 EPDM V2.0	2018年 EPDM V2.0+ EPDMX V1.0
起步: 勘探数据库逻辑结构 开发数据库逻辑结构 钻井数据库逻辑结构	初步形成: 中国石油数据共享 中国石油成果共享 勘探开发一体化 协同研究能力		形成并完善: 中国石油数据共享 中国石油成果共享 勘探开发一体化 地质工程一体化 科研生产一体化 动静态一体化	初步形成: 数据生态 技术生态 智能生态 应用生态 运营生态

EPDM—中国石油勘探开发一体化数据模型
EPIMS—中国石油海外勘探开发信息管理系统
RDMS—长庆油田油气藏协同研究与决策系统

● 图 1-3-23　中国石油上游业务数据标准发展历史示意图

二　主要成效

围绕主营业务和管理体系建设核心，按照物探业务生产管理、经营管理及决策支持、基础设施及信息安全保障三条主线组织开展信息化建设工作，经过二十多年的不懈努力，建成了包含中国石油统建和自建共 5 大类 48 个信息系统（图 1-3-24），为东方物探的经营管理、决策分析、生产协调、作业监控与综合管理等业务活动提供了全面的信息技术支撑，显著提升了生产经营管理效率，助力东方物探主营业务健康、快速发展。同时为"十四五"东方物探数字化转型智能化发展奠定了良好的发展基础。

经营管理	生产管理	综合管理		基础设施	信息安全
工程技术ERP应用集成	生产指挥系统	门户系统	市场营销智力支持信息管理系统	网络管理系统	桌面安全管理系统
条码/RFID系统	智能化地震队	协同办公系统	规章制度管理系统	视频会议系统（中国石油/自建）	身份管理与认证
物资采购管理系统	专家支持系统	审计管理系统	纠纷案件管理系统	CNPC电子邮件	网络安全系统
人力资源管理系统	知识管理系统	HSE系统	矿区服务系统	BGP电子邮件	内容审计管理系统2.0
大司库系统	A7物探子系统	科技管理系统	医疗电子档案系统	基础设施云计算	
FMIS系统	工程技术物联网系统（A12）	档案管理系统	远程教育培训系统	桌面云	
AMIS系统	应急管理系统	股权管理系统	集成应用平台	IT运维平台	
Oracle ERP	梦想云	移动应用—瑞信	内控和风险管理	云视频会议系统	
		舆情监控系统	财务共享系统		
		补充医疗系统	合同管理系统2.0		
		铁人先锋	招标管理系统		

■ 图1-3-24　东方物探信息化建设成果

（橙色：统建　灰色：自建）

1. 生产管理系统全面应用，实现项目全球化管控

围绕全球化物探生产作业、现场管理、生产监控、资源调配、专家支持、决策指挥等生产活动，统一、规范的物探生产管理系统经过近八年的持续建设与优化提升，形成功能模块1080个，支撑国内外所有勘探项目的数字化、平台化线上运行与管理，项目总数达到456个，用户数达到5459人，运行管理流程839个，物探生产管理系统已经成为东方物探全球化生产管理主线的核心业务平台。该系统的全面深化应用，实现了项目运作的统一生产管理、统一资源调配、统一技术支持、统一应急响应，有效地保障了勘探项目优质安全高效运行。

2. 经营管理系统全面应用，实现经营一体化运营

通过推广中国石油ERP集成应用平台，整合东方物探ERP信息管理系统、财务管理信息系统（FMIS）、资产管理信息系统（AMIS）、物资仓储管理

系统、物资采购管理系统、人力资源管理系统、大司库系统和网上报销等系统，东方物探建立起了以 ERP 为核心的经营管理系统，规范了东方物探经营管理业务流程，实现了资金动态管理和监控，全面优化了资源配置，实现了经营管理一体化运营。

3. 综合管理系统全面集成，助力企业"市场化、国际化"战略落地

通过中国石油统建与东方物探自建相结合，利用统一的信息集成与应用平台技术搭建的综合管理系统，集成整合了东方物探协同办公、审计管理、HSE 管理、科技管理、档案管理、股权管理、舆情监控、决策支持、铁人先锋、市场营销、矿区服务、员工医疗、远程教育、内控与风险管理、合同管理、网上报销等近 20 项业务应用系统，实现了各应用系统之间的互联互通，所有业务办理只需通过 PC 端浏览器办公桌面入口或移动端企业瑞信系统，登录到统一的企业信息门户，即可实现与所有个人岗位及权限相关业务的办理，消除了业务系统之间的切换和权限认证问题。为企业生产、科研、经营、决策、办公与党建活动等提供了强有力的支撑，极大地提高了协同办公效率。

> **小贴士**
>
> 铁人先锋：中国石油智慧党建服务平台，旨在为广大党员职工提供线上学习、交流的平台，随时了解最新的党政方针政策，参与党建活动，加强基层党组织建设，起到党员的模范带头作用。

4. 信息技术创新驱动，助力业务新发展

东方物探经过 20 年的努力，通过引进、消化、吸收、完善、提升与再造过程，走出了一条自主研发之路，共形成数字油气田与智能油气田建设业务领域解决方案 30 项以上、系统产品 60 项以上，参与形成中国石油企业标准 50 个以上，获得专利 10 项以上，在所承建的中国石油国内及海外上游业务勘探开发信息管理系统（EPIMS）统建项目、长庆数字化油气藏研究中心、西南油气田磨溪区块龙王庙组气藏数字气田示范工程建设项目中得到应用，为获得伊拉克鲁迈

拉油田、阿尔及利亚国家石油公司（SONATRACH）SOD（Smart Oil Data）项目服务合同等提供了技术保障。

物探业务的信息化一方面带动了企业高效、高质量发展，另一方面，通过承建中国石油统建和油田自建项目，形成了全面的技术服务能力，打造了一支特别能战斗的团队，成为中国石油上游业务信息化建设的主力军和数字化转型智能化发展的先锋队，物探信息技术服务由东方物探最初的新兴业务定位成长壮大为东方物探的主营业务之一，实现了由业务信息化到信息业务化的蜕变。

第二章
数字化转型发展蓝图

东方物探作为中国石油"十四五"数字化转型智能化发展建设试点单位，本着"实事求是、遵循规律、着眼长远、统筹兼顾"的原则，组织完成了数字化转型智能化发展蓝图规划和试点建设方案编制，将为东方物探创新优先、成本领先和综合一体化、全面国际化的"两先两化"战略落地提供数字化转型智能化发展的支撑与保障。

本章从物探工程核心业务发展趋势研究入手，分析了东方物探所面临的问题和挑战，提出了加快数字化转型智能化发展的应对策略，制定了东方物探数字化转型发展方向、目标与策略，描绘了数字化转型发展蓝图，制定了实施计划和保障措施。

第一节　物探工程核心业务发展趋势

物探工程核心业务包括物探数据采集、物探数据处理和物探资料解释，这些核心业务也可以理解为是围绕物探数据获取、数据加工和从数据中获取知识（地质认识）的业务活动。自数字技术出现以来，物探行业一直是数字技术的重要应用领域之一，数字技术被广泛应用于物探采集仪器装备与采集系统、物探处理与解释系统、大规模数值计算（依赖计算机，特别是大型计算机、高性能计算机）、信息通信（依赖物联网、局域网/内联网、互联网等）、企业信息化和数字化建设（信息管理系统/平台、业务管理应用系统/平台）。随着工业互联网和工业4.0时代的到来，新兴的数字化与智能化技术将与传统物探专业技术进一步深度融合应用，助推物探工程数字化转型智能化发展。物探工程核心业务发展趋势主要体现在以下几个方面。

（1）地球物理勘探采集技术向智能、高效及绿色发展。

随着物联网、云计算、大数据、人工智能等新技术以及智能化装备的发展，推动物探野外采集工程数字化、智能化。应用云平台打通测量、放线、钻井、下药、放炮、收线等各环节的数据壁垒，实现数据采集终端（传感层）与数据存储管理和处理分析系统的互联互通，实现地球物理数据的实时采集和实时传输，为后续的实时数据处理和解释奠定基础；建立基于物探工程各工序的业务系统和智能数据分析系统，打造野外采集作业数字孪生系统，通过集成的仿真模型，模拟、监控、诊断、预测和控制全生命周期野外生产，采集方案智能优化、设备和人员智能配置、采集工序业务智能协同、问题智能辅助决策，从而提高施工质量，降低施工风险和施工成本，实现绿色高效的野外采集作业；应用智能化采集作业生产管理平台，以项目事前仿真、经营情况准确预知、过程自动优化为核心，配套物探装备"机器人"化、人员和设备物资信息化、作业工序的集成化和一体化、质控实时化，实现更加高速高效、作业无人化等成为智能物探作业的发展方向。

此外，在井中地震业务方面，应用新方法、新装备，重点发展二维/三维多井同步联采、井地联合采集、高精度井中分布式光纤传感、基于 DAS 的时移 VSP 等技术。

高效采集技术发展涵盖多源地震、节点采集、光纤传感器、稀疏采集 4 个方面（图 2-1-1）。

```
高效采集
├── 多源地震
│   ├── 陆上
│   │   ├── 滑动扫描（Slip-Sweep）
│   │   ├── 高保真采集（HFVS）
│   │   ├── 独立同步扫描（ISS）
│   │   ├── 分组同步扫描采集技术（DSSS）
│   │   └── 伪随机扫描同时源技术（SPST）
│   └── 海上 环形、双环形、多环形多船采集
├── 节点采集
│   ├── □ 电源技术小型化、无线网络通信技术实时化、采集系统一体化技术
│   └── □ 无人机、无人驾驶自动收放装备和采集系统——TOTAL 与 ADNOC 合作
├── 光纤传感器
│   ├── □ DAS 目前主要用于井中地震观测
│   └── □ SHELL 研发宽幅灵敏光纤 DAS 螺旋缠绕电缆（Helically Wound Cable）
└── 稀疏采集
    ├── □ 压缩感知采集——非规则采样，无失真重建
    └── □ 分布震源组合（DSA）采集——将目前使用的宽/全频带震源改为窄带或单频，全频信号由不同位置、不同频率（带）的多个窄/单频震源的组合得到。多源地震可以看作是 DSA 的初步实现形式，DSA 可能是新一代地震采集方法的代表
```

多源混采后处理上通常两种方法：
➤ 数据分离得到单炮记录，然后按常规单炮处理流程处理
➤ 直接处理超级炮——多源偏移、最小二乘偏移、最小二乘反演、多源全波形反演等

螺旋缠绕电缆在各个方向都比较灵敏，从而使在地表采用水平光纤 DAS 电缆采集地震反射数据成为可能

● 图 2-1-1　高效采集技术发展汇总图

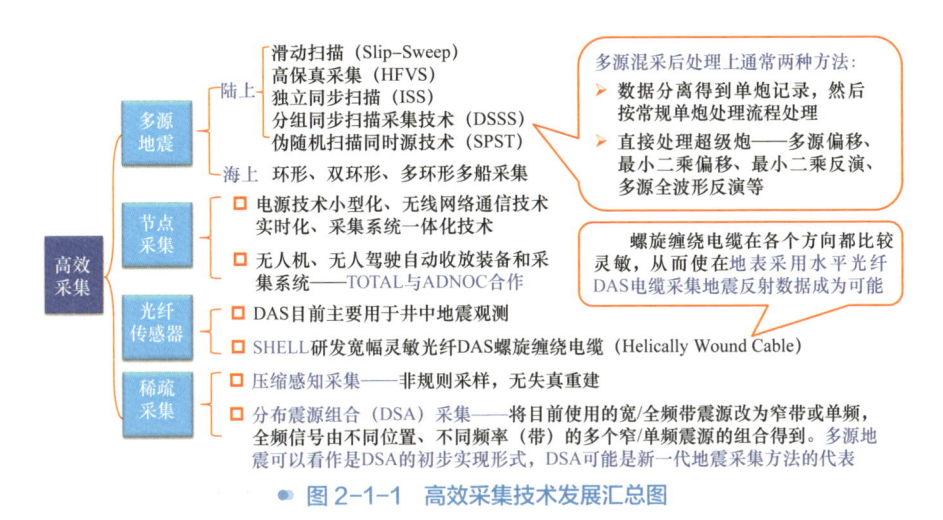

图 2-1-2 是可控震源施工作业智能设计与自动优化的一个案例。

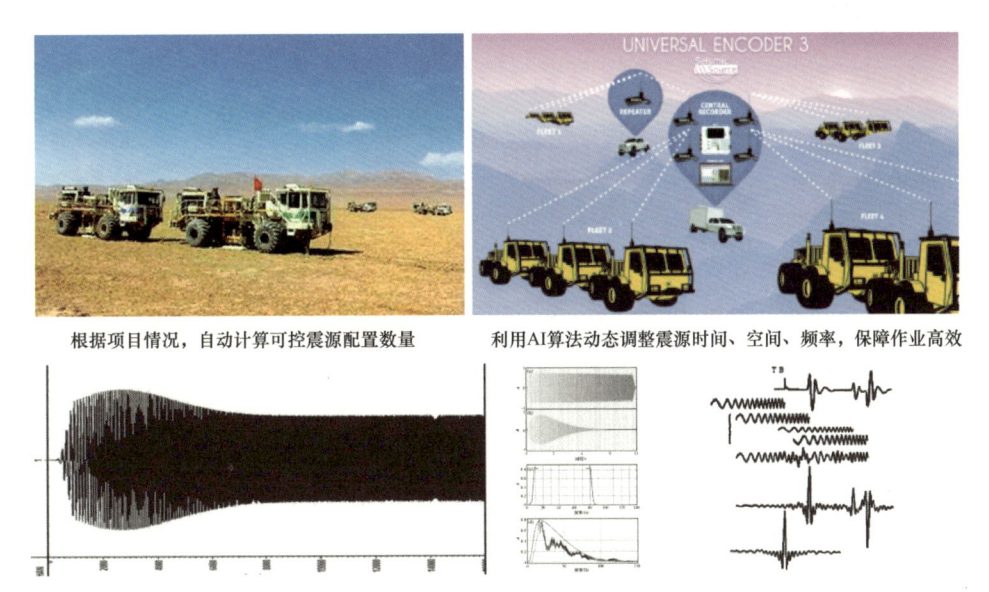

根据项目情况，自动计算可控震源配置数量　　　利用 AI 算法动态调整震源时间、空间、频率，保障作业高效

利用 AI 算法对可控震源机械状态进行分析，预测可能出现的问题，预防性维护，保障装备性能、施工质量，减少异常提供时间

● 图 2-1-2　可控震源施工作业智能设计与自动优化案例

—51—

（2）地震处理解释技术向基于人工智能的数字化发展。

数字化、智能化变革将大力推动地震资料处理解释工作的技术创新，综合利用大数据、人工智能等新技术，最大限度挖掘现有数据潜力，以提高地震资料分辨率和成像精度。同时利用云计算技术优势（如数据共享生态优势和高性能计算云算力优势），以及智能化处理解释模块的效率与精度优势，构建新的地震资料处理解释流程，缩短资料准备周期，简化处理解释工序、提升处理解释的效率和精度。2018年，智慧地质、人工智能（AI）解释等地球物理技术入选未来10年油气上游极具发展潜力的20项技术名单，反映了物探行业智能化发展是大势所趋。

人工智能时代就是驾驭数据洪流的时代，算法是关键，数据至关重要（图2-1-3）。目前，油气勘探已经走向深水、盐下及非常规领域，从技术粗放型产业转变为技术精细型和技术密集型产业。运用人工智能技术，改变地震处理和解释方式、提高自动化水平和预测精度，降低成本，已成为行业共识。

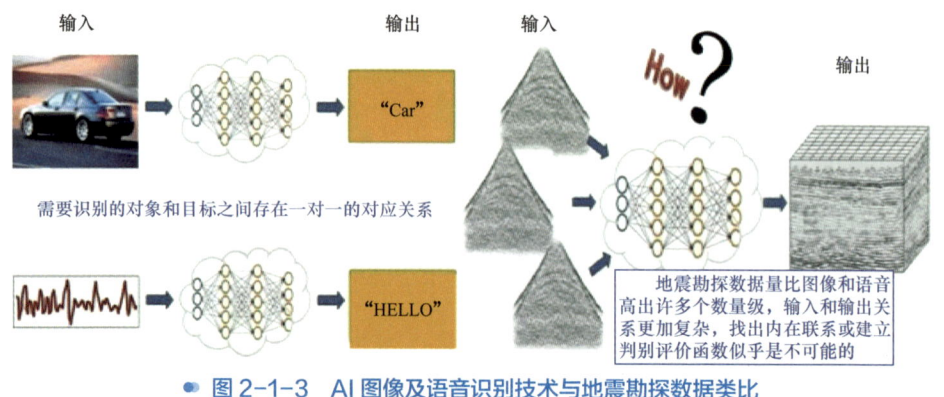

● 图2-1-3　AI图像及语音识别技术与地震勘探数据类比

（3）物探装备向便携化、节点化、自动化和智能化发展。

面向油气藏开发的物探数据信息获取能力，围绕百万道、积木式、帕兆字节（PB）级数据管理、低成本节点仪器和传感器、宽频激发接收、高效采集、便携化、智能化、无缆化、光纤技术及在自动化作业、数字化与智能化管理、高速高效施工组织等方面的技术配套，是物探装备技术的发展方向。

便携化、节点化、自动化和智能化装备将成为石油物探未来的重要发展方向，并将成为提高行业竞争力的关键因素；以光纤、节点装备为代表的各种新型地震采集设备，跨界融合新材料、人工智能等新兴产业技术，同时结合无人机、智能采集作业机器人等新兴装备，从而满足降本增效的需求；研究野外采集的相关智能终端，实现对数据的自动化采集，利用人工智能等技术开发质量控制终端，提高采集质量，开发数据共享终端，提高整体采集作业效率。

例如，地震仪器装备加速更新换代；地震采集大力推广"两宽一高"三维地震采集、宽频可控震源激发、可控震源动态扫描、高灵敏度单点接收、节点+有线联合接收等技术；采用分布式光纤传感技术，提高井中地震勘探精度。

（4）物探软件向智能化、云化方向发展。

物探软件智能化发展，助推物探采集、处理、解释的智能化发展。物探软件智能化发展方向以提高物探全业务过程的质量、效果和效率为目的，发展智能化地震数据采集系统，地震数据处理解释一体化、智能化平台。

物探软件云化发展，发展高性能计算云应用，发展多云互联的采集、处理、解释多学科协同工作云平台、生态系统。

（5）物探行业加快数字化转型步伐。

物探行业紧跟油气行业数字化转型发展步伐，主要体现在：

① 加快业务战略转型，如斯伦贝谢公司实施了优化业务结构，增加轻资产型软件产品和服务驱动型业务；CGG公司积极拓展核心技术的应用领域，如S-lynks建筑健康监控解决方案，该方案采集数据云中处理，实时远程访问分析。

② 加快平台化、一体化、生态化、多学科协同技术服务建设。通过深度应用大数据、物联网、人工智能、云计算等信息技术，构建物探智能云平台和数据管理平台，建设采集作业智能生产运营、一体化协同工作和行业数字生态等系统，推动物探业务的模式创新和业务流程再造，实现智能高效作业和协同处理解释创新。

如斯伦贝谢公司（油服公司）、微软公司（IT公司）、雪佛龙公司（油公司）"三剑合璧"的模式正在油气行业内快速复制：按照雪佛龙公司的要求，在斯伦贝谢公司的DELFI勘探开发认知环境中，运用微软公司的Azure应用程序，构建石油勘探开发全价值链的认知计算系统，支持处理解释大数据、可视化、并最终从多个数据源中获取有效信息。

第二节　面临的问题与挑战及应对策略

一、面临的问题与挑战

经过数十年，特别是近 30 年来的快速发展，东方物探数字化、智能化能力和建设具备了较好的基础，助推东方物探地震勘探技术达到国际先进水平，物探专业软件和勘探装备研发达到国际同行水平。然而，随着国际油价走低，国际物探市场竞争加剧，油公司对新兴新技术（特别是新兴的数字化技术）的诉求加强，以及东方物探对降本增效和实现业务战略的追求所面临的各种压力，都给东方物探带来了许多内部、外部的问题与挑战。

（1）物探行业技术引领能力有待提高。

东方物探始终坚持创新优先战略，加强技术研发，在物探装备、软件和配套技术三方面相继取得一系列重大突破，为东方物探高质量发展提供了强有力支撑。但与世界一流物探公司相比，现有技术还不能完全满足国际高端市场竞争的需要，部分核心关键技术仍存在短板，物探技术基础研究、原创能力不强。国内地球物理主要服务于油气勘探，面向油藏开发研究技术服务还处于起步阶段。国内油气勘探开发目标比国外更加复杂，物探技术能力还不能适应未来的勘探开发需求，需要研发能够满足经济技术一体化的技术与装备；需要在速度建模与成像等高端处理技术、面向油田开发技术及平台，核心装备关键指标提升及内部产业化与规模应用，超高效采集、低成本作业、拓展技术适应性，多学科协同的油藏地球物理技术与地震联合的重磁电技术等方面提高行业引领能力。东方物探行业引领能力面临的主要痛点包括：

① 技术能力还不能完全满足减缓东部产量递减、加快西部上产的迫切需求。

与国外大多数油田相比，国内油气勘探开发对象更加复杂，需要针对双复杂地震地质条件，持续开展瓶颈技术攻关，同时研发经济技术一体化的配套装备。

2018年，中国石油明确国内大力实施"四个勘探"（重点盆地实行集中勘探、重大接替领域实行风险勘探、高勘探程度区实行精细勘探、多种伴生资源实行综合勘探），西部复杂区将成为下一步集中勘探的主战场。

② 核心技术和软件还不能完全满足国际高端市场竞争需求。

国外主要地球物理服务公司仍然主导着高端数据处理解释技术发展，不断通过加强技术封锁、提高技术门槛，巩固处理解释市场地位。东方物探部分自主处理解释关键技术和软件功能，还不能支撑高端市场的竞争挑战和门槛要求。并且国外主要地球物理服务公司仍有一些先进技术并未对外公开，东方物探未来的物探研发计划先进性面临挑战。

③ 一些核心装备和技术仍存在"卡脖子"风险和隐患。

国内目前还没有成熟的OBN硬件设备，OBN采集技术被国外垄断。同时，国外目前已有不同深度的成熟的节点仪器，而国内目前仍处于研发阶段。在可控震源控制系统方面，目前还没有自主开展电控箱体研制。除此之外，在人工智能及深度学习等前沿新技术储备方面也相对落后。

（2）员工结构性矛盾突出。

东方物探员工总量过大与结构性短缺并存，员工总量超过2万人，是全球11家上市物探公司员工总量的2.8倍，但高精尖技术人才、国际化管理人才占比不高，一般操作人员占比超过40%。随着地球物理行业自动化、智能化发展，员工结构性矛盾将更加突出，通过信息化新技术的应用来降低人工成本，是东方物探未来实现高质量发展必须解决的重要问题。以信息化、数字化新技术为企业发展增添动力、赋予新的动能，需要一支高端的信息化复合型人才队伍。

（3）业务结构不均衡。

地震数据处理、资料解释、油藏综合研究、地震地质工程一体化等高附加值业务仍有巨大提升空间，整体抗风险能力不足。随着行业大公司向地震数据处理、油藏综合研究、多用户协同工作平台化、装备制造等高附加值业务战略转型，利用技术优势不断提高技术门槛，加快构筑市场壁垒，使东方物探在发展高附加值业务的道路上面临更大压力。

（4）业务数字化转型整体上起步较晚。

东方物探部分战略业务转型起步较早，海洋勘探业务已经处于国际先进水平，但非常规油气勘探、高端市场与高端技术方面的业务转型处于较低水平；智能化与技术创新整体上具有较好的基础，陆上勘探、OBN海洋勘探关键技术达到世界先进水平，核心装备软件达到国际同步水平，但油藏地球物理、非常规油气勘探等方面的智能化技术研究与利用处于初级发展阶段；在技术研发、数据共享、协同研究与工作的生态系统建设方面，东方物探还处于探索阶段，平台化、协同化、一体化工作环境建设尚处于初级发展阶段。

（5）信息化建设还存在不足。

随着东方物探信息系统的持续应用，也暴露出一些急需解决的问题，如信息孤岛现象依然存在、信息系统深化应用不平衡、网络安全还存在薄弱环节，如图2-2-1所示。

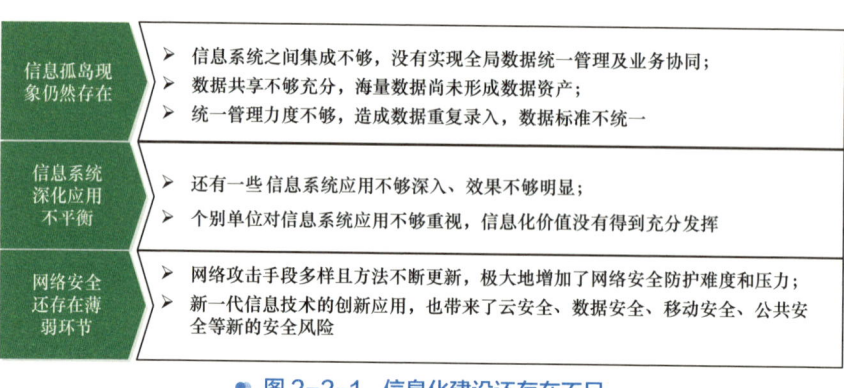

信息孤岛现象仍然存在	➢ 信息系统之间集成不够，没有实现全局数据统一管理及业务协同； ➢ 数据共享不够充分，海量数据尚未形成数据资产； ➢ 统一管理力度不够，造成数据重复录入，数据标准不统一
信息系统深化应用不平衡	➢ 还有一些信息系统应用不够深入、效果不够明显； ➢ 个别单位对信息系统应用不够重视，信息化价值没有得到充分发挥
网络安全还存在薄弱环节	➢ 网络攻击手段多样且方法不断更新，极大地增加了网络安全防护难度和压力； ➢ 新一代信息技术的创新应用，也带来了云安全、数据安全、移动安全、公共安全等新的安全风险

● 图2-2-1 信息化建设还存在不足

二 应对策略

对于东方物探面临的问题与挑战，一种解决方案是加快数字化转型战略部署，助推东方物探早日实现技术水平达到国际先进、部分核心技术达到国际领先、一批制约公司业务发展的"卡脖子"技术和装备实现自主化、科技创新支撑引领作用更加凸显，以增强技术创新能力、提升可持续发展能力、提高国际化管理水平、缩小与行业领先竞争对手的差距，助力建成世界一流地球物理技术服务公司。

因此，东方物探需加快实施数字化转型的信息化发展战略，以支撑其"两先两化"业务战略的实现，做好以下 6 个方面的数字化、智能化工作。

1. 顶层设计

东方物探数字化转型顶层设计要明确数字化转型目标、建设思想和建设原则，要规划中长期的数字化转型愿景蓝图，提出先进、适用的数字化转型一揽子解决方案，设计满足业务发展需要的数字化转型应用场景，制定数字化转型实施路线图和数字化转型实施保障措施。

2. 加快云平台建设

需加快物联网、云计算、移动应用、社交工具等新兴数字化技术应用办法，在东方物探现有的信息化、数字化建设的良好基础上，依托勘探开发梦想云，加快智能物探云、东方物探数据湖、服务中台建设，以支持东方物探数字化转型云原生应用高效建设，云化 KLSeis 采集系统和 GeoEast 软件系统，构建采集、处理、解释、油藏综合研究一体化的智能协同共享平台，支撑"共建、共享、协同"生态（技术研发生态、数据共享生态、研究协同生态、工作协同生态）建设，实现东方物探专业软件和信息系统向一体化、协同化、生态化、平台化、移动化等方向发展。

3. 加快智能技术研究与应用

在东方物探数字化转型过程中，需加快物探专业技术与数字化技术的融合应用，利用大数据、人工智能等数字化技术加快发展物探智能技术，大力发展高度集成的智能化物探装备、智能化采集处理解释系统和多学科智能工作平台，形成智能化、多学科协同的物探全生命周期技术服务能力。

4. 完善科技创新体系建设，加速六个业务领域的技术配套研究与应用

（1）陆上采集：需加快发展全地表条件的高密度地震数据采集技术，突出深层超深层、非常规储层经济技术一体化研究，不断强化陆上勘探全球领先地位。

（2）海上勘探：需加快海底节点自主研发进程，积极开展 OBN 数据处理技术研究，保持海上多源激发、自动节点收放系统等关键技术的差异化领先。

（3）处理解释：需加快研发各向异性速度建模、全波形反演、多次波成像等核心技术，打造具有行业领先水平的开放式多学科智能化平台。

（4）井中油藏：需加快多信息储层建模、油藏模拟等关键技术研发进程，着力发展三维 VSP、uDAS 等配套勘探技术，形成一套地震地质工程一体化技术。

（5）软件装备：需加快物探装备的智能化升级及配套，研发百万道级智能化节点、海洋节点地震采集系统、智能高精度可控震源等核心装备；加快发展人工智能地震采集技术，采集软件云化技术。

（6）油气合作、新能源：需加快横波源采集数据处理解释技术突破，加强纵横波联合反演及新领域综合研究，加强光纤监测、综合物化探技术在储气库、碳封存监测等方面的研究与应用。

5. 加快业务转型

东方物探数字化转型的最终目的是实现物探业务降本、提质、增效，高质量发展。因此，除了继续发展领先优势物探业务领域之外，东方物探需加快业务转型建设，助推业务战略实现。业务转型发展有利方向包括非常规油气勘探、高端市场（如 IOC、NOC 处理解释市场，北美地区、西北欧物探市场）业务、高端技术（如油藏地球物理、智能化应用等）业务。

6. 加快复合型人才培养，实施人才赋能

大数据、人工智能、数字孪生等数字化技术在地球物理行业的实验、研究与应用尚处于初级阶段，亟须具有综合能力的高素质人才。

第三节　转型发展蓝图

遵循信息化战略规划（Information Technology Strategy Planning，简称 ITSP）和开放企业架构（The Open Group Architecture Framework，简称

TOGAF）等方法论，东方物探于 2019 年启动了数字化转型智能化发展蓝图规划与顶层设计，开启了智能物探建设新征程。

一　业务构架

东方物探主营业务包括陆上采集、海上勘探、井中地震、综合物化探、处理解释与油藏地球物理、软件研发、装备制造、油气风险合作、信息业务等，纵向管理上主要包括生产操作、生产管理、经营管理和决策支持四个层级，如图 2-3-1 所示。

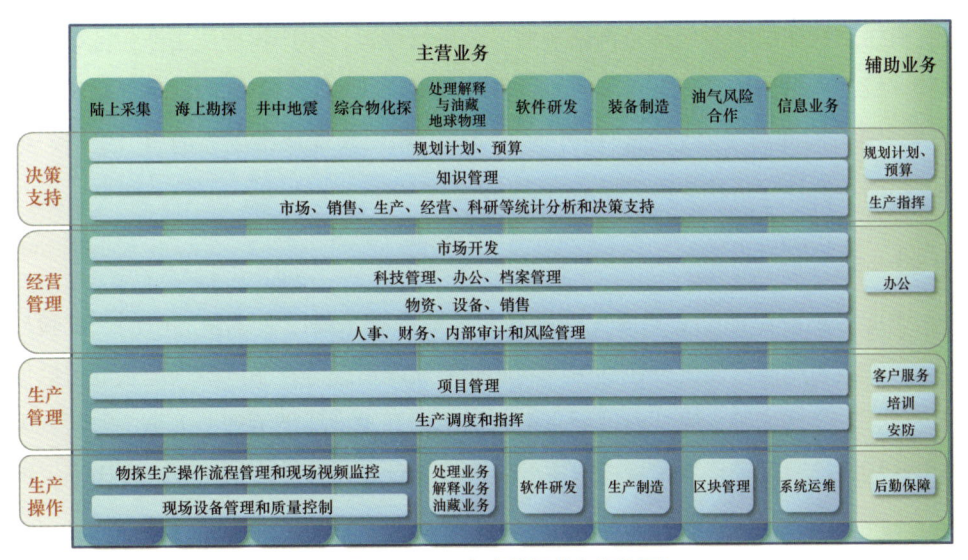

● 图 2-3-1　东方物探业务架构图

1. 物探数据采集业务

该业务主要包括陆上、滩海过渡带及海上地震、井中地震、综合物化探等领域的采集配套技术研发、装备制造与服务等。其生产操作层主要包括物探生产操作流程管理和现场视频监控，现场设备管理、质量控制等；生产管理层主要包括项目管理、生产调度和指挥等；经营管理层主要包括市场开发、科技管理、人事、财务、内部审计和风险管理等；决策指挥层主要包括规划计划、预算、知识管理及市场、销售、生产、经营、科研等统计分析和决策支持。

2. 资料处理解释及油藏地球物理技术服务业务

该业务主要包括地震与非地震资料处理与解释研究、油藏地球物理技术研究与服务等。其生产操作层主要包括处理、解释及油藏地球物理等业务流程管理与服务等；生产管理层主要包括项目管理、生产调度和指挥等；经营管理层主要包括市场开发、科技管理、人事、财务、内部审计和风险管理等；决策指挥层主要包括规划计划、预算、知识管理及市场、销售、生产、经营、科研等统计分析和决策支持。

3. 软件研发与服务业务

该业务主要包括地震与非地震采集、处理、解释软件研发、技术创新与服务等。其生产操作层主要包括软件研发业务流程管理等；生产管理层主要包括项目管理等；经营管理层主要包括市场开发、科技管理、人事、财务、内部审计和风险管理等；决策指挥层主要包括规划计划、预算、知识管理及市场、销售、生产、经营、科研等统计分析和决策支持。

4. 装备制造业务

该业务主要包括陆上与海上地震与非地震数据采集配套装备的研制、试验与服务等。其生产操作层主要包括生产制造业务流程管理等；生产管理层主要包括项目管理、生产调度等；经营管理层主要包括市场开发、科技管理、人事、财务、内部审计和风险管理等；决策指挥层主要包括规划计划、预算、知识管理及市场、销售、生产、经营、科研等统计分析和决策支持。

5. 油气风险合作

油气风险合作主要是与矿权所有者合作，采用共同投资、共同开发、风险共担、利益分成的一种合作模式。其生产操作层主要包括区块管理业务流程管理等；生产管理层主要包括项目管理、生产调度和指挥等；经营管理层主要包括市场开发、科技管理、人事、财务、内部审计和风险管理等；决策指挥层主要包括规划计划、预算及市场、销售、生产、经营等统计分析和决策支持。

6. 信息技术服务

信息技术服务主要是围绕物探主营业务所开展的信息技术应用服务。其生产操作层主要包括信息系统运维管理等；生产管理层主要包括项目管理、生产调度和指挥等；经营管理层主要包括科技管理、人事、财务、内部审计和风险管理等；决策指挥层主要包括规划计划、预算、知识管理及生产、经营、科研等统计分析和决策支持。

二 组织体系

2002—2018年，按照中国石油统一部署，经过四次专业化重组，形成了东方物探目前的业务组织体系架构，实现了物探资源、技术、市场的专业化统一管理。

东方物探作为中国石油找油找气主力军和战略部队，国内勘探区域涉及29个省市自治区、89个大小盆地和地区，配合油田取得了一系列重大油气勘探发现。海外建立了7大规模生产基地，为全球73个国家、300多家油公司提供技术服务，国际化程度超过60%，高端市场比例达到68%，是全球最大的地球物理业务承包商。

东方物探总部设职能处室14个、附属机构5个和直属机构5个，下设二级单位22个、全资子公司2个、控股合资公司1个，如图2-3-2所示。可以看到，东方物探的主营业务分工延续了重组之前的区域分工模式，采用了"专业+区域"的混合分工模式。

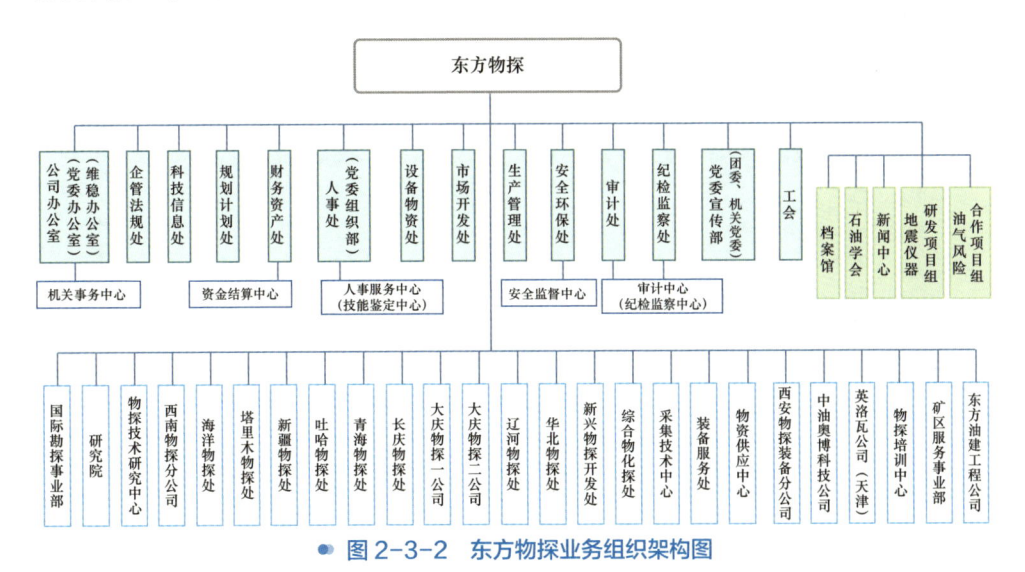

● 图2-3-2　东方物探业务组织架构图

三 转型发展指导思想与目标

1. 指导思想

以中国石油数字化转型智能化发展战略为引领，围绕东方物探建设世界一流地球物理技术服务公司的战略目标，以物联网、大数据、云计算、人工智能、区块链、边缘智能等新兴技术为支撑，以数字化、平台化、智能化为主要技术手段，通过"上云—用数—赋能—深耕"，构建新型的石油物探业务"云—边—端"智能应用环境与生态，进一步强化数字立企、科技强企的基础性、功能性措施，全面提升数字化、平台化、智能化创新能力，打造万众创新新业态，构建东方物探健康、绿色、高质量、高效益可持续发展新动能，助力东方物探创新优先、成本优先，综合一体化、全面国际化的"两先两化"业务战略落地，如图2-3-3所示。

● 图2-3-3　东方物探数字化转型智能化发展总体思想

2. 建设原则

遵循"共享中国石油"及"数字化转型智能化发展"战略部署，充分继承中国石油统建项目成果，紧密结合东方物探业务实际，针对制约企业发展的瓶颈问题、痛点问题、难点问题，通过深度应用物联网、大数据、云计算、人工智能等新兴信息技术，构建基于资源共享、数据互通、业务协同、运营高效的数字化创新与智能化发展新业态，推动物探业务全球化生产与科研、管理与运营、市场与营销方式与模式创新、流程再造与智能化发展。

3. 建设目标

基于前面的物探行业核心业务发展趋势、面临的问题与挑战及业务发展需求分析，东方物探确定的数字化转型智能化发展与建设的主要目标是：打造"智能物探"数字化体系，建设智能物探云平台和统一标准的数据湖，打通主营业务的数据链，建立集各工序业务运行管理体系、数据分析共享环境、采集作业智能生产运营、全球一体化协同工作和物探行业数字生态于一体的应用生态系统，实现数据互联、业务协同、精益管理、智能决策，提升全球一体化作业效率，提高流程管控和对外服务能力，推进生产管理与业务组织优化，缩小与国际先进油服公司的差距，助力世界一流地球物理技术服务公司目标实现。

四 转型发展总体蓝图

针对全球化作业、业务与资源分散、作业成本高、协同管控与资源共享难、知识与应用共享不足等问题，东方物探提出了依托勘探开发梦想云，加快地震采集和处理解释技术数字化转型的重点部署和"一云一湖一平台、全球业务一体化协同化"的总体发展规划，即通过对原有系统的云化再造，进一步发挥东方物探采集、处理、解释技术的专业化优势，推动业务协同与数据互联，打造业务中台、数据中台和技术中台的共享能力，推动业务的精益管理和智能决策能力。在云化部署方面，结合业务实际提出了"一云多型"的多云部署架构；在中台能力建设方面，提出了"AI+物探"的全业务智能化的创新发展方向；在应用建设方面，提出了基于业务专业化的组织和高效运营模式，为物探业务数字化转型升级和智能化发展指明了总体设计思路。

1. 总体蓝图设计

在中国石油数字化转型智能化发展战略指导下，基于东方物探业务现状，遵从勘探开发梦想云的总体建设原则，围绕物探采集、处理与解释等主营业务未来发展需求，面向东方物探生产管理、经营管理与企业运营与决策，以勘探开发梦想云为基础，构建全球业务一体化协同化应用体系，指导东方物探数字化转型智能化发展，总体蓝图与未来愿景如图 2-3-4 所示。

2. 总体蓝图简介

总体蓝图架构中共设计了七层，包括数据源层、基础设施层、数据湖层、通用底台层、能力中台层、业务应用层和企业门户层。其中，数据源层（边缘层）主要涉及全球分布的陆上采集、浅深海采集和处理解释等核心业务，基础设施层（IaaS 层）主要针对物探业务提出了对多云—多中心治理与云计算性能及其安全管理的服务需求；数据湖层（Data Lake）采用横向与纵向多级连环的架构，保障信息共享与数据互通；通用底台层（iPaaS 层）采用以开源技术为主的通用技术体系，向上支撑基于微服务、组件式、模块化的应用开发与运行，向下对基础设施层提供的网络、算力和存储等资源进行动态管理与调度，满足上层应用对高性能或高弹性计算以及存储的需求；能力中台层也即服务中台（sPaaS），包括数据中台（dPaaS）、技术中台（tPaaS）和业务中台（bPaaS），其中的业务中台是构成物探智能的核心能力部分，也是用数字技术与智能技术赋能业务的建设重点；业务应用层（SaaS 层）是业务应用云化实现的中心，采用专业化、流程化、场景化设计，是构建新型业态的关键；门户层（入口）为用户提供了统一的身份识别认证与快速进入客户化应用的入口，支持应用定制和场景化应用与互动。

1）数据源层（边缘层）

基于物探采集业务全球分布的特点，数据源层应与处于边缘层的采集业务云系统进行对接，实现数据的汇聚与集成，一方面支撑位于基地的物探处的远程生产管理和决策及监控，另一方面实现与位于总部的技术支持与远程决策前后方互动，同

图 2-3-4 东方物探数字化转型智能化发展总体蓝图

东方智能物探

时为项目后续的处理、解释前后方一体化协同奠定基础。鉴于陆上与海上采集业务及其业务系统的差异，边缘端采集业务云的建设应采用差异化的多云、多型架构，使用统一的技术标准和数据标准进行数据规范化建设，如图2-3-5和图2-3-6所示。

● 图2-3-5　东方物探陆上地震采集业务云

● 图2-3-6　东方物探海上地震采集业务云

— 66 —

2）基础设施层

基础设施包括计算资源（算力）、存储资源、网络资源、系统资源等，采用虚拟化技术，构建基础设施资源的云化共享环境。基于东方物探现有的全球化高性能数据中心布局，构建集弹性计算、高性能计算、企业海量存储、内容分发、云安全管理与异地备份等云服务功能为一体的"多云—多中心"资源共享环境，支撑"梦想云＋采集业务＋处理解释业务"混合云的协同运行，支持采集业务的就近安全接入，满足处理解释业务高性能计算需求，支撑物探业务全球管控。

3）数据湖层

遵循勘探开发梦想云连环湖架构及设计理念，东方物探区域数据湖采用"中国石油主湖—物探区域湖—采集数据子湖—处理解释子湖"横向与纵向多级连环数据湖架构（图2-3-7），全面支撑物探数据的采集、管理、服务、应用和全局化数据治理，满足全球化统一管控、分布式数据采集、分布式处理解释和全局共享服务需求，为智能物探数据生态建设奠定基础。

4）通用底台层

通用底台是实现平台即服务的基础，也是业务与应用等一切上云的先决条件。基于开源的Docker容器及Kubernetes服务编排与资源调度技术，为遵循MicroService微服务架构设计模式的微服务、中间件和组件、模块等提供运行资源与环境，为数据库即服务DBaaS、消息、缓存等中间件以及各种微服务等提供完整的注册管理与运行保障机制，满足对弹性化运行的需求。同时，基于物探业务对海量数据管理和高性能计算以及高性能图形交互的实际需求，为通用底台扩展了东方物探自研完成的iEco云计算（生态）管理框架，向上承载和支撑处理解释业务应用需求，向下实现对高性能计算云（IaaS-HPC）中算力、存储、网络和图形交互等资源的管理与调度。

在通用底台中，集成了DevOps开发流水线，为软件工程团队提供了一组自动化的开发与运维流程，使专业人员和开发人员能够有效且可靠地将所构建的代码编译、测试和快速部署，支持自动化测试、自动化部署、持续集成（CI）和持续交付（CD），从而支持敏捷式开发、快速迭代和对业务需求的快速响应。具体参见本丛书之《梦想云平台》。

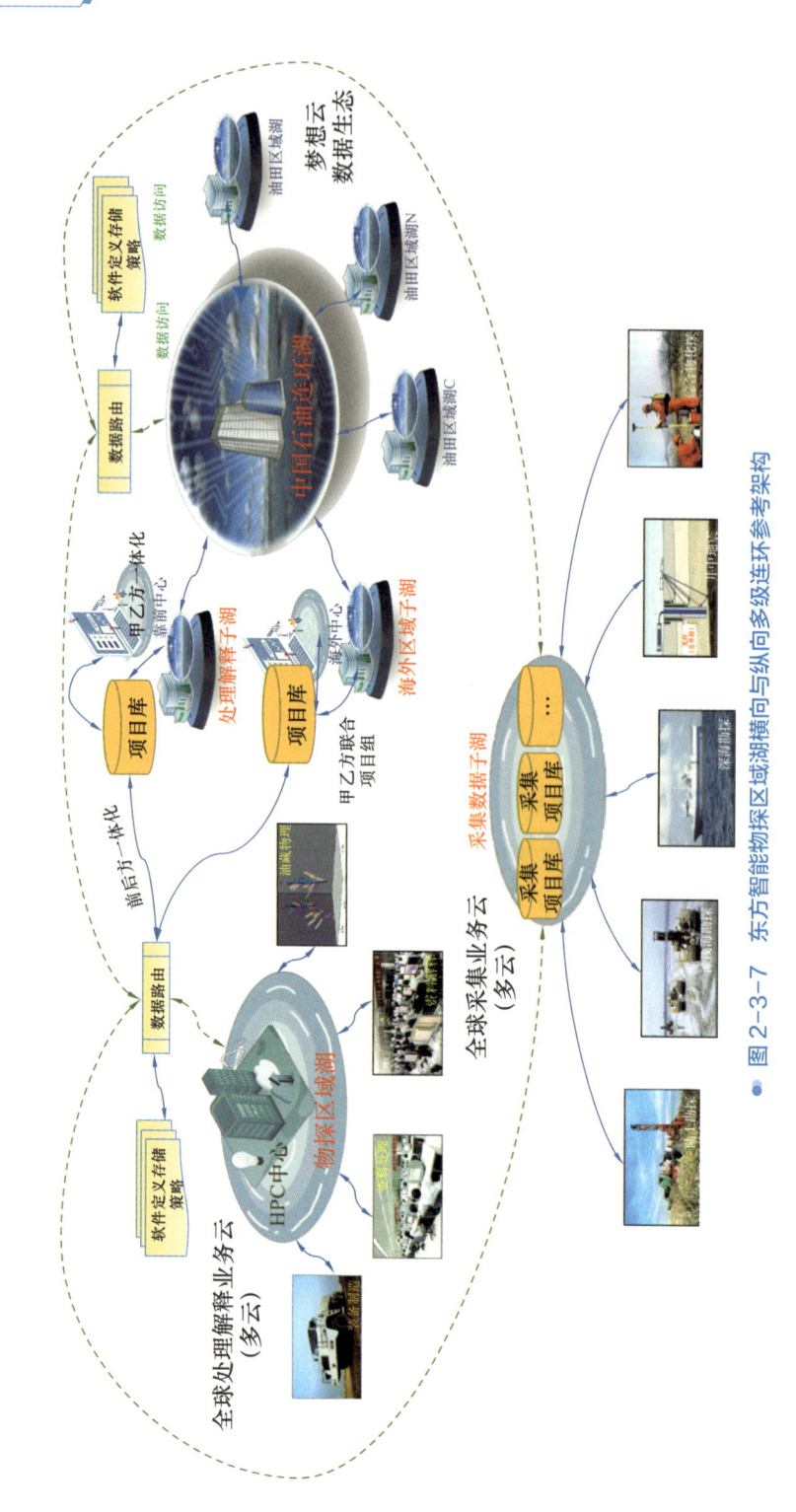

图 2-3-7 东方智能物探区域湖横向与纵向多级连环参考架构

在 iEco 云计算（生态）管理框架中（图 2-3-8），提供了对大规模并行计算、PB 级海量地震数据存储、海量 GPU 以及高性能可视化显示资源的管理与调度能力。并为用户提供了专业化的应用运行环境，为系统开发团队提供了开放式软件开发环境，为地球科学领域的友商产品提供了多学科数据管理以及交互访问能力。

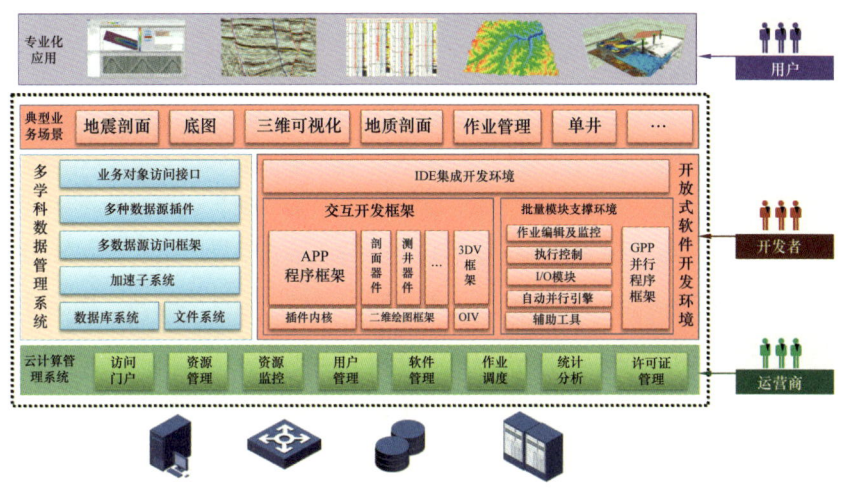

● 图 2-3-8　东方智能物探 iEco 云计算（生态）管理框架

5）能力中台层

能力中台即服务中台（sPaaS），包括数据中台（dPaaS）、技术中台（tPaaS）和业务中台（bPaaS）等，是由云平台提供的能力汇聚与共享环境。其中，数据中台和技术中台是实现业务中台核心能力的重要支撑，也是用数字技术与智能技术实现对业务赋能的关键，业务中台的建设体现了面向业务的共享能力，支持可持续的积累、演进和提升。数据中台基于数据治理和数据湖，提供主数据管理、元数据管理、数据质控和面向主题的数据服务；基于数据模型、业务逻辑、质量规则、知识图谱等，提供智能搜索引擎、数据洞察与充实以及面向应用场景与软件的定制化数据接口与数据推送服务，体现其强大的数据应用服务能力。技术中台是公共技术实现与应用服务能力的汇聚中心，包括公共服务、集成服务、开发组件服务、大数据算法服务与 AI 智能引擎服务等。

6）业务应用层

面向各业务域及其应用场景，采用专业化、流程化、场景化设计，构建多云环境下的新型业态。东方智能物探，按照其主要业务领域构成，可以划分为地震采集技术与服务、井中地震、综合物化探、处理解释、油藏工程、企业运营、综合管理及生产指挥与决策等业务域，遵循集成化、共享化、协同化、一体化原则，采用面向业务领域的场景化建设理念和方法，构建相应的业务中心，形成以物探业务生产管理、经营管理及决策支持、基础设施及信息安全保障为主线的业务生态。

3. 总体实施策略

按照"一云一湖一平台、全球业务一体化协同化"建设规划，东方物探核心业务的数字化转型升级与智能化发展将在可行性评估的基础上，按照年度规划，采用分期、分批、滚动发展的原则有序进行，借鉴中国石油信息化建设成熟经验，对每一项面向新业务或新领域应用的推出，应采用先试点、后推广的方式稳步推进。全面继承梦想云的建设成果，按照4个方面的重点工作统筹推进：一是建设采集业务云，支持采集作业的转型升级，实现数字化地震队到智能化地震队的提升和云化应用全覆盖，满足全球化采集业务的高效安全生产需要，为采集业务生态化发展奠定基础；二是基于梦想云与高性能计算云"二云协同"，建设以GeoEast软件系统为主，第三方软件系统为辅的处理解释业务云环境（图2-3-9），加快物探处理解释技术创新与应用生态的变革；三是建设物探区域湖，打造内外贯通、安全共享的

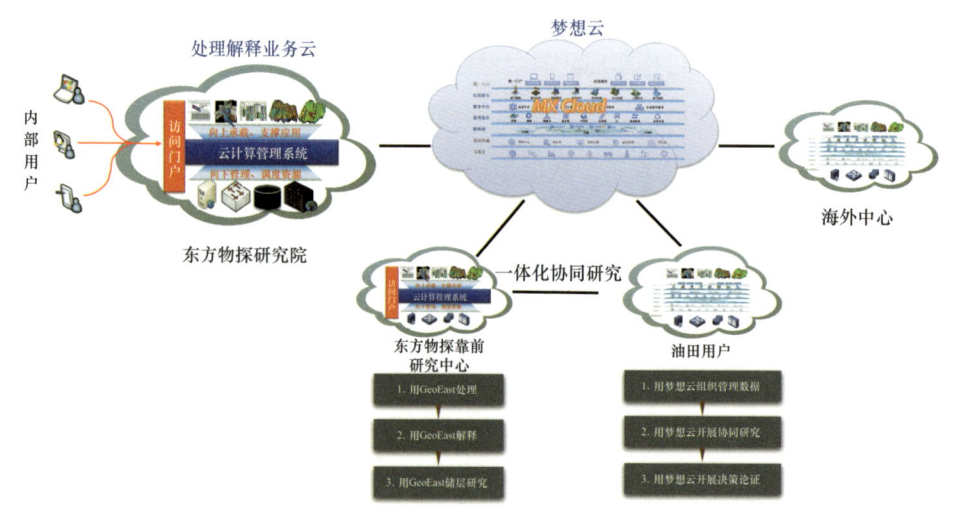

● 图2-3-9　东方智能物探处理解释业务云环境

数据生态；四是以企业高效运营管理和科学决策为核心，开展生产运行、项目管理、科技管理、物资与资源管理、综合办公、安全管控、智慧党建、人力管理、市场与销售、经营管理、效益分析、绩效评价、专家支持、智能分析、科学决策等方面的云化升级改造，为企业运营与决策环境建设奠定基础。

通过前三项重点工作，可以支撑企业主营业务的高效、协同运行，支持专业化创效中心升级建设。同时，主营业务数字化、智能化创新生态初步形成，全球化采集、处理与解释业务能力得到全面提升，具备了初步的可持续发展能力。

后一项重点工作是企业全面实现数字化转型升级的关键，涉及组织变革和流程再造，需结合企业实际，采用先技术实现、再配套改革的方式稳健推进。

其中的物探区域湖生态建设，应重点关注业务流程梳理和企业级数据治理，应采用两级治理、分布存储、逻辑统一、就近访问、互联互通的连环湖数据建设原则，为智能物探目标实现创造条件，智能物探数据生态愿景如图 2-3-10 所示。

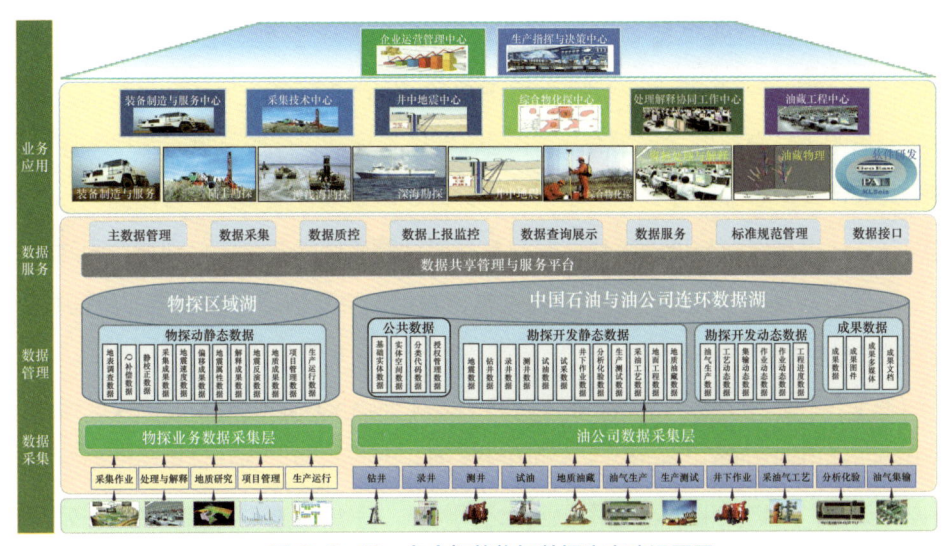

● 图 2-3-10 东方智能物探数据生态建设愿景

基于四项工作的建设成果，智能物探新生态将全面形成（图 2-3-11），助力东方物探进入崭新的发展阶段。

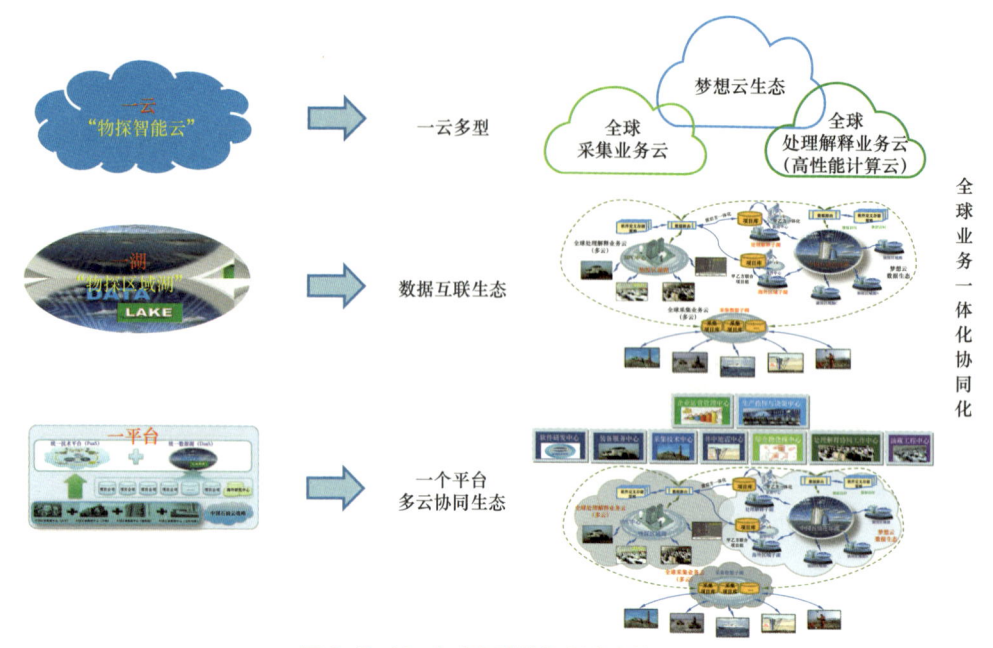

图 2-3-11　东方智能物探新生态体系愿景

下面对"一云一湖一平台、全球业务一体化协同化"进行落地解读。

（1）"一云"即"智能物探云"，采用"一云多型"的多云部署架构（图 2-3-11），其中"多型"即在部署中考虑"时间—技术—经济"可行性，利用本地云资源（私有、混合或公有），采用统一技术标准，按照就近安全接入原则或移动式云计算中心部署方式，满足项目对计算、网络或存储资源的应用需求，支持物探全球化采集作业与处理解释业务对高性能计算应用的安全云化部署，同时与梦想云形成多云互联架构，共享梦想云生态，满足信息互通、技术互用、数据共生、资源共享的业务需求。

（2）"一湖"即东方物探区域数据湖（或称为物探区域数据湖或物探区域湖），与中国石油总部和油田之间构成"油田区域湖—中国石油主湖—物探区域湖"的横向连环架构，与物探采集处理解释业务之间构成"采集子湖—物探区域湖—处理解释子湖"的纵向连环架构，如图 2-3-7 所示。

物探区域湖建设遵循中国石油连环数据湖的 EPDM V2.0 + 及 EPDMX 建设标准，同时，可根据物探业务的实际需求进行扩展。物探区域湖逻辑上采用一主多子的架构设计，采集与处理解释子湖可根据实际业务分布及其云计算中心配置和网络可接入情况等酌情部署。基于物探采集处理解释业务全球分布的特点，物探区域主湖应配置遵循软件定义存储策略的数据路由，使部署在分布式多云环境上的横向连环数据湖和纵向连环主子湖之间能够实现互通互联互访，支持海外项目就近接入中国石油海外区域网络与数据中心。考虑到物探区域数据主湖实际部署在中国石油企业内部网络环境中，东方物探国内靠前服务业务将以项目或区块为单位，通过内网实现子湖数据与应用环境的共享，支撑项目的甲乙方、前后方一体化协同。

（3）"一平台"即智能物探云平台，采用"IaaS + PaaS + SaaS"技术实现方案，包括如图 2-3-4 所示总体蓝图中的基础设施、通用底台、能力中台和业务应用（前台）四层架构，是业务数字化、平台化、智能化实现的关键，为基于中台能力的应用开发奠定了坚实的基础，为基于专业化分工的应用环境建设和基于业务流程的业务场景搭建创造了条件。具体参见本丛书之《梦想云平台》。

（4）全球业务一体化协同化。基于"一云一湖一平台"，实现物探业务的"上云—用数—赋能"，进而快速搭建"五大业务中心、两大运营管控中心、两大保障中心"。其中，五大业务中心包括采集技术服务中心、井中地震技术服务中心、综合物化探技术服务中心、处理解释协同工作中心与油藏工程服务中心，是东方物探的业务创新与成本效益中心；两大运营管控中心指企业运营管理中心和生产指挥与决策中心；两大保障中心为装备服务中心与软件研发中心，是东方物探新技术、新能力的创新、制造与成果转化中心，也是业务创新创效的服务保障中心。九大中心的协同建设与运营，为物探业务全球化、一体化和协同化提供了核心保障，如图 2-3-12 所示。

4. 实施方案设计

围绕智能物探建设和高质量价值创造的主体目标，以深挖数据要素创新为手段，通过深度应用物联网、大数据、云计算、人工智能、区块链等新一代信息技术，提升物探全业务链的数字化、智能化水平，加速业务模式的转型与优化升级，构建数字、技术和应用新生态，培育数字、智能发展新动能，打造新生态环境下的业务发展新格局，助力物探价值链的再造与升级。

● 图 2-3-12　东方物探基于"一云一湖一平台"的全球业务一体化协同化场景构建

"两先两化"发展战略为东方物探未来一个时期内的业务发展指明了方向，明确了价值创造模式，按照"上云—用数—赋能—深耕"数字化转型指导原则，采用针对采集、处理解释及综合管理等方面业务实际的具体方案，有效支撑东方物探发展战略的落地。

（1）"上云"是基础。基于东方物探业务数字化的深厚基础，"上云"是支撑其采集、处理、解释核心业务和HSSE管理、经营管理、决策管理和流程管控等综合一体化和全面国际化必要手段，也是实现其全球化资源配置、管理与优化的基础。

"上云"意味着业务的全面云化管理、应用和运行，意味着业务链的云化再造和提升，意味着物探业务的全面数字化转型。

（2）"用数"是手段。物探作为传统的数字化行业，其整个价值创造过程均是围绕对数据业务价值的发掘展开，其基本业务活动是围绕"物探作业采集数据—物探处理加工处理数据—物探解释分析研究数据—地质储层与油藏模型建立—提交油气圈闭发现—探井验证—提供油气资源储量"业务链价值进行的。新的"用数"思想是用新一代数据采集（如数字化传感器与物联网）、数据分析（如大数据、人工智能）和数据（包括知识与成果等）安全共享（如区块链）等数字与智能技术，对物探传统的数据采集、处理和解释等过程进行替代或升级或改造，助力效率提升、技术创新、业务创新和数据价值的发掘等。

（3）"赋能"是关键。新一代信息技术的进步取得了前所未有的成就，尤其是大数据分析和人工智能机器学习、深度学习技术的突破，为传统物探数据采集、处理与解释业务能力的提升带来了希望的曙光。通过云平台能力中台建设，将大数据分析和诸多人工智能算法封装为通用的和人人可用的技术或工具组件，一方面支持业务应用开发过程中的方法试验和数据建模，另一方面结合模型库中针对特定业务应用已形成的算法模型，应用新数据对模型及参数进行自动化的深度学习训练，持续改进与提升模型精度，并及时提供模型成果应用与服务，实现对业务应用的赋能和价值输出。

东方物探提出的"物探 + AI"及"AI + 物探"均体现了"用 AI 对物探赋能"及"用 AI 全面赋能物探"的思想和理念。

基于云平台、工具化的大数据分析与智能技术的应用，为其广谱化、大众化的数字与智能创新创造了条件，也为业务应用无限"赋能"提供了可能。

（4）"深耕"是进一步发展。"上云—用数—赋能"成就了业务的转型升级与发展，但是业务的转型升级不是一蹴而就的，而是一个循环往复、螺旋式上升的过程。随着业务的每一次迭代升级，在整个业务链条中，必然存在问题短板，并影响到整个业务价值链的价值最大化，这就需要对每一转型升级环节进行有效评估，及时发现不良或低效的劣质过程，及时改正并持续提升其效能，使转型永远朝着更快速、更高效、更共享、更协同、更有价值的方向前进。

基于正确的转型方向与路线，在持续转型升级的过程，需要技术与业务的融合、再融合，使之成为一个"业务—技术—价值创造"的整体，从而促进企业的持续、健康、高效发展。其中技术与业务的融合以及促进业务持续转型升级的过程即为"深耕"的过程。

具体实施方案建议有以下几点。

— 75 —

1）以体系化治理为目标，建立统一的治理与管控体系

数字化转型也称数字化变革，是关系到企业未来生存与发展的大事，将涉及企业的战略转型、领导力转型、发展观念转型、生产方式转型、业务管控模式转型、组织架构转型、管理制度转型等诸多方面，因此是切切实实的"一把手"工程。为此应首先建立以"一把手"为核心的组织管理体系，明确"组织—目标—任务"，完善"任务—人员—职责"分工，形成"规划—方案—项目—目标—成果—指标—投资"计划，建立方案、技术、成果与效益的"编写—评审—评价—验收—考核"制度，健全数字化转型的治理体系，对数字化转型的"目标—过程—结果"形成有效、高效、统一的管控，保障每一目标的达成。具体参见本丛书之《梦想云平台》《数字化转型智能化发展》。

2）建立统一、规范的数字化转型标准与技术保障体系

为保障数字化转型建设规范、有序开展，需结合东方物探业务实际，建立统一的数字化转型标准与技术规范体系，包括但不限于云计算环境建设、云计算环境安全管控、边缘层物联网建设、网络安全接入、用户端安全管理、云平台云化集成技术、云平台云原生开发技术、云平台运营管理、物探业务流程、物化探采集数据、物化探处理解释成果等标准规范；建立"智能物探运营保障中心"，承担相关标准规范起草、网络信息与安全运营保障等职责。

3）基础设施建设

（1）智能边缘层建设。

智能边缘层，包括但不限于物探采集物联网、智能装备、采集技术方面的设备设施建设。

以实现采集生产设备与装备的物联化为重点，实施生产设备与边缘计算设备的融合管理与接入，支撑生产作业现场的自动感知与操控。基于数字化地震队智能化提升、云化部署与应用推广，支持现场生产动静态数据和业务综合办公数据的采集和基于物联网/工控系统的生产现场数据自动采集；同时为地震队各施工工序、音视频、机器人及无人机等提供边缘计算与智能分析能力，满足地震队安全快速响应需求。

（2）基础设施云（IaaS）建设。

基础设施云主要包括网络、弹性与高性能计算中心、存储等分布式计算资源的云化应用、服务与安全管理。

基础设施云建设，特别是采集业务云环境建设，要充分考虑时间、技术、经济、安全等方面的可行性，采用与东方物探或中国石油数据中心就近接入，或与阿里巴巴公司等提供全球公有云服务的厂商合作的方式，建设私有云、混合云或安全接入其公有云。

国内采集、处理解释业务主要依托东方物探靠前研究中心与中国石油"三地四中心"等基础设施资源，同时，采用融合卫星、4G/5G、Wi-Fi等通信技术，满足生产作业现场"最后一公里"网络接入需求，提供高速稳定的传输通道。

4）通用底台建设

继承勘探开发梦想云通用底台的成果，扩展 iEco 云计算管理能力，利用其对基础设施资源（IaaS）的纳管能力，对下实现分布式基础设施资源的注册、管理和调度，对上满足信息通信与数据获取、弹性计算、高性能计算、存储、共享与安全的资源应用需求。

东方智能物探通用底台可复用中国石油统一、成熟的技术规范与成果。

5）东方物探区域数据湖建设

基于中国石油数据连环湖架构，扩展东方物探区域数据湖的数据汇聚与应用服务能力，构建东方物探企业级数据生态，支持企业数据资产管理与数据价值挖掘。物探区域湖建设与治理应围绕数据源的数据汇聚、数据质控、安全传输、数据存储、数据分析、数据服务与数据智能展开。满足对物探业务现场生产或项目过程产生的源头数据的存储、质控、审核与智能应用的需求；数据质控的重点是对入湖数据进行"及时性、准确性、完整性、一致性、规范性"检查；数据存储是利用物探业务基本实体（即主数据）建立业务数据之间的逻辑与物理关系模型，在数据湖中永久保存业务过程中生成的动静态结构化、非结构化、音视频、实时数据、空间数据等数据资产；数据分析则是通过高速索引、联合查询、知识图谱、大数据分析和数据智能等为各业务应用提供数据服务。

东方物探区域湖与中国石油主湖和油气田区域湖横向之间采用连环湖架构，物探采集、处理、解释业务之间采用主子湖架构，整体上构成了多级连环架构，应支持对物探全球业务数据源的统一管理、数据分布式—集中存储与统一治理，同时支持数据智能分析及共享应用。通过多级连环湖架构实现数据分布式存储、逻辑统一、互联互通和数据共享生态建设。

东方物探区域湖管理东方物探主数据、公司级共享数据和关键业务数据资产，支持东方物探的共享应用；同时，根据业务实际需要和具体条件，可以基于采集业务云和处理解释业务云，搭建各二级单位或业务单元的区域级业务子湖，管理本单位或业务单元所属数据资产，承担数据入湖与治理责任，维护数据的共享应用权限等。

东方智能物探多级连环湖应支持合作方数据入湖与应用，可参照勘探开发梦想云连环湖建设方案和标准进行扩展建设。

6）能力（服务）中台建设

（1）数据中台。

如果说数据区域湖和数据连环湖的建设主要体现了数据的治理和汇聚能力，那么数据中台则主要体现了数据的应用共享服务能力。数据中台包括但不限于主数据管理、元数据管理、数据质量规则管理、数据质控、数据充实、数据标签、数据钻取、主题数据服务、数据 API 服务、智能搜索等。

数据中台能力与生态建设模型如图 2-3-13 所示。

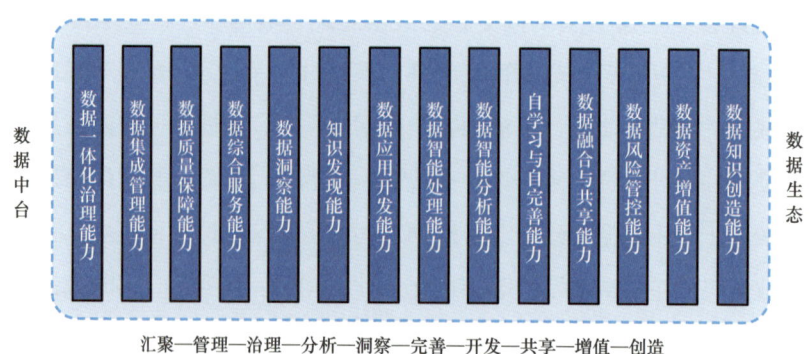

● 图 2-3-13　数据中台能力与生态建设模型

数据湖＋数据中台是数据生态建设的核心，东方智能物探数据中台建设可复用中国石油勘探开发梦想云数据中台方案、标准和技术进行扩展建设。

（2）技术中台。

技术中台是云平台技术能力的开放共享中心和技术生态建设的核心，主要由平台公共服务组件、云化集成组件、技术软件开发组件和智能化引擎等内容构成，具有开放性和可扩展性，支持第三方合作伙伴的技术组件产品纳管、运营与应用。

基于数据中台和技术中台可以支撑"搭积木"式业务组件和业务应用的敏捷开发和快速集成。

东方智能物探技术中台可在勘探开发梦想云技术中台方案、标准和技术成果的基础上进行扩展建设。

（3）业务中台。

业务中台面向东方物探主营业务共享应用需求，构建面向用户、机构、区块及项目的管理功能，面向采集、处理、解释与油藏工程服务业务的专业化、智能化应用功能，面向企业运营、流程管控、辅助决策、装备制造等业务领域的共享功能等。支持专业化应用软件（如 KLSeie、GeoMountain、GeoEast 等）的云化应用与数据交换，支持统建（ERP、A6、A7、A12 等）与自建系统（如 BGPOA、GISeis、物探生产管理平台、生产指挥系统等）的云化集成应用。

东方智能物探业务中台可借助勘探开发梦想云业务中台方案、标准和部分技术成果，结合东方物探业务实际及已有成果进行重点建设。

7）核心业务应用场景

基于东方物探区域数据湖与智能物探云平台，结合东方物探业务架构，构建面向专业领域的业务应用环境，例如：采集项目管理＋采集技术支持中心、处理解释项目管理＋协同研究中心、井中地震项目管理＋业务开发中心、综合物化探项目管理＋业务开发中心等，支持全球化业务开展；构建面向企业运营管理与决策的一体化应用环境，例如：企业运营管理中心、应急与决策中心等，实现企业经营、办公、科技、人力资源、物资、市场、HSSE 与决策等的综合一体化管控。

8）接入与交互

基于统一的企业门户，为用户提供统一的登录入口、身份认证和符合用户身份及权限的可定制的工作桌面，实现用户全职能、全功能、全资源的应用；当用户增加新职责、新任务或改变岗位时，可通过企业应用目录或应用商店，随时增加新岗位或新任务所对应的业务功能，实现一次登录全面办公。

用户可通过电脑或移动端安全登录企业门户系统，开展各项待办、录入、审批、研究、管理与成果交付工作，而所有的业务流转、统计分析、科学计算、待办通知与提醒等都交由云平台中的自动业务流执行，支持用户与智能物探云平台的交互及与各业务相关方的互动，从而实现企业各项业务的高效协同。

9）技术开发

（1）基于微服务云原生的技术开发是提升业务应用功能的主要手段，是保障业务敏捷式响应的重要基础，因此，数字化转型初级阶段是以应用云化改造集成为主、云原生建设为辅，中后期应以云原生建设为主、云化改造集成为辅。

（2）数字化转型规划项目设计要充分结合业务未来发展和功能扩展，充分考虑系统功能微服务化的粒度，以功能复用为前提，满足服务化、模块化、积木式搭建需求。

第四节　核心业务应用场景

数字化转型发展蓝图绘制体现了"业务＋技术"双轮驱动与融合的理念，本节将对东方物探数字化转型发展蓝图中规划的核心业务应用场景进行简要介绍。

如前所述，业务转型的重要特征是业务上云，业务上云的结果必然是构建基于云环境的业务应用环境和应用场景，这一过程往往需要在对业务进行梳理、归纳的基础上对业务流程进行再造，同时对业务组织架构进行转型，建设以创效和盈利为核心的保障体系。按照东方物探数字化转型初步规划，核心业务应用场景包括采集技术服务中心、井中地震技术服务中心、综合物化探技术服务中心、处理解释协同工作中心、油藏工程服务中心、企业运营管理中心、生产指挥与决策中心，软件研发、装备制造、智能物探运营将作为核心业务的技术保障同步建设。

（1）采集技术服务中心面向陆上和海上地面地震数据采集作业、地震数据采集作业生产指挥、地震数据采集作业生产运行管理、地震数据采集技术研发业务管理、地震数据采集技术支持等业务建设，搭建陆上智能化地震队、海上智能化地震队、智能化生产指挥及决策支持、数字化综合管理等应用场景。

（2）井中地震技术服务中心面向井中地震业务建设，搭建井中地震采集处理解释一体化、井震联合一体化、地震地质工程一体化等业务应用场景。

（3）综合物化探技术服务中心面向综合物化探业务建设，搭建综合物化探采集处理解释一体化业务应用场景。

（4）处理解释协同工作中心面向东方物探研究院及其分布全球的研究院分院、处理解释中心等建设，搭建全球处理解释业务云应用场景。

（5）油藏工程服务中心面向油藏工程业务建设，油藏地球物理、搭建油藏工程服务等业务应用场景。

（6）企业运营管理中心面向东方物探企业运营管理建设，搭建综合管理平台、经营管理平台、决策支持应用等业务应用场景。

（7）生产指挥与决策中心面向全球地震采集施工地震队、物探事业部（物探处）和东方物探总部三级组织建设，搭建生产指挥与决策线上协同环境，实现生产指挥及决策支持平台化、协同化、数字化，满足全球生产指挥及技术支持的需要。

一、采集技术服务中心

1. 采集技术服务中心应用场景

面向陆上和海上地震采集作业、采集作业生产指挥、采集作业生产运行管理、地震采集技术研发业务管理、采集技术支持等，建设采集技术服务中心，其应用场景主要包括陆上智能化地震队、海上智能化地震队、智能化生产指挥与决策支持、数字化综合管理，如图 2-4-1 所示。

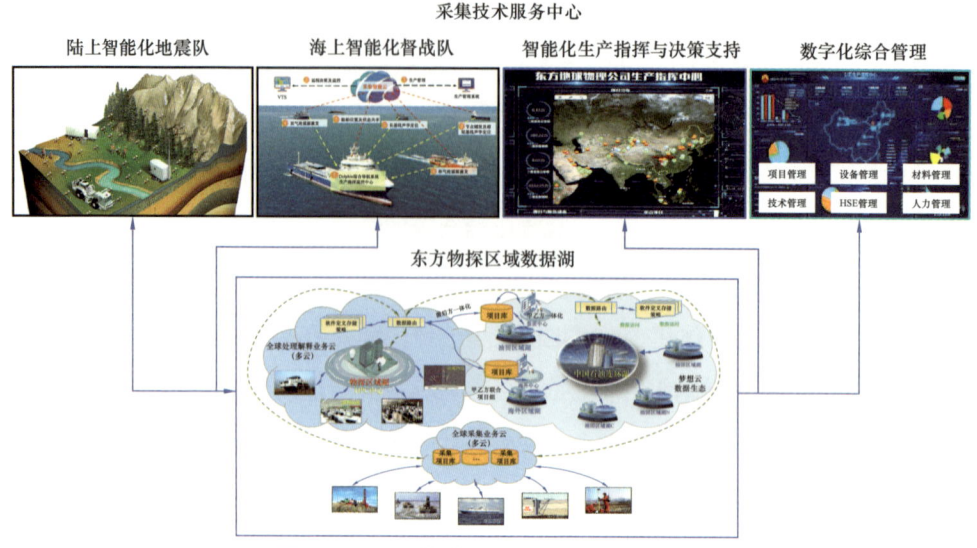

图 2-4-1　采集技术服务中心应用场景示意图

1）陆上智能化地震队

陆上智能化地震队是数字化地震队的智能化升级。智能化地震队建设的主要目标，是在地震采集业务的采集作业、生产管控、施工推演、设计论证、QHSE、调度指挥、经营决策等业务应用领域，实现地震采集生产全流程的全面感知、流程再造、集成协同、预警预测、分析优化、自主管控、辅助决策的智能赋能。陆上智能化地震队主要应用场景包括以下几个。

（1）智能设计：提供地形特征智能提取分析、地物信息智能提取分析、测线地理分析与智能设计、施工路线智能规划设计、任务设计自动分发与钻井生产数据的质量控制等应用。

（2）智能测绘：提供工区测量基准自动控制、工区测量点位信息智能获取、物探测量数据智能处理等应用。

（3）智能排列：支持排列无桩号施工、自动收放排列、陆上节点智能布设、超大排列智能管理、排列自动管理等应用。

（4）智能钻井：提供钻井的智能导航、直接定位、自动水印、智能管理等应用，实现钻井作业工序无感数字化、生产进度智能化显示与统计、空气钻代替人工洛阳铲、人工智能识别监控钻井井深、人工智能视频浏览等。

（5）智能激发：提供智能激发控制、井炮源驱动激发流程、炮班接炮线并查看井口信息、炮手操作爆炸机充电、仪器自动激活炮点、仪器操作员通过仪器界面实现炮点激发、防止重炮、激发信息智能上报、可控震源激发管理、震源辅助驾驶等应用技术。

（6）智能安全：提供风险信息管理、人员与车辆轨迹记录、智能井炮监护、智能化交通安全管理、智能化导航等应用。

（7）智能质控：提供智能排列质控、智能钻井质控、智能巡井质控、智能激发质控等应用。

2）海上智能化地震队

海上智能化地震队建设是海上数字化地震队的智能化升级，主要目标是如何提高海上地震勘探信息化管理水平，实现海陆勘探一体化智能管理、物探船舶智能管理与调度、生产过程管理与监控、生产作业计划智能编制以及智能终端应用等信息化管理。海上智能化地震队主要应用场景包括以下几个。

（1）海上智能综合导航：提供智能综合导航应用，支撑生产指挥、各工序运行控制和生产管理。

（2）海上智能采集同步控制：提供海上智能采集同步控制应用，是海上勘探导航外部辅助设备与导航系统的数据交互的唯一通道。

（3）海上智能化数据同步通信：提供震源船与仪器船的同步通信应用，提供仪器辅助道采集与记录的数据采集应用。

（4）海上智能化声学定位：提供基于海底检波器/海底节点仪器的声学应答器的定位应用。

（5）智能化导航数据处理：提供潮汐数据、枪阵数据、声学定位数据、检波点数据、激发点数据等导航数据处理应用，支持高效采集数据处理，输出地震勘探标准数据格式文件。

（6）海上智能化地理信息管理：提供各种地理设施及障碍物的管理及可视化，提供整个船队的实时位置和各船舶的当前作业状态的信息，提供适用于采集作业的专属预警范围及安全距离。

（7）智能化船舶监控管理：支持生产指挥、船舶预警和障碍物预警等应用。

3）智能化生产指挥与决策支持

面向地震采集施工现场和不同层级的远程技术支持，采集技术服务中心部署智能化生产指挥及决策支持应用。

智能化生产指挥及决策支持应用，一方面支持现场作业数据、成果资料、设备数据、人员数据、视频等数据的有序汇聚，另一方面满足现场综合应用与管理的需要，包括生产工序数据监测、项目进度与质量监控、专家远程支持、设备状态监控、激发作业管理、可控震源状态监控及分析等。

物探采集现场设备管理及生产作业调度等应用功能支撑，由（陆上、海上）智能化地震队技术平台的相关功能提供。

智能化生产指挥与决策支持是东方物探生产指挥与决策中心"三级远程作业指挥与技术支持"的重要组成部分，助力实现全球范围内远程技术支持与协作，推进业务变革和扁平化管理，提高生产管理效益和专家支持效率。具体参见第三章第一节。

4）数字化综合管理

数字化综合管理涵盖项目管理，设备管理、材料管理、技术管理、HSE 管理、人力管理等方面，主要建设内容是对这些综合管理类应用进行集成应用，同时扩展、升级所需应用功能。

基于物探区域数据湖，升级综合管理类信息管理能力和信息共享水平，消除信息孤岛，打通综合管理类不同应用之间、综合管理类应用与物探业务信息系统（如ERP 系统、陆上智能化地震队、海上智能化地震队、全球处理解释业务云等）之间的信息壁垒，推进信息共享，为综合管理的数字化、一体化、智能化发展奠定数据基础。

基于智能物探云平台，酌情考虑综合管理类应用的重构和升级，实现综合管理类应用的云上部署，扩展、升级所需应用功能，完善项目管理，设备管理、材料管理、技术管理、HSE 管理、人力管理等应用，全部实现生命周期数字化管理，逐步实现综合管理数字化转型目标。

2. 采集智能化支撑技术

相对而言，陆上地震采集作业受地表/近地表条件、探区人文地理环境、气候、环保政策等因素的影响大，需依托数字化技术发展智能采集技术，以提升陆上地震采集作业的效率与效果。智能采集关键技术包括智能化施工管理、智能化采集质量监控、地震采集工程辅助设计、智能化测绘技术研究。

1）智能化施工管理

基于工区仿真全景系统，对施工过程进行动态仿真模拟推演，利用采集作业智能化工序管理技术、可控震源/脉冲震源高效激发智能作业技术、物探装备配套智能技术，应用采集作业智能生产运营系统对施工方案、生产效率和生产成本等进行优化分析和实时监控，从而不断动态调整施工方案，优化施工人员/设备数量配备，减轻工作强度，进而提高生产效率、降低施工成本。

2）智能化采集质量监控

利用物联网技术、自证合格自动识别技术、地震数据智能化质量控制技术、物探装备配套智能技术，智能化分析地震采集数据质量及采集设备工况，针对施工中出现的问题实时进行智能化分级处理（自动纠正错误、报警、设备自动关/停机、停工整改等），杜绝人为因素造成的废炮、返工等严重影响生产效率的现象，在高效作业的同时确保地震采集质量。

3）地震采集工程辅助设计

根据地质任务、技术要求、工期要求等需求，对地表结构及地下构造特征、工区资料品质等基础数据进行大数据分析，提出定制化的地震采集观测系统设计方案；再利用地表障碍物/干扰源智能识别技术、观测系统智能优化技术对炮检点理论位置进行智能偏移，最终提出采集工程技术设计方案。

4）智能化测绘技术研究

根据设计的炮检点布设方案，对测量作业进行智能化组织，测量结果结合无人机 LiDAR 航拍结果等地理信息数据，应用地物识别技术，智能标注出公路、河流、地面建筑、油田设施等地形地物信息，建立工区仿真全景系统，为智能化生产管理、生产指挥提供基础支撑。

二、处理解释协同工作中心

1. 处理解释协同工作中心应用场景

面向东方物探研究院及其分布全球的研究院分院、处理解释中心，建设处理解释协同工作中心，其应用场景示意图如图 2-4-2 所示。

● 图 2-4-2　处理解释协同工作中心应用场景示意图

通过处理解释协同工作中心及其全球处理解释业务云环境建设，打破不同地域、不同学科、不同组织之间的界限，推进处理解释工作全线上协同；优化处理解释业务流程，共享资源，提高效率，增强项目全过程协同与管控能力，为前后方、甲乙方和处理解释一体化提供技术保障，全面推进处理解释"共建、共享、协同"智能生态建设。

全球处理解释业务云将成为一个分布式多云部署的处理解释智能化、协同化工作环境与生态，为油气地质研究、油藏工程研究等提供数据、成果、知识共享和专业软件、智能技术、决策支持、质量管理等功能共享的大科研、大协同环境。

1）全球处理解释业务云主要建设内容

（1）实现智能物探云平台与 GeoEast 软件系统云融合，构建全云化的专业应用服务能力，方便研究人员基于物探区域数据湖实现专业软件的云化共享应用，便于数据获取、协同攻关、方案审核、成果归档，有利于构建一体化的专业应用和数据共享生态。

（2）搭建项目工作环境：建立以项目为核心的项目工作室，分专业建立协同工作环境，实现处理解释人员与项目、岗位、数据（含成果）、专业软件、常用工具的有机融合。

（3）提供数据共享服务：项目所需的数据可通过物探区域数据湖选取、项目数据关联、本地上传等多种方式进行全自动、半自动或手工的数据组织。

（4）实现软件协同：基于专业软件共享数据接口，通过综合研究项目库实现对不同专业软件输出成果的继承应用，支持 GeoEast、OpenWorks、双狐、卡奔等多款专业软件的协同应用，同时支持与 GeoEast 云的无缝对接。

（5）升级处理解释项目管理：基于现有的处理解释项目管理信息系统设计，建设处理解释项目管理应用，实现对地震资料处理解释业务的全过程信息管理；实现从进度、质量、资源、成本方面对数据进行综合分析；实现管理层及时掌握生产情况，动态监控项目状态、项目质量；实现对处理解释项目的精细化管理。

（6）全球处理解释业务云智能化建设：全球处理解释业务云智能化建设，主要涵盖云资源应用、本地＋云端可视化应用、专业软件云化共享应用、智能化技术应用扩展等。

2）全球处理解释业务云基本工作流程

在全球处理解释业务云平台上，处理解释项目团队能够在任何地点登录部署在世界各地站点的处理解释专业软件开展工作，能够访问物探区域数据湖和中国石油连环湖下载／推送数据、归档项目成果，能够实施质量监督与质量检查，能够支持多方专家开展线上技术会诊、攻关和决策。同时，为处理解释工作提供更多智能技术应用选择，提升处理解释水平和工作效率，为用户提供更好的应用体验。

全球处理解释业务云基本工作流程：（1）创建项目、建立工区、定制数据、选择软件，根据项目类型、数据大小、合同周期申请分配存储与计算资源；（2）通过物探区域数据湖和其他途径获取项目研究基础数据；（3）处理解释人员加载地震数据；（4）前后方人员在同一场景内协同工作；（5）移动通知、方案审核、成果质量审查。

3）全球处理解释业务云预期效果

全球处理解释业务云智能化，将全面实现全球处理解释业务前后方业务协同，共享数据资源，共享软硬件资源，提高生产效率，降低生产成本，满足处理解释一体化、前后方一体化、甲乙方一体化业务协同的需要。

2. 处理解释智能化支撑技术

智能处理解释技术是全球处理解释业务云智能化转型的核心支撑。依托云平台中的技术中台和业务中台能力，支持智能技术与创新成果的快速部署和加快投入使用，有利于项目团队更有效地解决处理解释遇到的痛点和难点问题，取得更高质量的成果，并提升工作效率。智能处理解释技术为落地东方物探"创新领先"战略给出了关键举措：

智能化处理技术发展重点涵盖：低信噪比初至、提高速度谱拾取效率与精度等自动拾取新技术，智能稳健反褶积、井控高/低频拓展等提高分辨率技术，智能剩余速度分析、深度偏移初始模型建立与更新等速度建模技术，智能高精度地震成像、基于深度学习的正演等偏移成像技术，智能去噪、地震数据插值及规则化、智能混采分离、智能多分量波场分离等地震波场识别与重建技术。

智能综合地震解释技术发展重点涵盖：基于深度学习的层位/断层解释、特殊构造自动解释等新技术，地震相"体"分类、特殊地质目标体识别等地质体识别技术，AI高精度高分辨率反演、碎屑岩储层物性参数、流体智能化预测等储层预测技术，以深度学习和知识图谱应用为特征的智能化解释技术。

三 企业运营管理中心

面向东方物探企业运营管理，建设企业运营管理中心，其应用场景主要包括综合管理平台、经营管理平台、决策支持应用，如图 2-4-3 所示。

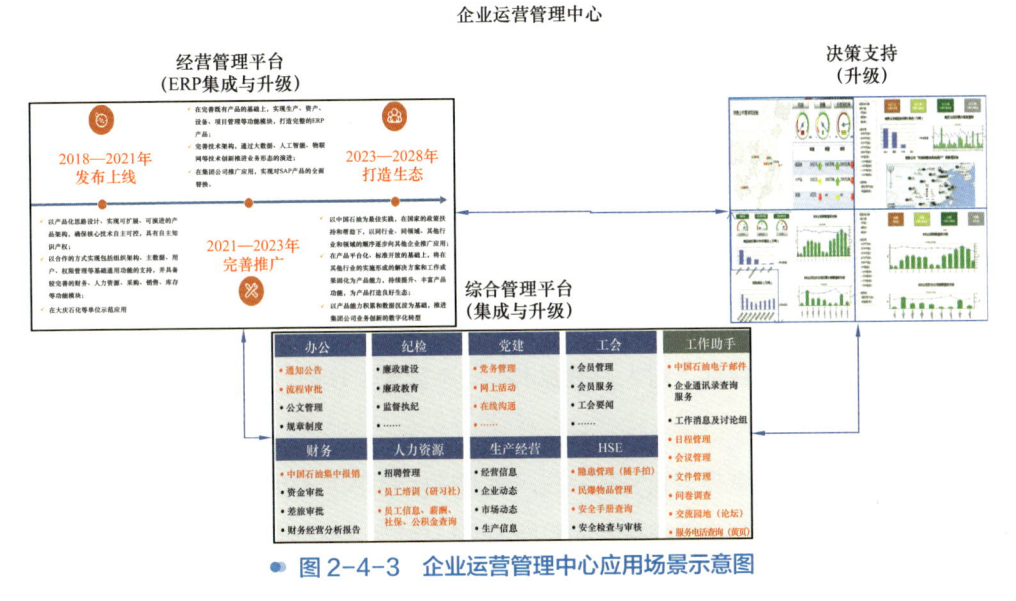

● 图 2-4-3　企业运营管理中心应用场景示意图

建设企业运营管理中心的综合管理平台、经营管理平台和决策支持应用，重点是进行集成应用与协同工作，通过云化改造和流程再造，扩展、升级原有应用功能。

基于智能物探云平台，对经营管理、综合管理进行集成改造，扩展、升级所需应用功能，实现云上部署、云上应用；基于物探区域数据湖，建设经营管理类子湖，对原经营管理、综合管理等系统进行升级改造与流程再造，打通经营管理、综合管理不同应用之间及与物探业务应用（如陆上智能化地震队、海上智能化地震队、全球处理解释业务云等）之间的信息壁垒，助力经营管理、综合管理、业务管控的数字化、一体化、智能化发展。

经营管理应用主要包括 ERP 系统（支撑企业经营管理和决策支持）、设备管

— 89 —

理、财务管理、预算管理、物资管理、人事管理、分析决策等；综合管理应用主要包括协同办公平台、HSSE 管理、行政管理等。企业运营管理中心主要应用场景如下。

（1）经营与决策：以 ERP 为核心的预算管理、规划与计划、综合数据分析、辅助决策环境。

（2）财务管理：财务数据标准化、财务核算一体化、财务数据处理、财务数据分析及报表出具、财务共享中心。

（3）设备管理：设备资源管理、设备全生命周期管理、设备与业务关联管理、设备成本效益管理。

（4）物资管理：物资与业务数据智能分析，物资成本动态管控，供应链管理、物资调配流程审批。

（5）人事管理：按照管理体制改革框架方案，围绕"职能优化、精干高效、简政放权、做实共享"目标，对人力资源进行动态管理、分析，服务于共享服务中心应用。

（6）运营管理与数据分析：提供生产运营指标的变动分析、趋势分析，辅助管理人员准确了解各类业务数据在不同时期的变动趋势，量化并识别企业潜在的运营风险。

（7）HSSE 管理：对全员健康、人身安全、作业环境等的智慧管理；关键环节、重点领域的安全风险管控；HSE 体系推进；安全大数据的综合分析，安全管理分析研判与科学决策支持。

（8）协同办公：建立智能协同办公环境，实现办公业务的流程化、协同化、自动化，提高工作效率，服务于全体员工。

四　生产指挥与决策中心

面向全球地震采集施工地震队、物探事业部（物探处）和东方物探总部三级生产指挥与决策线上协同需要，建设生产指挥及决策中心，实现生产指挥及决策支持平台化、协同化、数字化，满足全球生产指挥及技术支持的需要。

基于智能物探云、物探区域数据湖，应用大数据、人工智能、数字孪生、增强现实等新兴技术，构建生产指挥与决策中心，支持对东方物探全球物探项目线上生产指挥与决策，实现远程生产组织与协调、全球设备和人员组织与调配、协同决策指挥与远程技术支持。物探生产指挥与决策中心应用场景简述如下：

东方物探总部层面，通过大数据、人工智能等技术，对市场落实、经营收入、资源投入等决策支持方面进行深层次的数据挖掘分析和决策。同时，具备对下属层级的远程技术和决策支持的能力。

物探事业部（物探处）层面，侧重于市场、经营、质量、生产、设备、物资、人力、HSE 等生产管理层面的生产调度与运行管控，并针对物探采集绩效管理进行数据挖掘分析和决策支持。

地震队层面，一是监控现场作业数据、成果资料、设备数据、人员数据、视频等数据动态；二是实施物探采集现场综合管理，包括生产工序数据监测、项目进度与质量监控、专家远程支持、设备状态监控、激发作业管理、可控震源状态监控及分析等；三是执行物探采集现场的设备管理、生产作业调度等。

至"十四五"末，东方物探核心业务应用场景将在"一云一湖一平台"的建设中逐步实现。东方物探核心业务应用场景也将在未来的滚动规划中进一步完善和优化，核心业务应用场景的内涵将在数字化转型实践中不断深入和细化，确保数字化转型建设朝着先进、实用、经济、有效和可持续方向发展，为业务的智能化发展奠定良好基础。

第五节　实施计划与保障措施

一、实施计划

东方物探数字化转型整体实施计划分三步走。

第一步，到 2022 年，东方智能物探建设取得实质进展。基于勘探开发梦想云搭建智能物探基础平台。建立统一数字化规范体系，搭建物探区域数据湖和智能物探云技术平台，完成重点项目、关键业务场景的搭建，实现智能化地震队的云化建设与推广。通过物探区域数据湖和智能物探云平台建设，完成历史数据的迁移及相关系统的集成整合，实质性推进现场作业智能化发展，整体水平处于采集行业国际先进、国内领先。

第二步，到 2025 年，东方智能物探建设取得显著成效。通过部分业务的智能化建设，实现国内外、前后方的技术支持；通过处理解释数据子湖的建设，实现作业现场、二级单位和总部的数据共享，实现前后方、甲乙方业务的协同，逐步实现智能化多学科协同研究，大幅提高勘探开发效率和精度，通过数字化、智能化赋能业务，推进高效创新发展。通过对智能化地震队、处理解释数据子湖与智能化协同云平台、网络基础设施的不断优化完善，为全面建成智能物探打好基础。

第三步，到 2035 年，全面建成东方智能物探。完成统一云平台建设和各业务深化应用，实现数据采集、处理解释智能化管理，建立智能化物探作业一体化平台，实现对数据的综合应用；利用 AI 技术，大幅提高物探工作效率和精度，发展全流程的智能处理解释系统，搭建地学知识图谱，实现智能化的知识积累、学习和应用。以项目事前仿真、经营情况准确预知、过程自动优化为核心，配套物探装备"机器人"化、人员和设备物资信息化、作业工序集成化和一体化、质控实时化等，业务过程更加高速高效，发展出无人化作业，生产运营智能化，推进物探业务运营模式和组织模式的扁平化、专业化、一体化，全面支撑世界一流地球物理技术服务公司建设。

二 保障措施

1. 统一思想，推动数字化转型

（1）统一思想：贯彻国家与中国石油"数字化转型智能化发展"战略，通过对数字化转型案例和能力建设培训，推动东方物探各岗位人员致力于技术创新，实现业务模式和业态创新。

（2）明确职责：完善数字化转型管理体系，健全各单位数字转型组织，东方物探总部负责数字化转型总体规划的制定、对各二级单位数字化转型工作的考核和对大型、核心、通用系统的建设组织领导，各单位数字化转型建设应遵循统一规划、统一管理、统一标准、统一设计规范和分头实施的原则。

2. 坚持统一领导、统一决策，建立业务管理与信息管理共同主导的保障机制

（1）数字化转型管理委员会（领导小组）：东方物探数字化转型与智能化发展战略制定与管理的最高领导和决策机构，负责数字化转型规划与总体方案等的审定、年度计划与投资的审批和重大调整的决策。

（2）业务管理部门：业务数字化转型的业务管理单位，负责本业务领域数字化转型建设需求分析和业务技术指标的确定，主导项目实施建设。

（3）信息管理部门：业务数字化转型的技术管理单位，会同其他业务部门负责数字化转型规划、年度计划、投资预算等起草，项目方案技术审查、技术组织管理、项目进度与成果管理，项目阶段检查、测试和项目验收组织等。

3. 建立统一标准和技术规范，夯实制度保障

依据中国石油要求，结合东方物探业务与技术规范，参照勘探开发梦想云相关标准，建立物探业务的数据采集、数据交换、数据传输、网络建设、信息安全等方面的制度标准，推广执行。

4. 落实投资计划，完善资金保障

匹配的资金投入是数字化转型建设的重要保证，通过东方物探投资和二级单位自筹配套资金等渠道，落实数据转型建设投资，保证规划建设的项目能够顺利实施；加强资金预算与考核，保障数字化转型与运维工作的顺利开展。

5. 打造数字化转型高效团队，提供专业化服务保障

加强东方物探数字化转型建设管理，成立数字化转型项目管理办公室，抽调各单位相关技术人员组成数字化转型技术管理组。数字化转型项目管理办公室负责数字化转型日常管理，数字化转型技术管理组负责数字化转型通用技术完善、提升与应用支持和对数字化转型项目的实施指导。

第三章
数字化转型发展建设成效

坚持技术创新引领和做大做强物探业务的发展理念,东方物探摆脱了对国外技术与装备的长期依赖,实现了自主发展、安全可控,并在国际同行业市场竞技中取得了一定的优势。面对全球化的数字化转型智能化发展浪潮,东方物探充分借鉴梦想云的发展理念和成果,提出了全新的转型发展蓝图,经过两年左右时间的实践,取得了明显成效。

本章从采集业务数字化转型初见成效、处理解释业务数字化转型取得成果、物探软件生态建设 3 个方面,介绍东方物探转型发展建设所取得的初步成果。

第一节　采集业务数字化转型初见成效

顺应数字化转型智能化发展大势，东方物探在物探业务与数字和智能技术的深度融合发展上不断探索，将智能化技术在各业务环节上的应用作为业务与技术创新的核心抓手。勘探开发梦想云的推广应用，为构建智能物探云平台和物探区域数据湖，打造东方物探全球化和综合一体化协同管理体系和业务全流程解决方案提供了借鉴。

地震采集业务作为东方物探主营业务最大的收入来源，是东方物探数字化转型智能化发展的重点和优先推动业务，经过近两年的实践，东方物探采集业务数字化转型建设取得了初步成果。

一、混合云支撑全球化采集业务

1. 陆上地震采集业务云

陆上地震采集业务云主要是基于智能物探云建立纵向上下贯通、横向入湖交互、底层数据共享、专业软件协同、面向数字化业务转型智能化发展的多云互联微服务平台来支撑采集作业现场的数字化生产与智能化管控，以及远程决策支持和远程专家支持，实现支持高质量的智能采集作业的模块化信息赋能，与东方物探率先打造世界一流的采集业务板块创新发展方向相适应（图3-1-1）。

针对地震队野外采集作业国内工区有网络、但是网络带宽有限及海外工区不能直接进入梦想云所在的中国石油内部网络的业务痛点，智能物探云化再造了智能化地震队系统，采用了全新的"梦想云—公有云—作业现场"混合云互联部署架构，支撑地震队的数字化业务的全面应用。其中，智能化地震队系统部署采用"梦想云＋中国石油DMZ＋第三方公有云"方案实现（图3-1-2）。

（1）后台服务软件部署至梦想云环境中，实现负载均衡等配置。

（2）前台Web服务部署至中国石油DMZ环境中，并安装Nginx软件与公网域名配置，实现端口复用。

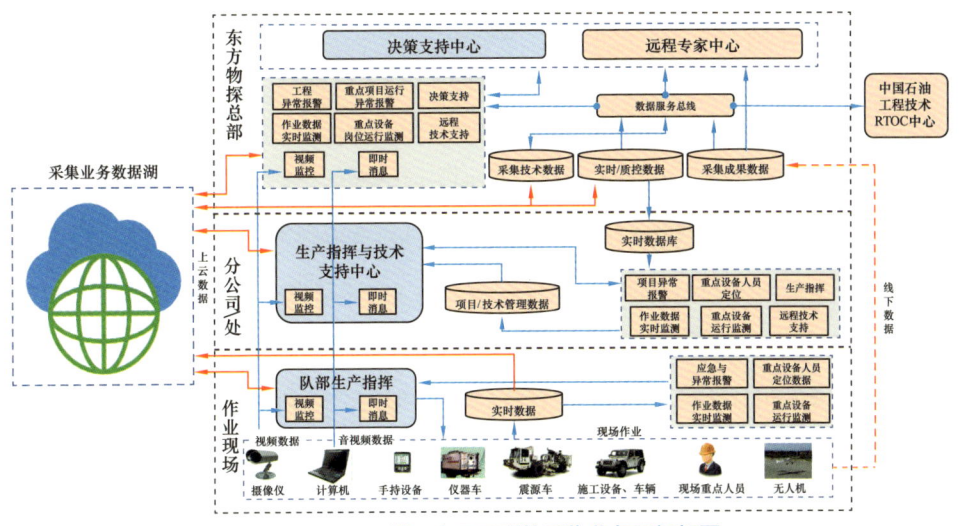

● 图 3-1-1　基于多云互联的采集业务云框架图

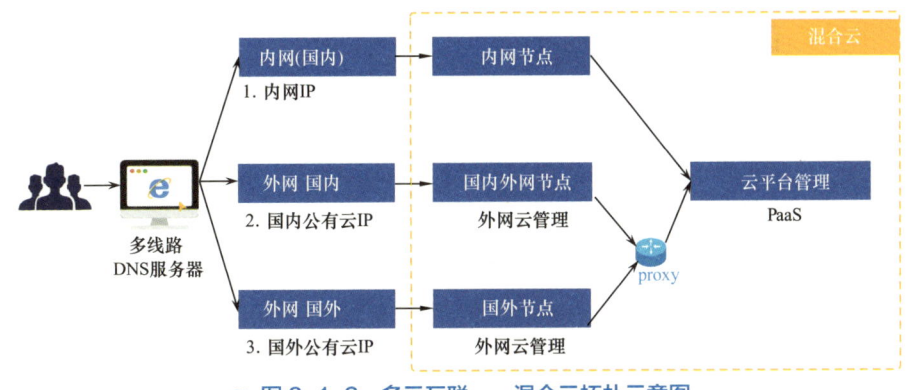

● 图 3-1-2　多云互联——混合云拓扑示意图

小贴士

DMZ 是隔离区（demilitarized zone）的简称，是为了解决位于外部网络用户不能访问内部网络服务器的问题而设立的一个非安全系统与安全系统之间的缓冲区。该缓冲区位于企业内部网络和外部网络之间的小网络区域内。通过这样一个 DMZ，更加有效地保护了内部网络安全。

Nginx 是一款基于 HTTP 协议的轻量级 Web 服务器／反向代理服务器与电子邮件（IMAP/POP3）代理服务器的产品简称。

（3）系统中结构化数据及非结构化数据存入可信赖可互联的第三方公有云。

多云互联的混合云架构方案设计（图3-1-3）可实现全球用户在任意地点登录同一地址，系统根据用户登录所在位置（DNS地址）自动跳转至相应节点。内网云管理平台主要管理开发、镜像推送以及内网容器运行与调度；外网依赖于公有云容器管理平台进行容器运行管理及调度，多云互联则可通过云管理平台（Cloud Management Platform，简称CMP）来管理多个云。公有云计算集群的节点依赖公有云基础设施的安全策略，组成虚拟局域网，仅接入网关对外暴露，以保障系统和数据安全，同时提高了智能化地震队系统的容错弹性能力，在业务峰值时可以在不同的云上快速水平横向扩展，在业务低谷时可以自动释放回收资源。公有云中的动态数据定期进行内网同步，静态数据根据需要在非工作时段进行内网同步。

● 图3-1-3 多云互联——混合云部署架构图

基于多云互联的混合云架构，将KLSeis发布为云服务，实现多炮多线程并行处理现场地震数据，快速分析单炮资料存在的声波干扰、炮检关系错误等质量问题，并结合GIS信息及时对采集的地震资料进行综合分析。地震资料评价软件通过公用授权放在云端，结合云化共享的地震项目基础数据、GIS数据，直接分析云共享的地震数据，任意终端可访问、再分析评价项目地震数据，避免地震数据的重复拷贝。地震资料评价软件直接接入物探区域数据湖，云端再分析评价全部项目的地震资料质量，形成各探区不同时期不同项目的评价结果数据库，可宏观掌握各探区各项目资料质量整体情况，明确质量控制的重难点和对策，指导新区的质量控制，快速指导后期新区的资料采集。同时，甲方、地震队、采集技术中心、公司管理部门在任意终端随时查看项目进展、质量情况，质控措施效果，做到一个项目对应一个质量结果，做到质量控制的云协同，避免重复建立项目、重新分析评价，为提质增效再上新台阶发挥作用。

公共地理信息服务平台作为采集业务系统图层数字化资源共享和可视化分析应用的基础底层支撑技术平台，实现野外采集施工各环节中的海量矢量栅格 GIS 数据分图层的云化管理，通过云化多个 GIS 节点实现并行运算，例如，对大范围的电子地图进行切片时，多个 GIS 节点同时执行任务比传统单一的计算节点执行速度快很多。地震队和室内人员共享前期的 GIS 数据高效处理结果，能大幅度节省人力和时间，提高采集前端时效至少 $N/2$（N 为节点个数）倍以上。将采集的测量数据、踏勘数据、遥感及无人机航拍影像、激光雷达点云、地物风险、地形风险、深度学习地物样本数据库、各类图件、坐标等海量矢量栅格 GIS 数据应用高性能云端处理器进行远程高效处理分析（分类、管理、编辑、更新、计算、融合、三维模型重建、制作专题地图/图层等）并以开放地理空间信息联盟（OGC）标准的流方式发布，例如，对地形、矢量图层、栅格图层、三维网格模型等进行 GIS 基础地理信息数据的云端发布；数据可以为各授权客户端（包括桌面端、移动端、Web 端，以及其他标准的地理空间应用程序）所使用（浏览、分析、下载，以及根据需要进行编辑并制作相关专题图层、数据等）和提供辅助决策分析，能够解决海量数据传输、地理信息资源不均衡及高性能计算等相关问题。同时，实现 GIS 资源数据专题展示、图表展示、动态展示、多维展示和在线制图等，通过统一的可视化驱动引擎，通过多种 API 接口统一的云上调度管理，从而可为各类业务应用信息系统与专业软件提供公共地理信息云服务（图 3-1-4）。

2. 海上地震采集业务云

在 Dolphin 海上节点勘探综合导航系统的基础上，将采集数据传输到梦想云上，实现后方指挥与海上作业的高效协同。目前，海上地震采集业务云（图 3-1-5）以 Dolphin 海上节点勘探综合导航系统作为生产指挥控制中心，配套辅助硬件设备，例如，采集同步控制系统、同步通信系统、声学定位系统等，通过梦想云进行数据交互，实现了工区探勘、节点释放、震源激发、声学定位等云环境数据交互功能。通过智能化导航数据处理软件的应用，提供了海上采集过程中的全流程管理和监控技术手段。同时结合海上智能化地理信息管理系统（GISNode）及船舶监控管理系统，实现了现场及远程的信息化管理的目标。

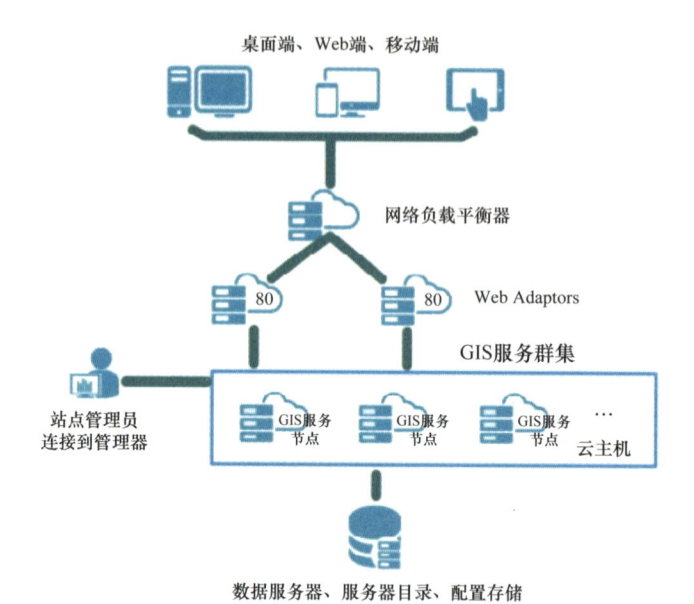

● 图 3-1-4　基于多云互联——混合云 GIS 集群架构图

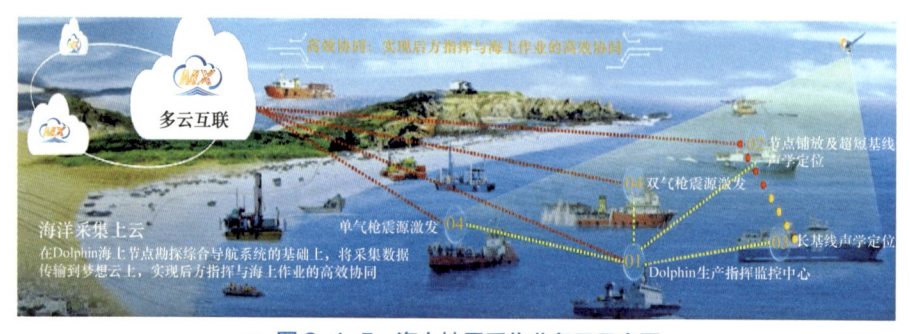

● 图 3-1-5　海上地震采集业务云示意图

在海上地震勘探采集中，综合导航系统不仅是生产指挥中心，同时还是各工序运行的控制中心、生产管理中心。

Dolphin 海上节点勘探综合导航系统兼容了目前海洋地震勘探市场上的大部分导航定位设备，定制的采集同步控制器能够实现外部导航数据采集，导航系统授时及 TTL、AD 信号输入输出等控制功能，定制的同步通信系统实现了地震勘探船舶位置、质量数据的实时监控。

Dolphin 海上节点勘探综合导航系统自研发成功以来，已在国内外得到广泛应用。Dolphin 海上节点勘探综合导航系统的应用支撑了全球最大海上地震勘探项目的平稳高效运行，提高了东方物探海上地震勘探高效采集核心竞争力。

二、采集软件云化升级

1. 地震采集工程软件系统 KLSeis

随着云计算与 AI 技术的不断发展，AI + 采集的技术应用也在不断地扩大应用领域和应用方法。KLSeis Ⅱ已完成了基于虚拟化技术的云计算平台建设，实现了高性能计算资源的共享，初步实现了地震数据的共享与协同研究，目前已经在智能设计、智能初至拾取、智能地物识别、智能轨迹设计等方面取得了一定的进展，在实际生产中得到了一定的应用。

KLSeis Ⅱ云计算平台建设主要涉及环境搭建，用户管理，数据传输，集群监控等方面的内容。截至 2020 年初，相关的研发取得了预期成果。

云计算底层环境使用了虚拟化技术，实现了计算资源的高效利用，解决了资源不足的问题。虚拟化环境采用了 VMWare 公司的技术，使用 VSphere 软件进行硬件云平台资源的管理，基本框架如图 3-1-6 所示。

KLSeis Ⅱ软件系统目前是单机架构，数据不能共享，不能进行分布式计算。针对这些弊端进行了一些优化。为了实现分布式计算，充分调用计算机群的计算能力和存储能力，搭建了基于 hadoop 的分布式系统，整个系统的基本结构如图 3-1-7 所示。

为了实现用户间的协同研究和数据共享，KLSeis Ⅱ软件系统还开发了相关的账号管理系统，用于管理用户账号及实现数据、权限的分配等。

（1）KLSeis Ⅱ虚拟云桌面。

在 KLSeis Ⅱ云计算平台上，实现了两个云端应用：一个是远程虚拟云桌面，

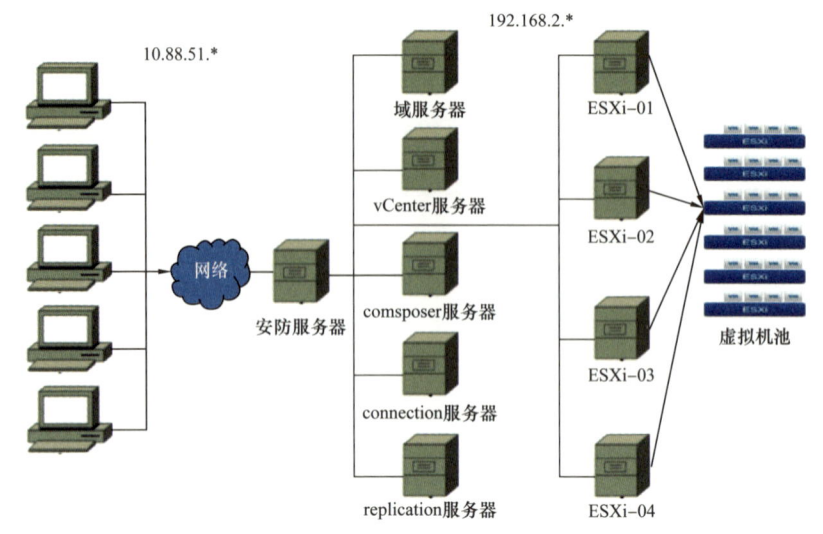

● 图 3-1-6　云计算底层基本架构示意

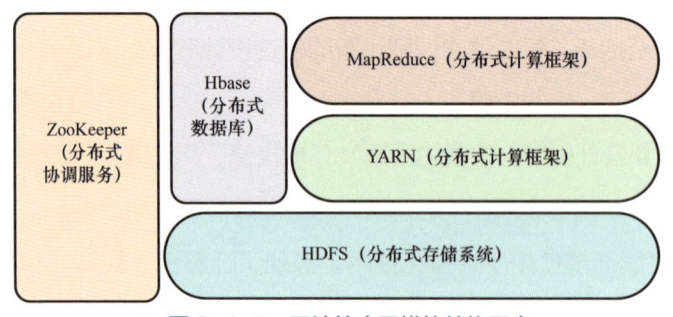

● 图 3-1-7　云计算应用模块结构示意

通过给定的用户账号，可以通过云桌面的方式打开 KLSeis 软件并进行进一步的应用。相对于单机应用，云桌面对本地设备的性能要求相对较低，相关的存储设备、运算设备基本不做要求，可以在常规办公设备进行远程虚拟桌面操作。

（2）远程协作初至拾取。

另一个应用是协同初至拾取。基于云计算平台开发的远程协同支持模块，可以有效地对用户进行数据、任务的分配，实现用户间的数据同步和协同工作。多用户实时线上协作，有效地解决了海量地震数据的分配难、初至拾取任务分配难、用户间协调难，拾取结果合并统一难等问题。

2. 陆上智能化地震队系统

智能化地震队系统（GISeis 2.0）是将勘探生产过程中的相关位置信息和生产信息，利用信息化手段进行采集、生成、传递、存储、再生、分享和利用，从而驱动高效、安全生产的组织模式。系统建设的总体思路是以地理信息为基础，以提升生产组织效率为目标，将地理信息、技术设计、生产管理、安全管理等数据信息化集中管理，以标准化接口为纽带，各专业班组或个体根据需求独立灵活接入，从而实现地震队的信息化生产管理。

在基础准备阶段，利用全新的地理信息数据工厂对地理数据进行坡度分析、路线规划及视域分析等，为地震队提供精准的基础数据。在野外测量阶段，利用智能放样系统实现自动放样，震源采用 PPK + RTK 或 PPK + 星站差分施工，在没有 RTK 的信号的地方可照常施工。在排列钻井阶段，利用可穿戴式定位设备 + 定制 APP 实现操作手的位置方便、精准的回传。在节点（检波器）布放阶段，采用高精度定位设备 + 定制 APP，定位精度能够达到厘米级，保证了节点（检波器）布放的准确性。在震源（井炮）施工阶段，利用 VPM 系统、VSC 导航、源驱动 2.0 系统以及 MSC 防重炮系统，实现井炮与可控震源的源驱动高效自动化生产、震源车无人驾驶、震源数据自动回收等。在施工管理阶段，GISeis 2.0 系统网页端增加了野外质检监督模块和三级可视化智能看板，实现了在室内就能监控到整个地震队的生产情况，并且还与 VTS-6 系统进行数据融合，在监控生产的同时还能对所有车辆进行实时监控；GISeis 2.0 系统移动端也进行了全面升级，实现主动式安全管理、移动任务管理、室内质量管理、进度预计与预计等。

智能化地震队系统是在数字化地震队转型升级的基础上，深入利用 5G 移动通信、北斗卫星、物联网、云计算、大数据、人工智能等创新技术，借助业务专家经验模型和机器学习算法，构建具备自主采集、分析、判断、规划、协调、自我学习及自行维护等能力的实用、高效、精准的采集作业智能生产运营平台，最终实现采集作业生产运行可视化、技术支持远程化、指挥决策协同化、项目管理标准化、运作流程智能化、资源效益最优化的智能化发展目标。

从 2018 年底开始，经过两年努力，建成了陆上智能化地震队系统，将采集设计、测量放样、排列管理、井震激发、数据采集等技术集成整合，将物探采集作业全流程进行重塑和云化部署，与队级、处级、公司级三级生产指挥中心深度融合，支持高效采集作业，实现了对陆上采集作业的赋能，成为地震生产智能化转型范例，如图 3-1-8 所示。

图 3-1-8　陆上智能化地震队系统

智能化地震队系统实现了"一朵云、一张网、一块图、一个指挥系统、一系列智能应用"的建设目标。

一朵云：即智能物探，采用"公有云＋私有云"混合云部署机构（图 3-1-9），基于梦想云服务中台（数据中台、技术中台、业务中台、共享组件和专业工具等）能力，实现了对生产管理、生产安全及生产指挥系统等的重构和赋能，并为其提供数据、成果、知识的汇聚与共享服务能力。

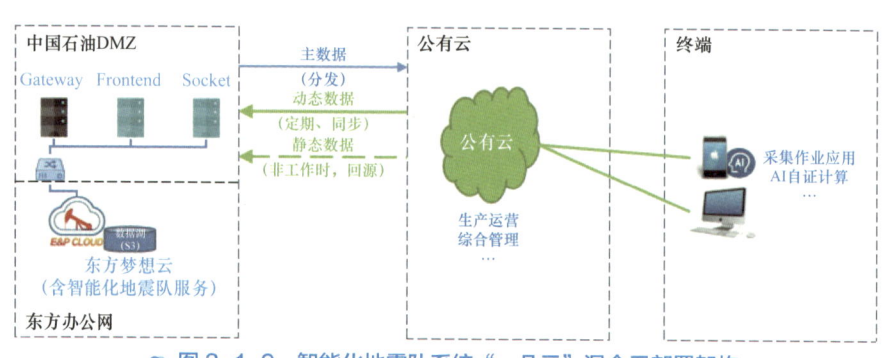

图 3-1-9　智能化地震队系统"一朵云"混合云部署架构

一张网：即工区的通信网络，在地震采集作业工区内建立宽窄带一体多网融合网络体系，使网络实现工区网络信号全覆盖，从而保障智能化地震队系统混合云信息数据通信链路，能提供安全、稳定、可靠的传输带宽，实现各班组不同型号电台、不同通信频道的融合，满足多路语音、图像、数据实时传输需求，最大限度地为班组、仪器车和生产指控中心的行动控制和信息共享，并基于地理信息系统实现工区内的人员—装备—物资数字化、组织调度信息化、生产管理智能化提供野外基础网络覆盖支撑能力。

小贴士

宽窄带一体多网融合网络体系（4G＋MESH自组网＋窄带Radio）主要由穿戴式自组网设备、便携式自组网设备、通用终端、私有服务器及相关信息传输服务、应用软件等组成。该体系采用无线MESH网络技术和COFDM、DSSS等多种传输体制，实时获取传感、语音及视频信息，具有小型化、低功耗、机动便携、快速自组网、复杂电磁环境下高速宽带传输等特点，可实现多跳快速自动建链组网。

一块图：即工区所有工序作业均基于一块有丰富地理信息的脱敏地图，包括高清数字正射影像图、数字高程模型、道路数据、行政区划、管线数据、水系设施以及智能化地震队APP实时采集的风险数据和障碍物数据等。利用该地图能够实现生产计划三维模拟推演、路线规划、风险控制，物理点偏移、生产进度实时监控等功能，是物探施工设计和生产组织的重要依据。

一个指挥系统：即适用于地震队生产指挥的综合性管理系统，主要包括生产进度的实时监控与统计、安全风险控制、远程质控、关键岗位人员与设备位置监控、智能化数据采集、工农管理、智能化任务分发、生产指令下发、紧急事件上报等功能。通过该系统，地震队管理层能够实时准确掌握野外生产情况，有效规避安全风险，最大限度减少工农赔偿金额，提高地震队数据采集质量，为地震勘探高效安全生产提供有效的技术手段。

一系列智能应用：由智能设计、智能测绘、智能排列、智能钻井、智能激发、智能安全、智能质控所组成一系列智能应用。

智能化地震队系统自正式上线运行以来，先后在长庆物探处、新疆物探处、西南物探分公司等多家单位，超过 40 个项目中应用，提高地震勘探采集效率在 25% 以上，作业成本降低 15% 左右，在野外导航、定位、找点、地物采集、智能化任务分发与管理、质量控制和工作量统计等方面进行了各班组的不同场景应用，为地震队项目运作提速增效、降低成本、控制质量和安全管理起到了显著作用。

智能化地震队系统一系列智能应用功能升级包括以下几方面。

1）智能设计

地震勘探采集项目涉及山地、沙漠、黄土塬、沼泽地、雨林、浅海过渡带、草原、复杂城区等不同地形环境。智能化地震队施工设计利用高分辨率影像和遥感数据，集成了地理信息与人工智能技术，实现了多源地理信息的有效融合和二维、三维可视化表达。智能设计主要功能包括地形特征智能提取分析、地物信息智能提取分析、测线地理分析与智能设计、施工路线智能规划设计、任务设计自动分发与钻井生产数据的质量控制等，大大提高了施工效率和资料采集质量。

2）智能测绘

地震勘探生产中的测绘业务主要有工区测量控制基准、工区测量点位信息获取、物探测量数据处理技术等。随着物联网、大数据、云计算、人工智能等新技术的发展，物探测量已经从传统的数字化测绘转变为智能化测绘。

（1）工区测量控制基准 GNSS 数据智能化处理技术。

物探工区测量控制基准的确定通常采用国外软件进行数据处理，费用昂贵且不掌握核心算法。东方物探顺应智能化发展要求，研发了一系列智能化 GNSS（即全球导航卫星系统）数据处理技术，形成 GNSS 卫星定位控制网基线解算和网平差的数据处理平台 GBC（GeoSNAP Base Control），处理精度达到 10^{-8} 米。首次为现场工程人员提供了高精度 GNSS 数据处理功能，解决了石油勘探中精确基准控制、国际地球参考框架 ITRF 转换问题，并在没有网络或 RTK（载波相位差分）信号时为各作业工序提供导航和精密点位成果问题。截至 2020 年底，已为长庆油田、大庆油田、辽河油田、塔里木油田、新疆油田、青海油田、玉门油田、华北油田等单位与海外油气勘探项目提供应用服务。

(2)地理信息数据智能采集技术。

近年来,随着航空摄影测量与机载激光雷达 LiDAR 技术等新型测绘技术的发展,地理信息数据采集的质量和效率取得了巨大的进步。基于深度学习的地理信息矢量化技术和地表信息提取技术大大提升了工作效率与数据质量,为物探采集工程的数字化、智能化、自动化提供了重要的技术支撑。

航空摄影测量数据处理技术指利用飞机搭载航摄仪器获取地面连续相片,结合地面控制点测量、调绘和立体测绘等技术,生成地表正射影像(DOM)、高程模型(DEM)及三维实景模型等基础地理信息数据。其中,无人机倾斜摄影测量是近些年来兴起的新型无人机航测技术,突破了传统航测设备只能获取垂直角度影像信息的局限,通过多角度倾斜摄影获取全面的地表信息,再利用多视影像密集匹配及联合平差算法构建完整的地表三维实景模型(图3-1-10)。为物探采集方案设计、施工作业、安全管理、人员设备定位导航、工农赔偿等各项工作提供精准翔实的基础地理信息支撑,大大提升了生产效率与质量,降低了安全风险。

● 图 3-1-10 航测成果:高程模型、正射影像及三维实景模型

小贴士

机载激光雷达 LiDAR 技术具有高精度、高分辨率、高效率且自动化的优势,是大区域地表数据测量的重要技术手段。
LiDAR 技术获得地表三维激光点云数据坐标精准,信息丰富,经点云分类处理可获得精确的地表高程、植被、人工地物等数据,为物探地震采集方案设计、人员车辆施工路线设计、土方量计算等提供可靠的高程及障碍物数字模型支持。

研发了基于深度学习的地表信息智能化提取技术及软件（Smart Vectorizer），实现了对影像的自适应分类识别、遥感影像解译和特征处理，提高地表分类和地物识别的精度与效率，减少人工工作量，如图 3-1-11 所示。

● 图 3-1-11　地物自动解译

（3）智能化放样技术。

测量智能放样系统包括可视化导航和机械化装置两部分。可视化导航主要功能包括物理点位置实时动态预测、可视化导航、释放信号产生、物理点成果保存等功能；机械化装置主要功能包括投放标志管理、投放预警监测及反馈等功能。整套系统的工作通过导航部分进行控制，保证系统在连续运动状态下的稳定可靠，实现了智能导航、高效施工，比较传统作业模式提高功效 1 倍以上，同时减少了用工，降低了劳动成本。

（4）增强的动态事后差分处理与定位技术（PPK＋）。

东方物探 PPK＋技术是将 PPK 技术与 RTK、CORS、单点定位等综合定位导航技术相结合，并应用于可控震源、测量和节点设备中的独有的技术，如图 3-1-12 所示。

将 PPK+ 技术与物探测量放样软件和震源导航系统紧密结合，形成从导航、数据采集和数据处理整套施工作业方案，主要解决了没有网络覆盖地区石油勘探的导航和精密定位问题（图 3-1-13）。通过 PPK＋技术的开发与应用，提高了地震采集作业施工效率，强化了物探工序的质量控制，杜绝了后续复测。PPK＋技术提供的精确轨迹，为采集工程作业各班组提供轨迹路线，为地震队精细勘探提供便利。

● 图 3-1-12　东方物探增强的 PPK 技术与应用示意图

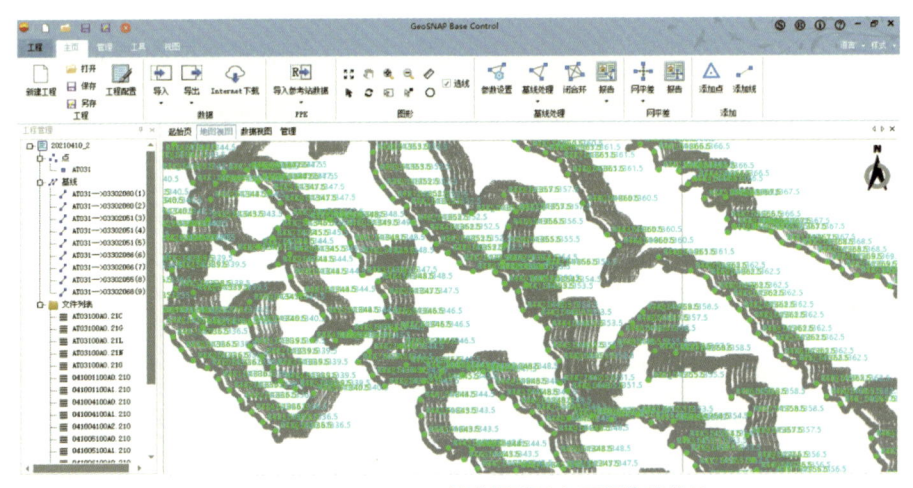

● 图 3-1-13　PPK＋技术提供的各班组作业轨迹

（5）物探测量数据智能处理技术。

传统物探测量数据处理通常由人工采用纸质或电子表格等进行，技术手段落后，费事费力、极易出错。随着智能技术的发展，东方物探启动了物探测量数据智能处理方法的研究，并形成了相应的软件产品——SSOffice Ⅱ 物探测量数据智能处理软件。该软件提供了 GNSS 控制网质量控制和分析、测线设计、各种参数计算、常规导线测量数据处理、全站仪坐标放样测量数据处理、RTK 及 RTD 测量数据处理、可控震源定位数据处理、节点定位数据处理、测线智能避障、在线地图

SPS 格网下自动适配、CGCS2000 基准兼容、偏移大地水准面模型生成与应用、质量监控、数据分类查询管理、资料整理与格式文件输出、各种图件的生成及测量常用工具等功能，适用于国内外不同地区地震勘探测量的应用需要。

3）智能排列

（1）排列无桩号施工。

传统的施工作业需要测量组到实地进行踏勘并测量，智能化的排列无桩号施工表现为智能化地震队手机 APP 配合穿戴式定位设备，无须测量组提前测量，排列人员利用手机 APP 可导航至设计点所在区域，埋置好检波器后，拍照并上传，系统会根据提交数据所在的位置和设计点的坐标对比，自动计算出偏差，从而实现无桩号排列布设。配合可穿戴式高精度定位设备，可实现语音导航、一键定位、一键拍照并上传到云平台，实现远程排列质量控制、任务分发与回传及工作进度统计。

（2）自动收放排列。

研发了采集大线智能收放机，代替了传统人工收放线，实现了 G3i 大线收放机械化和作业标准化，实现了提速提效。

（3）陆上节点智能布设。

采用智能机器人技术进行节点智能布设，既保证了检波器的埋置质量，又提高了生产效率、解决人力短缺的现实问题，同时支持节点布设与节点回收任务互换，提高了生产效率，降低了作业降本，提升了安全环保水平。

（4）超大排列智能管理。

地震仪器超大排列智能管理功能主要用于地震勘探生产中的排列质量控制，包括自动排列和智能管理两部分功能。

通过自动提取地震仪器（G3i、428XL 和 Hawk 等）的排列信息，并将排列问题信息分别发送给相应的查线人员，实现了地震仪器超大排列（20 万道）管理及其状态数据的高速自动提取、检测和分类，有效提升排列故障排查效率，支持与智能化地震队系统和质量控制系统协同工作，使野外生产效率提高 3%～5%，排列管理工作时间节省 8%～15%。

超大排列智能管理由传统的"语音播报"实现"任务定向分发",将以往小时级的故障播报时间降低至秒级,从语音方式12道/分钟提升至720道/分钟,效率提升了60倍。具备异常地震道的排列导航功能;当无信号时,具备基于离线地图的导航功能。在克拉玛依、吐鲁番、鄂尔多斯、华北地区等项目中应用,排列无故障时长提高33%以上,取得了显著的应用效果。

超大排列智能管理可实时提取采集设备的工作状态,自动筛选、反馈排查结果,对故障类型和区域进行分类、分组发布。通过移动商用网络、数字电台通信,满足G3iHD、428XL、508XT等当前主流地震仪器超大排列高效管理的需要。

(5)节点单元质控数据快速回收与数据质控辅助分析。

随着节点仪器逐步得到规模化应用,在山区及高海拔地区,回收节点质控数据仍是人工回收,费时费力及安全隐患最大的环节。采用无人机技术回收节点质控数据具有操作简单、自动返航和对环境适用性强等特征,可大幅度降低人工劳动力强度和安全风险。

数据质控辅助分析实现了对节点质控数据的可视化智能分析,操作人员在质控数据收集现场就可以及时、直观地查看质控数据分析结果,第一时间掌握不合格的数据情况,并及时采取处理措施,实现了对节点单元原始数据的快速、全面、准确分析。该功能已在窟窿山、圆顶山和四棵树项目得到了推广应用,有效助力节点项目的运作。

(6)设备数字化维修管理。

设备数字化维修管理实现了对维修设备的全生命周期、全过程规范化、精细化管理,实现了地震勘探设备从送修到验收、出库一站式数字化管理。基于此,可对各类设备故障率进行实时的统计分析,有效发现高故障率问题,并对问题进行总结和攻关,加快维修进程,定制更佳的维修流程。可对设备整个生命周期进行追踪,对经过多次维修仍不稳定的设备可及时替换或淘汰,减少其不必要的运输、维修时间,促进项目提速提效。

4)智能钻井

智能钻井主要包括井位智能导航、钻井作业数据自动采集、生产进度可视化显示和井深智能识别等功能。

（1）井位智能导航。

测量组按照设计去找点测量井位，钻井组通过智能导航到井位，然后钻井录像，录像文件自动添加水印，井位智能管理自动命名；如果现场井位桩号出现偏移，钻井组直接定位。通过智能导航，解决找不到井位的问题；直接定位，省去了测量组的往返补测；自动水印，保证自证合格真实；智能管理，自动关联位置和桩号。

（2）钻井作业数据自动采集。

通过智能化地震队手机 APP 与 Web 端的配合使用，钻井班长、操作手可及时获取钻井任务，随时随地实现任务下发及任务提交，实现钻井作业工序的无感数字化。钻井操作手到达井口附近后，在手机 APP 上根据井位信息核对线号、桩号，选择实际的岩性，填写实测井深，将风险识别和井底情况拍照后提交上传，管理人员可根据井的不同状态颜色区分钻井任务完成情况。通过线号、点号、井号自动归算，以及照片、视频加水印等技术手段有效地防止钻井信息造假。

（3）生产进度可视化显示。

通过智能化地震队钻井进度看板，钻井班组的生产进度、当日进度、每个操作手的工作进度及时效，以及开工以来的日效、已完成百分比进行动态展示，帮助管理人员全方位、多角度了解项目的整体运作情况，从而更好地协调钻井生产，使各环节无缝衔接、有序开展。

（4）井深智能识别。

采用人工智能技术对海量钻井视频进行图像识别、内容分析、信息提取与评估，对提取信息进行分析计算，替代人工进行视频自证合格检测，为物探生产施工节约人力物力。通过开发人工智能识别监控钻井井深技术，实现了人眼视频浏览模式向人工智能模式的转变，缩短了钻机组在钻井工序的视频检查时间，减少了视频质控用工比例，大大提高了钻井质量和监控效率，推进了勘探项目的降本、提质、增效。

5）智能激发

智能激发主要包括北斗独立激发控制系统、井炮源驱动系统、防重炮系统、信息智能上报系统、智能激发控制器 SSC、震源智能导航、可控震源激发管理和震源辅助驾驶等功能。

（1）北斗独立激发控制系统。

在山地、丛林等地表复杂区井炮激发作业时，由于电台通信受限，经常出现无法启爆炮点或炮点起爆后质控数据无法返回的问题，影响施工进度和采集数据质量。

自主研发的北斗独立激发控制系统采用时间槽控制、卫星授时和时钟保持技术，在无须编码器的前提下完成井炮激发（图 3-1-14），自动记录对应的绝对时刻、炮点桩号和井口时间等关键数据，从而替代了本应由仪器主机通过实时电台通信才能完成的井炮炮点激发控制功能，可与 428XL、G3i 等有线仪器配套使用，也支持与 Hawk 等节点仪器结合使用，保障野外生产顺利进行。该系统简化了施工作业流程，减小了工作强度，节约了施工成本，降低了施工风险，提升了在复杂地表区实施大规模地震勘探采集项目的核心竞争力。

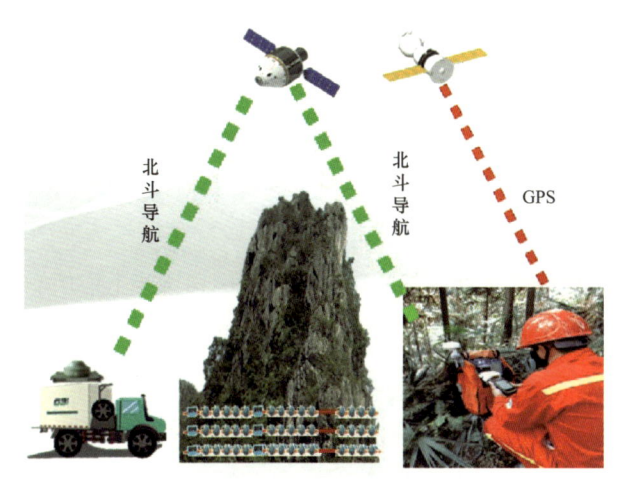

● 图 3-1-14　独立激发施工模式

（2）井炮源驱动系统。

传统井炮激发流程需要人工干预和手动操作，在可控震源高效采集和井炮激发采集联合施工地区，凸显了井炮施工效率的低下，制约了数据采集效率，增加了施工成本。采用井炮源驱动激发技术，减少了人工操作，实现了仪器对炮点

北斗独立激发控制系统

的自动激活（图 3-1-15）；通过自动寻点、安全距离控制、路径导航规划以及自动信息交换等，规避了误爆、错爆的发生，激发效率平均提高 10% 左右。

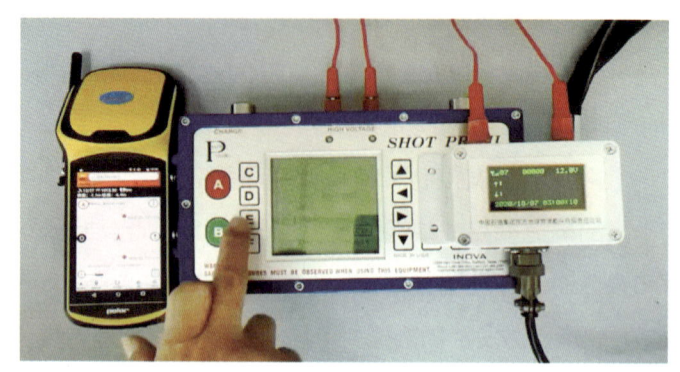

● 图 3-1-15　X5 型便携式井炮源驱动系统

（3）防重炮系统。

自主研发的防重炮系统以卫星授时时间为基准，应用时间槽动态分配技术，按组合方式同时或交替实现自主激发，并保持与仪器主机采集同步，避免了相邻工区同时施工时重炮能量的干扰，实现了 24 小时作业，解决了重炮难题，大幅提高了生产效率。

（4）信息智能上报功能。

当工区通信信号覆盖差，营地和工地等区域没有信号或网络时，会给采集生产造成困难，同时也给生产指挥部署带来不便。信息智能上报功能是通过激发进程监控系统，利用北斗卫星短报文功能在营地（或任意地方）实现对野外采集进程的掌握（图 3-1-16），进而优化采集任务，促进作业生产。

（5）智能激发控制器 SSC。

研发的智能激发控制器 SSC 支持两种工作模式，即智慧激发模式和分布式激发模式。智慧激发指在同一施工区域内使用多套 SSC 控制器，这些控制器按照时序控制逻辑实现多组、分时激发的工作模式，硬件连接如图 3-1-17 所示；分布式激发指同一施工区域内使用多套 SSC 控制器，这些控制器通过 Mesh 电台或 4G 网络接入可控震源激发生产管理系统 VPM，在 VPM 统一协调控制下完成炮点激发任务（无时间槽概念）的工作模式，硬件连接如图 3-1-18 所示。

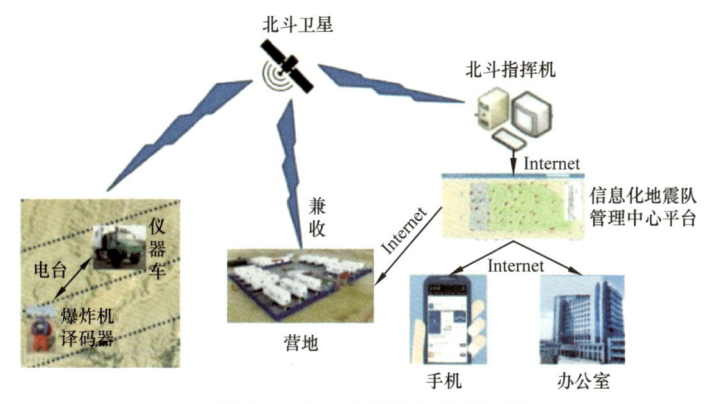

● 图 3-1-16　激发进程监控系统

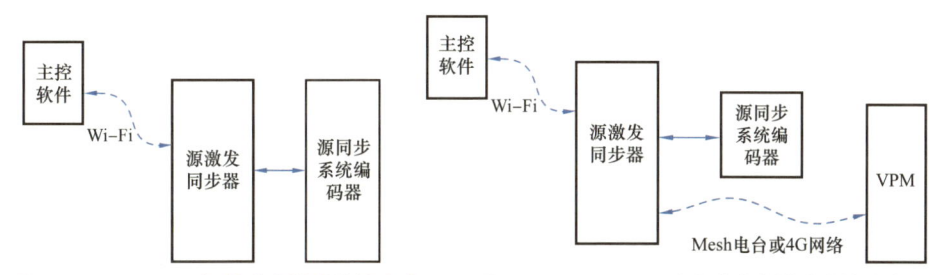

● 图 3-1-17　SSC 智慧激发模式连接方式　● 图 3-1-18　SSC 分布式激发模式连接方式

SSC 适用于节点仪器的炮点激发控制，也可用于解决有线仪器或有线节点仪器联合采集作业，有效提升复杂区井炮激发作业效率。

（6）震源智能导航。

传统人工带点方式已不适应采集作业高效激发的需要，且由于无桩号施工的推广，对可控震源导航提出了更高的性能要求。研制的可控震源高精度定位导航系统 VSC 兼容了多种震源控制系统，能够实现厘米级高精度定位与稳定的同步授时。可通过主震源车智能控制一键设置如质控限制值、解状态和数据流等参数，副震源车则会自动同步主车无须任何操作。

基于震源智能导航多种施工方式的智能引导，可智能地引导到下一次作业，当完成当前炮点扫描后，震源导航根据设置的沿测线方向、垂直测线方向、最近点和沿轨迹方向、计划跳点等作业方式，自动指向下一炮点，无须人工操作。

智能轨迹导航可直观形象的显示并引导驾驶者要行驶的路线，实现了震源车严格按照前期设计路线前进；智能轨迹导航功能采用"吸附"算法，引导震源车自动沿轨迹和排列激发点顺序行进，免除了人工排列激发点的操作，提高了施工效率。

可控震源高精度定位导航系统增强了生产作业的智能性与安全性，为可控震源操作人员提供了强大的智能辅助功能。

（7）可控震源激发生产管理。

由于地表的复杂性和以往系统设计的局限性，在地震勘探施工中经常遇到可控震源无法激发或生产管理困难的问题，而解决这类问题通常要占用大量的有效生产时间，由此东方物探自主开发了可控震源激发生产管理系统 VPM。

该系统是基于控制软件与数字电台、4G 网络、自组网电台等多种通信实施方案实现可控震源高效激发的管理。其主要功能是与可控震源高精度定位导航系统高度融合，配合节点仪器，实现可控震源高效激发、无桩号施工、震源振动性能实时监控与记录、授时同步状态提醒、远程任务分发、基于 GIS 的轨迹导航、质量数据回传、生产进度统计、可控震源调度指挥等。

该系统支持可控震源动态扫描技术，将交替、滑动和距离同步滑动 3 种扫描方式结合在一起，既提高了效率，又最小化了噪声的影响。支持滑动扫描和距离同步滑动扫描的灵活自由切换，解决了目前国内众多项目因部署面积小而不能有效应用同步扫描的困难。

该系统支持卫星地图的导入和在线加载，支持对地物进行标注、编辑和删除，支持对漏点、危险地物的随时备注等，同时可实时显示可控震源精准位置及炮点激发状态，可隐藏已激发炮点，用于快速查找漏炮。

该系统的应用提高生产效率 40% 以上，为地震勘探项目提速增效提供了坚实保障，具体实例如图 3-1-19 所示。

（8）震源辅助驾驶。

可控震源高效采集技术已进入工业化应用阶段，可控震源车每天重复"搬点—激发—搬点—激发"操作几百次甚至上千次。如何应对这种重复性工作，实现对操作人员的智能化辅助，是可控震源辅助驾驶系统要解决的问题。

第三章　数字化转型发展建设成效

长庆物探处287队城探3井三维地震勘探	辽河物探处2269队宁51井三维地震勘探	长庆物探处286队宁45井三维地震勘探
参与生产的可控震源：13台 系统应用时间：2020年6月 设计震源总炮数：9700炮 VPM最高日效：1573炮 VPM平均日效：505炮	参与生产的可控震源：12台 系统应用时间：2020年6月 设计震源总炮数：9800炮 VPM最高日效：2108炮 VPM平均日效：732炮	参与生产的可控震源：10台 系统应用时间：2020年7月 设计震源总炮数：7440炮 VPM最高日效：905炮 VPM平均日效：465炮

2020年5—8月VPM应用4个月项目日效统计

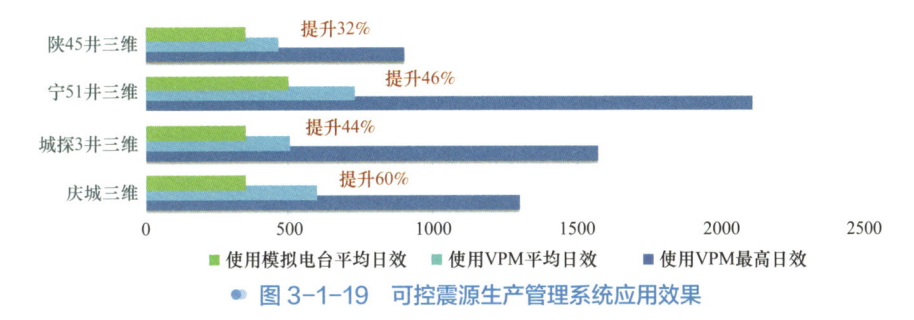

● 图 3-1-19　可控震源生产管理系统应用效果

可控震源辅助驾驶系统由可控震源高精度定位（VSC）导航、辅助驾驶控制器、液压行走控制器等组成（图 3-1-20）。系统支持跟车距离精确检测、速度控制、间距保持，施工组内震源外轮廓精确解算，精确识别障碍物方位及距离，支持遇障自动停车，跨系统通信故障急停等。同时安装有紧急停止按钮，可人工全面接管可控震源控制权限以保障使用安全。

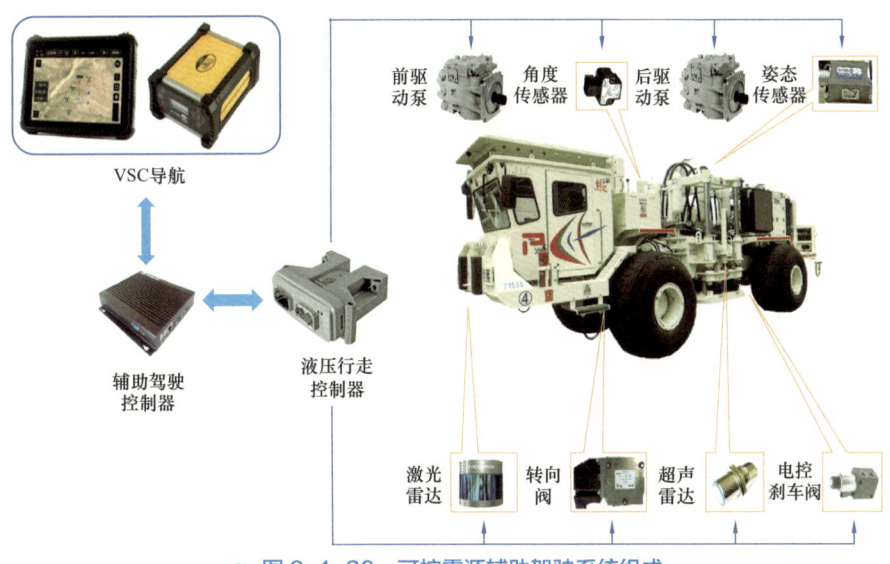

● 图 3-1-20　可控震源辅助驾驶系统组成

— 117 —

以 2020 年某凹陷南部三维地震采集为例，该项目地形较好，采用两台一组震源施工，辅助驾驶作业占激发总数的 75% 以上，相对人工驾驶效率提高 12% 左右，停点精度较人工驾驶提高 57%，显著减轻了一线操作人员的劳动强度，有效助力地震勘探项目提质增效。

（9）主要应用效果。

根据项目应用案例，通过物联网、北斗导航等数字化技术赋能，智能化地震队激发作业由人工激发向源驱动、无桩号激发和独立激发模式转变，减少 30% 以上的人工工作量，作业效率提高 5 倍，实现了高效激发，实际地震采集项目的最高日效超过 6 万炮。

6）安全管理

安全管理主要包括风险信息管理、人员与车辆轨迹记录、智能井炮监护、智能化交通安全管理、智能化导航等。

（1）风险信息管理：利用智能化地震队手机 APP 可进行风险信息采集并上传至云端，生产指挥中心能够实时获取现场作业人员采集的风险信息，包括风险描述、风险点位置、风险点照片等。系统将这些信息推送给地震队所有作业人员和车辆，进行安全提示；施工人员配备便携式定位终端，可进行危险点预警。当人员进入到危险区域时，设备进行安全提醒，督促人员离开危险区域，减少野外安全事件发生。

（2）人员与车辆轨迹记录：作业人员打开位置共享功能后，系统能够实时记录其轨迹、滞留时间、运动加速度等信息。生产指挥中心将这些数据汇总分析，提供给项目管理人员，为地震队智能施工组织提供信息服务。智能化地震队系统通过与智能化交通安全管理系统数据的融合，能够实时获取队上车辆位置、行驶轨迹、行驶速度、行驶里程、驾驶员等信息，方便管理人员进行车辆的实时调度。

（3）智能井炮监护：基于对地震勘探作业使用炸药雷管等民爆品的严格管理，需要对未激发的井炮，实施 24 小时不间断防护。传统的监控方式是采用无人机巡视、安装摄像头监控及人工巡视等方式，监控的效率较低。采用基于物联网 LoRa 技术的井中检查系统，支持多项目管理、监控终端与桩号关联、平台告警推送、网关管理、终端管理等多种功能。当监控终端被触发，平台通过弹框、声音告警进行提示，还可以邮件、短信方式推送到预设推送对象。智能化井炮监控系统改变了以往人工定期到井位进行看护的方式，实现由人防到技防、智防的转变，有效减少人员投入，减轻人员工作量，提高整体工作效率。

（4）智能化交通安全管理：集车辆实时监控、电子路单调度、全旅程安全管理为一体的企业车辆监控管理系统，可为用户提供车辆位置实时跟踪、超速报警、疲劳驾驶报警、电子围栏、驾驶行为分析、轨迹回放、车辆定损、电子路单、全旅程管理等功能，从而实现精细化、数据可追溯的企业车辆监控管理。平台可承载100000台车辆的实时监控，具有强大的数据统计、分析和报表功能，支持多种地图（百度、谷歌、高德等），支持多种用户自定义规则的车辆实时报警，便于国内外不同区域使用。

（5）智能化导航系统：智能导航系统不仅能够帮助野外施工人员快速识别并精确到达物理点位置，而且能够语言播报导航信息和安全预警，保障安全生产。陆上智能导航系统是陆上地震勘探生产必不可缺的导航系统。陆上智能导航系统分为通用智能导航系统和专用智能导航系统。通用智能导航系统可以满足所有地震勘探施工人员的智能导航作业；专用智能导航系统可根据不同班组作业任务和不同施工作业要求，在通用智能导航系统基础上进行定制开发的导航系统，如推土机导航系统、GeoSNAP-X6炮点偏移导航系统、北斗短报文车辆监控与导航系统等。

目前，陆上智能导航系统已在东方物探国内所有地震队推广应用，注册人数已超过1.6万用户，为地震队"提速、提效、保安全"提供智能导航保障。

7）智能质控

智能质控主要包括排列质控、钻井质控、巡井质控和激发质控等。

（1）排列质控：有线或无线排列布设完成后，操作人员通过手机APP拍照或录制视频并上传。专业人员通过生产指挥中心进行审核。质检分为一次质检和二次质检，以保证排列的埋置质量。为了掌控整个工区所布放节点的工作状况，可通过节点巡查功能，将节点的节点编号（可通过直接扫描节点上的二维码获得）、节点状态、照片等数据上传。上传成功后，可在生产指挥中心检查节点工作状态，并指挥操作人员查看无法正常工作的节点。此外，智能化地震队系统专为甲方和地震队管理人员开发了相应的质检模块，用于管理人员在野外巡查时的质量检查。

（2）钻井质控：按照采集作业规范流程，每天都会拍摄大量钻井施工现场视频，然后再由质控人员逐一观看、目视检查视频内容并确认钻井深度等是否达到施工设计指标。以往需要投入大量人力和时间才能完成。通过钻井视频 AI 自证功能的研发与应用，可自动生成质控报表，由事后质控转变为实时质控、自动归档，大大减少了后期返工，同时可快速提交公安等安全监管部门所需的过程录像资料。钻井质控可减少人工工作量 90% 以上，准确率超过 85%，质检时间缩短 80%。

（3）巡井质控：巡井是下药之后的一个重要工序。通过巡井检查已钻井是否有塌陷、所下炸药是否被移动等，以保证后序激发的有效性。现场作业人员利用智能化地震队手机 APP 采集并上传巡井数据，专业人员即可从生产指挥中心实时地查看这口井的数据，并进行质检。所有巡井照片均能打包下载，并按"桩号＋随机码"自动命名，方便专业人员后续整理。

（4）激发质控：激发环节中重要的质量把控环节，直接关乎地震勘探的资料质量。由于以往施工使用的仪器系统种类多、激发设备多，产生的质控报告也多种多样，给激发质控人员造成了较大的工作难度，质控与提醒难以实时进行，质控报告管理使用年度大，因此在可控震源高精度定位导航系统与可控震源激发生产管理系统中研发了相应的质控功能。

可控震源高精度定位导航系统 VSC 为操作人员提供了可控震源定位数据、振动性能指标、时钟同步实时质控提醒等服务功能。质控文件需要 100% 存储保存，便于对可控震源性能与定位数据精度的分析并为可控震源故障预判及预防性维修提供依据。

可控震源激发生产管理系统 VPM 为操作人员提供了可控震源震源指标参数实时质控与提醒功能，支持对质控报告的智能分析和整理，支持质控文件的导出。同时支持可控震源生产效率实时统计，可生成振动指标不合格率报告等，通过可控震源振动性能指标、生产效率实时统计数据上传，方便生产决策者便捷查看与掌控生产情况。

（5）应用效果：采用人工智能技术对地震钻井、下药、检波器和节点埋置等工序开展实时自动质控，解决了质控环节人员投入多、质检周期长、工作效率低等问题，人工工作量预计减少40%，提速10倍以上，实现高效质控。

3. 海上智能化地震队

受海洋勘探模式和通信条件限制，海上地震勘探生产作业对智能化的需求更加迫切，海陆勘探一体化智能管理、物探船舶智能管理与调度、生产过程管理与监控、生产作业计划智能编制及应用等是海上智能化地震队建设的主要方向。

以Dolphin海上节点勘探综合导航系统为核心的海上智能化地震队（图3-1-21）生产指挥控制中心及配套辅助硬件设备，包括采集同步控制系统、同步通信系统、声学定位系统等，实现了工区踏勘、节点释放、气枪激发、声学定位等功能。智能化导航数据处理功能为海上采集全流程管理和监控提供了技术手段，与GISNode海上智能化地理信息管理系统及智能化船舶监控管理系统（VTS）相结合，实现了基于云化的现场及远程管理目标。

● 图3-1-21 海上智能化地震队系统

（1）Dolphin海上节点勘探综合导航系统。

海上地震勘探采集不同于陆上，海上综合导航系统不仅是生产指挥中心，同

Dolphin 海上节点勘探综合导航系统

时还是各工序运行的控制中心和生产管理中心。

Dolphin 系统兼容了目前海洋地震勘探市场上的大部分导航定位设备，定制开发的采集同步控制器能够实现外部导航数据采集、导航系统授时及 TTL（晶体管—晶体管逻辑电平）、AD（模拟量）信号输入输出控制等功能，定制的同步通信系统实现了对地震勘探船舶位置和质量数据的实时监控，具备了海洋节点地震勘探全流程的导航定位工作。其中，工区踏勘实现了船舶导航、水深数据获取、障碍物信息获取等；节点布放实现了作业船舶高精度导航、节点释放时刻位置计算、记录等；声学定位实现了节点布放过程中在水中实时位置获取、节点布设完成后在海底高精度定位等；气枪激发实现了气枪震源中心计算、船舶自动舵控制、双气枪震源交替激发、气枪控制器自动控制等；船舶转弯控制实现了最优路径规划；数据质控实现了节点与气枪震源中心的横纵偏移监控、气枪质量数据监控以及导航设备的状态监控等功能（图 3-1-22）。

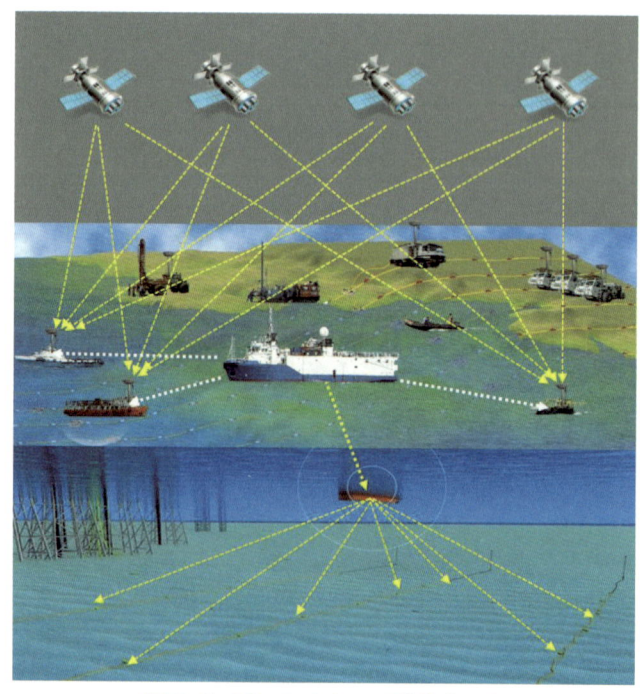

● 图 3-1-22 Dolphin 系统作业示意图

截至 2020 年底，Dolphin 系统已在国内外多个项目中得到应用，先后在渤海湾地区多个地震勘探项目、印度尼西亚 PERTAMINA Nunukan 项目、阿拉伯联合酋长国 ADNOC 项目等，安装应用共 108 套，打破了国外同类产品在国际高端市场上长达 20 年的垄断。在 ADNOC 项目中取得了最高日生产 7.8 万炮，创造了 OBN 地震勘探业界新纪录。Dolphin 系统的应用提高了东方物探海上地震勘探高效采集核心竞争力。

（2）海上智能采集同步控制系统

海上智能采集同步控制系统是一种集数据采集和实时信号同步控制为一体的 OBN 地震勘探导航定位接口设备，为海上勘探导航外部辅助设备与导航系统建立了数据交互通道，适用于海底电缆的地震勘探、深海拖缆地震勘探、海洋节点地震勘探等，封装了多种外部输入输出触发信号，集成了信号的采集、同步和控制。该系统可实时完成洋流仪、测深仪、气枪控制器、MRU、电罗经、RGPS 等设备数据的接入、处理和向上位机传输的任务。作为海洋勘探综合导航的时间基准设备，为整体作业流程提供了实时精准的时间信息、设备数据和控制指令。

海上智能采集同步控制系统作为 Dolphin 系统的硬件接口设备，在国内外众多海洋勘探项目中得以应用，实现了对国外同类产品的替代。

小贴士

MRU 是姿态传感器（Motion reference unit）的简称，是一种高性能的三维运动姿态测量系统，包括三轴陀螺仪、三轴加速度计和三轴电子罗盘等运动传感器，通过内嵌的低功耗 ARM 处理器得到经过温度补偿的三维姿态与方位等数据，被广泛应用于航模、无人机、机器人、机械云台、车辆船舶、地面及水下设备、虚拟现实、人体运动分析等需要自主测量三维姿态与方位的产品设备中。

电罗经又称陀螺罗经，能自动、连续地提供舰船的航向信号，并通过航向发送装置将航向信号传递到舰船需要航向信号的各个部位，从而满足舰船导航及武备系统的要求，是舰船必不可少的精密导航设备，被称为舰船的"眼睛"。

RGPS 是相对全球定位系统（Relative global positioning system）的简称，是一种利用两台 GPS 接收机，将某一特定时刻所接收的 GPS 信号中大部分相关度很高的共有 GPS 误差从相对导航解算结果中删除，从而得到更高精度的相对位置的计算方法。

(3)海上智能数据同步通信系统。

海上智能化数据同步通信系统主要负责将震源船上气枪系统放炮时产生的初至 FTB（First Time Break）信号实时传输到仪器船，由仪器辅助道采集并记录，作为后续解释组判断当前气枪放炮是否有效的依据。其主要性能主要包括低延时和高一致性两个方面：将 FTB 信号从枪控系统传输到仪器系统总时间不超过 1 毫秒；保持 FTB 信号传输过程中大小和相位的绝对一致。该系统以低延时、高一致性为仪器辅助道的数据记录、后期解释人员的解释处理工作提供了关键可靠的数据依据，在国内外多个海洋勘探项目中应用。

(4)海上智能声学定位系统。

海上智能声学定位系统是根据距离交汇的方法测量海底声学应答器的实际位置，从而为地震资料采集提供海底检波器、海底节点仪器在水下的位置信息，以保证海洋地震资料的采集质量。东方物探自主研发的海上智能声学定位系统，包括 GPS 接收机、主控机、应答器和编码器等，适用水深 200 米以内，最大探测距离 500 米，已成功应用于国内外多个海上石油勘探项目，并取得了显著的应用效果。

(5)智能导航数据处理软件。

东方物探自主研发的智能导航数据处理软件 GeoSNAP-OBSOffice 是一款适用于海洋地震勘探的导航数据综合处理软件，支持海上二维、三维、四维地震勘探类型，支持 OBN/OBC 勘探作业模式，支持常见的地震采集标准格式文件，能够处理潮汐数据、枪阵数据、声学定位数据、检波点数据、激发点数据，支持多船独立同步激发高效采集数据处理，能够输出地震勘探标准数据格式文件和 OBN 作业模式下 SIT/RIT 等导航与 QC 的接口文件等，同时具备坐标转换和 ITRF 参考框架转换等功能。该软件已在东方物探国内外所有 OBC 和 OBN 地震勘探项目中得到应用。

(6)海上智能化地理信息管理系统。

海洋节点地震勘探有着独特的施工特点，各个环节环环相扣，项目中使用的物探船舶少则七八条，多则 20 多条，管理者如何实时掌控生产情况及船舶动向，以辅助其进行生产决策至关重要。同时，随着海洋节点勘探向更广阔的海域推进，物探船舶如何识别暗礁、沉船等安全隐患已成为一个不可回避的问题。

海上智能化地理信息管理系统 GISNode 软件，实现了各种地理设施及障碍物的管理及可视化，拥有百万级物理点的加载及流畅显示能力，为海洋物探作业提供全面的地理信息。通过融合 Dolphin 系统和船舶自动识别系统 AIS 数据来监控整个船队的实时位置和各船舶的当前作业状态，针对船舶的不同状态及船舶的自身特性进行船舶与船舶、船舶与障碍物之间的智能预警，制定专属的预警范围及安全距离，保障独立同步震源高效采集技术（ISS）高效采集，提前规避风险点，为采集质量控制和 HSE 管理，提供安全可靠的技术保障。该软件的自动释放器标记功能，帮助节点船准确快速地找到自动释放器位置，为节点回收提供位置信息，大大提高了节点回收效率。

（7）智能化船舶监控管理系统。

为了合理规避大型轮船碰撞和触礁事故东方物探自主研发了智能化船舶监控管理系统。该系统将海上勘探生产过程中的相关船舶位置信息、安全信息和生产信息，利用数字化手段进行采集、传递、存储、分享和利用，实现了用数据驱动地震队安全、高效、科学生产的组织模式，用户可及时获得生产一线信息并进行生产指挥。该系统还提供船舶智能预警和障碍物智能预警功能，保障施工航行安全。

三 陆上采集业务智能化应用

1. 采集装备智能化升级

东方物探通过 eSeis 节点仪器上云，配套了仪器 QC 平台和远程技术支持系统，实现对全球最大规模的 21 万道 eSeis 节点仪的动态采集、远程高效质控，保障节点施工质量和安全。

1）QCServer 处理 eSeis 仪器 QC 的平台

QCServer 是一个处理 eSeis 仪器 QC 的平台，采用 B/S 模式。平台借鉴了开源的项目 RuoYi，采用现阶段主流的 springboot 生态，使得平台的开发和使用更加简单（平台部署于腾讯云服务器上，服务器配置为 1 核 2GB 内存 40GB 硬盘，服务器配置较低不能承受较大并发，所以多人同时使用存在响应慢的情况）。

首先平台对 QC 数据管理，在 QC 处理过程中参与计算的基础数据。QC 是管理每日 QC 成果，可直接在安卓 APP 上上传至服务器；SPS 为当日 QC 回收任务，在平台上传；空道管理是管理项目空道，空道将不计入未回收统计；手部管理是核实未上传成果。

其次是平台对系统的管理，此部分除系统通知外的其他功能和其他管理平台类似用于管理用户和分配用户权限，这里系统通知项为设置系统 QC 自动处理的设置。

2）地震仪器远程技术支持系统

该系统的功能主要是对仪器故障的快速诊断、排除等技术问题的快速解决。该系统采用远程屏幕获取、远程操控技术、数据压缩传输技术、隧道安全通信技术，可使技术支持人员借助网络，远程操作或者语音指导来解决生产中遇到的技术难题。通过远程关键生产因素和实施生产状态的检查，及时发现仪器生产过程中的质量隐患。利用远程网络优化闲置仪器硬件资源配置，构建功能较为全面的培训环境，提高仪器操作人员培训效果。

目前地震仪器远程技术支持系统已实现国内项目全覆盖，并在海上 PROSPECTOR、EXPLORER 勘探船、科威特 KOC 项目推广应用。2019 年初与东方物理生产指挥中心实现对接。同年底，该系统根据生产需求新增加远程语音视频通信和仪器舱外环境监控模块，技术支持人员通过该系统实现与现场操作人员面对面交流、远程系统接管操控等工作。

2. 采集设计智能化升级

近年来，地震勘探可控震源高效采集技术广泛应用，采集数据的数量级呈指数倍增长；在企业降本增效的大背景下，通过数字与智能技术手段助力地震采集作业实现效益与成本比最大化，并在提高采集作业工作效率方面取得显著成效。

通过深入分析环境因素对现场施工的影响，开展适应不同地表条件的地震采集工程实施模拟技术研究，在物理点预设计、激发参数自动设计、高效作业仿真模拟、物理点手机导航、采集实时监控、井炮源驱动智能激发、资料智能评价、质控远程支持等方面实现了数字化、智能化，大幅度提高复杂区的施工作业效率，降低了安全风险，有效增强了对各种采集风险的抵抗能力。

1）地震采集工程实施模拟技术

可控震源高效采集技术在我国西部地区大规模推广应用，地震资料品质和采集效率得到大幅度提高。但是在我国东部地区应用可控震源技术，存在城区、村镇、养殖区等复杂地表区，施工环境复杂，障碍物众多，炮检点布设困难，高效采集实施难度大，效率提升空间小。针对复杂区的地震采集实施难题，开展了针对性的技术研究，形成一套大型复杂区地震采集工程设计技术，并在生产项目中应用，解决复杂地表区高效地震采集的瓶颈问题，为安全、优质、高效完成复杂区地震采集项目打下坚实基础。

（1）复杂地表区高效采集作业难点。

地震勘探施工作业过程中，会遇到各种影响勘探采集的地物，例如居民区、工厂设施、道路、各种管线、水利设施等，这些影响物探采集施工的障碍物有时非常密集，造成物理点布设困难。对禁止施工区域，激发点布设应与障碍物应保持足够安全距离，还需要满足地震资料覆盖次数要求，避免造成局部区域地震资料空白区，以保障获取障碍区深层地震资料，在地表复杂区域如何精准进行观测系统设计是物探采集必须面对的难题。

（2）地震采集工程实施模拟技术内涵。

针对上述挑战，必须在设计、测量、激发、资源配置等各个工序上进行升级与完善：

① 室内点位设计必须综合考虑均匀分布与效率优先原则；

② 野外复测必须符合安全标准与快速评价要求；

③ 可控震源全地形、全天候快速通行；

④ 设备投入与生产效率达到最优配比。

针对水网、城镇、农田等复杂地表地震观测设计和实施难题，东方物探通过综合利用 GIS 技术、互联网通信技术、移动平台开发技术、数学建模等技术，研发了地震采集工程实施模拟技术，实现了地震采集施工设计全数字化。

（3）应用效果。

地震采集工程实施模拟技术将地震勘探作业过程视为系统工程，包括基于观测系统属性均匀的物理点预设计技术、基于建筑物损害监测系统对质点峰值速度（PPV）的激发参数设计、高精度手机定位与导航、高效采集作业仿真模拟等4项关键技术，各个工序层层相扣，各个工种紧密配合，生产组织迭代优化，在技术指标上完全满足作业要求。通过地震采集工程实施模拟技术的应用，使物理点位预设计符合率从82%提升至93%，空点率降低至0，施工效率提升17%以上，证明该技术在提高点位精度、减少人工劳动强度、提高施工效率方面具有明显优势。

2）基于观测系统属性均匀的物理点智能设计技术

基于观测系统属性均匀的物理点智能预设计技术对地表复杂区炮检点布设位置选择、合理改变观测系统及提高现场施工效率具有重要指导意义。按照"避高就低、避陡就缓"原则，根据不同的地表类型采用灵活的炮点偏移方法，最大限度保持偏移距的均匀分布，同时兼顾施工效率。根据面元属性信息的缺失情况，反向设计炮点位置。反向设计炮点有效降低了加密炮点的冗余量，最大限度地控制了加炮率。

> **小贴士**
>
> 物理点预设计技术：利用相关资料，根据设计要求，综合考虑炮点、检波点及特殊地区的变观方案等因素，在室内进行设计并模拟论证其有关属性，最终达到指导野外现场快速、合理施工的目的。

（1）障碍物安全距离。

当勘探区存在障碍物时，需要根据障碍物的属性设定安全距离。为保证井炮的施工安全，井炮激发点的位置与人员或其他应保护对象之间必须保持最短的间隔长度。爆破有害效应随距离的增加有规律地衰减，一般会使用距离作为安全尺度，将炮点的位置选在爆破有害效应允许的限度之内。

根据地物种类的不同属性，对点、线、面状的障碍物分别计算其安全距离。例如，机井、坟地等点状障碍物的安全区域是以点状地物自身为圆心，点状障碍物属性确定的安全距离为半径的圆形区域。

（2）地物智能识别。

地表影像地物检测技术实现了基于轮廓跟踪的快速矢量化提取技术的有形化，采用基于高精度低空航拍及地面、地下信息的"人工+自动"障碍物轮廓追踪识别技术，识别率由原来的60%～70%提升到90%以上，信息提取效率提升约3倍。由于国家地理信息公共服务平台的栅格图等有明显色彩标识，地表物体经颜色编辑后具有很强的对比度，因此可直接使用轮廓追踪算法提取地表障碍物，连接点坐标 P_0 到 P_n 形成一个闭环多边形即为障碍物边界。

（3）电子围栏设计。

通过测区高分辨率数字高程模型（DEM），计算坡度、起伏度，形成四级风险分级图（安全区、低风险作业区、中风险作业区、高风险作业区），分别输出各区域矢量数据，形成地形风险电子围栏。将障碍物的安全区和地物风险电子围栏合并处理，电子围栏区内禁止作业，整体判定激发点的禁止作业区，以便进行物理点智能避障设计。采用电子围栏快速缓冲合并技术形成电子围栏，实现了安全激发距离分层自定义、内外障碍一笔画和"二值法"缓冲区快速合并，不仅突破了以往内环障碍定井的技术瓶颈，也将合并效率较商业软件提升了至少5倍。

> **小贴士**
>
> 地物电子围栏：将矢量化后的各种障碍数据（含平面图件、地下实测管路等）综合汇总，在地震采集系统软件上按照不同类别设置安全距离，安全距离要求参照国家标准、行业规范和地方政府主管部门的有关规定实施形成的区域。

（4）炮点自动避障。

常规障碍区内炮点自动避障后，出现炮点点位连续性变差、有效激发点减少的问题。按照"波场连续性采样"原则，为最大限度保证面元属性均匀，对偏移距离和间隔进行优化，得到的最优参数为整线距移动炮点，面元属性均匀性明显提高。

（5）检波点偏移。

山体高大起伏剧烈地区，需要对精确的接收点进行设计，以保证施工效率与安全。检波点偏移与炮点偏移相比具有一定的特殊性，需要考虑接收点的连续性。

（6）应用效果。

基于"地物＋地形"障碍进行炮点的逐点偏移设计，并采用"反射面元连续采样"原则为激发点优化设计服务。利用最短路径偏移方法，避障后大多数点都偏移出电子围栏区，对于在偏移规则内不能偏移出的炮点进行删除处理，最终偏移出的物理点效果是保持炮点不会落在同一面元内。同时，在主测线方向按接收线的整数倍移动炮点，最大限度保持面元反射点均匀分布，提高覆盖次数的均匀性。

以四川盆地某区三维地震勘探为例，应用基于观测系统属性均匀的物理点智能设计技术使得设计总耗时降低50%，质量和效率满足了施工预设计的要求，设计的瓶颈问题得到了解决；通过障碍物综合识别技术，障碍物识别率从原来的60%提升到91%以上；通过多线程、分层缓冲、极速合并技术，2000平方千米的电子围栏计算由以往的15天改进为5天；通过反射面元连续采样偏移技术，室内预设计与实测符合率由43%的提升至71%。根据设计成果实现采集前正点率、覆盖次数均匀度的预估分析和采集中炮点的有效质控。

通过智能设计技术生成的炮检点新位置图、各类风险电子围栏图、各类障碍电子围栏图等，可用于实际的多属性电子沙盘推演，在室内就精确复盘野外风险和障碍，并在此基础上完成物理点位置设计，结果精确且应用快捷，减少了大面积野外实地踏勘，应用前景广阔。

3）基于 PPV 测试的激发因素定量设计技术

在城区、乡镇、厂矿，尤其是人口密度较大、经济发达的东部区域进行地震勘探施工时，激发的能量会对周围建筑物、地面以下的管线等设施造成损坏。为了保证地面设施的安全，必须制定出合理的震源出力幅值与建筑物等设施的偏移距离。因此，进行震源施工时，就需要按照震源的出力幅值，使用专业的震动测试设备进行测试，按照获得的震动测试数据，确定安全的施工偏移距离，如图 3-1-23 所示。

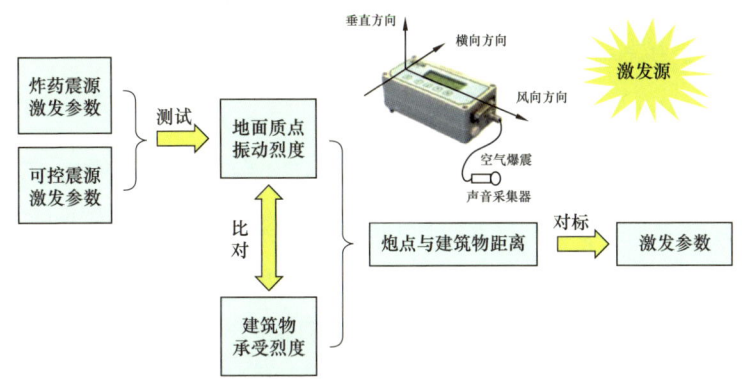

图 3-1-23　基于 PPV 测试的激发参数设计

质点峰值速度测试是为了测量震源激发时距离激发点在不同距离下地面的振动能量，从而确定激发炮点与周围建筑物之间的距离。根据国家建筑抗震标准，调查核实工区内建筑物的抗震设防烈度；根据峰值速度分布图，结合建筑物振动安全烈度平面图；通过选取典型地表条件，结合激发参数表，制定炸药震源、可控震源不同激发参数的 PPV 测试方案；炸药震源、可控震源不同激发参数的 PPV 测试，为激发参数设计、安全生产提供了基础数据。

基于 PPV 测试的激发因素定量设计技术，使得地震勘探在障碍物密集区域施工成为可能，并为炮点的精准预设计提供了直接依据。

（1）建筑抗震设计规范调查。

调查工区各类建筑物及地面设施的承受烈度，并建立相应的平面数据库；根据 GB 50011—2010《建筑抗震设计规范》，探区所在位置建筑物的抗震设防烈度为 6~8 度。东部城区建筑物的抗震设防烈度为 6~8 度，但考虑到市民的法律意识强，维稳压力大，地震采集引起的地震烈度不宜超过为 5 度。

（2）PPV 测试数据分析。

将 PPV 测试数据库的相关震动参数转换成与建筑物承受震动幅度相对应的烈

度数据库，将二者进行分级对应，建立可控震源扫描参数与建筑物承受烈度对应关系数据库和表格。

（3）激发参数设计。

根据建筑物振动安全烈度平面图、可控震源扫描参数烈度数据库，结合数字化地表信息数据库，设计和生产障碍物区域的每一个炮点的激发参数（震源台数、扫描时长、频率范围、驱动幅度、扫描方式等）。

（4）应用效果。

东部某工区震源炮共计 4514 炮，其中 3~4 台震源施工的为 4084 炮，占 90.5%，2 台震源施工的为 337 炮，1 台震源施工的为 93 炮，设计井炮 53221 炮。

PPV 测试在冀中某探区三维地震采集项目的应用表明，工农关系复杂地区勘探，PPV 测试在融合油地关系和甲乙方关系方面是一种有效的工程技术手段。根据 PPV 测试结果，合理进行激发点的偏移和合理设计激发参数，既考虑到物理点的合理布设，又权衡激发能量可能对周边建筑物的影响减少工农纠纷。

3. 采集技术智能化升级

1）高精度物理点位偏移技术

（1）基于手机导航的炮点快速检核系统。

预设计中如何提高实际炮点和理论点位的符合率，是提升施工效率、提高数据质量的重要影响因素。基于手机导航的炮点快速检核系统具备"手机定位、轨迹导航、现场偏点、在线回传、实时论证"等五大功能，实现了对野外炮点的现场快速检核，最终得到实际的更加精确合理的观测系统设计方案。

整套系统分为采集工程软件、手机 APP、数据管理服务器及第三方软件四个部分，各部分之间彼此相互独立，通过互联网 HTTP、JSON 协议进行通信。

（2）子系统分析设计。

采集方案预设计子系统基于 KLSeis 地震采集方法设计软件平台开发，能够实现复杂地区的多模板观测系统布设、观测系统量化分析及三维可视化综合分析，能够很好地协助用户完成采集方案的预设计。

提供炮点检核、观测系统参数属性分析（覆盖次数、方位角）、轨迹分析三大功能，使之能够实时接收现场手机 APP 传回的待偏移点位置及移动轨迹信息，进行观测系统属性分析，得到属性分布变化及该点位的可偏移范围、安全范围等信息，并传回手机 APP，使一线施工人员据此确认新偏移点。

（3）应用效果。

应用手机复杂障碍区实时布点 APP 提供导航、点偏移功能，系统根据用户登录名将该用户所在项目信息（国家、地区、项目名称、工区坐标）、地图、全工区炮检点/线号及当日任务发送至移动端进行显示，使用户获取个人任务，并将位置定位至工区范围内。用户可在工区地图上任意选点，实现导航功能，根据理论炮点进行踏勘布设。该功能实现了亚米级坐标定位，能够高效快速导航导点，实时进行信息反馈，极大缩短了班组间的响应时间，大幅度提高作业效率，完成现场炮点快速定位检核。

对于遇到障碍物、水域等不能正常布设需要偏移的点，用户在地图上选择待偏移点后，APP 将该位置坐标信息发送至系统，通过采集工程软件实时进行 PPV 计算，得到该点的安全范围、可偏移范围、观测系统约束条件等信息，用户在约束范围内选择新偏移点，实现点偏移功能。

2）可控震源高效作业仿真技术

可控震源施工模拟是在理解野外可控震源施工与仪器通信作业原理的基础上，建立数学模型，模拟地震仪器对多组震源的激发管理，通过地震仪器按照一定的时序规则对每个震源组的激发来模拟现场作业。虽然采集效率不断提高，但提速增效的空间仍然存在，需要通过各种参数模拟准确预测生产效率、精细分析制约施工效率的主要因素，通过采集效率动态分析找出生产组织和高效生产俱佳的作业模式，进一步降低采集成本，提高地震采集市场的竞争力，保持在陆上高效地震采集的领先优势。找到震源行进路线最优化方案，减少绕路时间，增加有效放炮时间，并推演不同资源配置下施工效率，最大限度提高设备利用率。

（1）可控震源高效采集施工技术。

可控震源高效采集具有兼顾单位面积内低勘探成本、高密度采集的优势，近年来已经成为国内外，尤其是中东、北非地区首选的陆上地震勘探方法。高效采集效率估算及项目的模拟运行对投标报价及后续的项目生产组织有着非常重要的意义。常见的高效采集施工方法包括交替扫描、滑动扫描、距离分离同步扫描 DS3、远距离同步滑动扫描 DS4、超高效混叠 UHP、独立同步扫描。

> **小贴士**
>
> 交替扫描技术：采用两组震源进行双源交替激发，即当一组可控震源激发时，另外一组可控震源可以向下一个振点搬家。
> 滑动扫描技术：采用多组可控震源实现无等待扫描激发工作，既一组震源在扫描过程尚未完全结束时，另外一组震源已经开始扫描了，由于激发频率不同，通过处理可以将各自的记录分离出来。
> 同时激发技术：当两台或多台震源或震源组之间的相关距离大于某个数值时，它们可以任意时刻起震，这个距离数值是由施工者所能容纳的单炮质量所决定的。

（2）可控震源作业仿真模拟方法。

通过计算机程序模拟野外可控震源高效采集工程施工全过程，主要包括模拟各类可控高效采集工程施工原理，如交替扫描技术、滑动扫描技术、动态滑动扫描技术、UHP 采集技术等，并通过模拟获取生产效率的估算。

为了更加直观地向用户展示和帮助用户利用该方法分析整个施工过程，各生产因素的变化给项目整体生产效率带来的影响。如改变震源台/组数、改变震源初始位置分布、改变震源施工路线、改变后勤保障资源耗时和调整人员施工安排时段等因素，结合已有资源，根据模拟程序模拟的结果，选择适合于具体地震项目的资源配置、施工组织方法等因素，帮助地震勘探采集项目达到降本增效的目的。高效采集施工模拟工作流程如图 3-1-24 所示。

（3）应用效果。

以京津地区腹地某工区为例，工区内城镇、路网、水网、作物等各种障碍区面积大、建筑物密集，占总施工面积的 48.9%，是渤海湾盆地地表最复杂的采集区域。采集 42L×4S×240R 正交观测系统，满覆盖施工面积 318 平方千米。

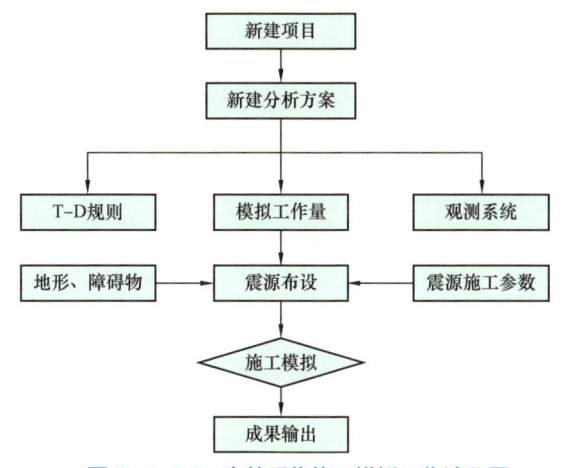

```
            ┌──────────┐
            │ 新建项目 │
            └─────┬────┘
                  │
            ┌─────▼──────┐
            │新建分析方案│
            └─────┬──────┘
      ┌───────────┼───────────┐
 ┌────▼───┐  ┌────▼────┐  ┌───▼────┐
 │ T-D规则│  │模拟工作量│  │观测系统│
 └────────┘  └─────────┘  └────────┘
┌──────────┐ ┌─────────┐ ┌────────────┐
│地形、障碍物├─►震源布设◄─┤震源施工参数│
└──────────┘ └────┬────┘ └────────────┘
                  │
              ┌───▼────┐
              │施工模拟│
              └───┬────┘
                  │
              ┌───▼────┐
              │成果输出│
              └────────┘
```

● 图 3-1-24 高效采集施工模拟工作流程图

> **小贴士**
>
> T-D 规则：描述可控震源组间的扫描时间间隔与组间距离变化的函数，直接影响采集资料品质和施工效率。

施工前期应用自动避障技术，对全区炮点进行了预设计。从野外实测结果来看，符合率由以往类似地区的 75% 提升到 92.2%，偏移距分布更加均匀合理。

测量环节全部采用高精度物理点位偏移技术，在机耕地、水浇地等测量标识被毁坏的地方，精确寻找点位，其精度可以达到厘米级；在布设排列和钻井时，因工农或地形原因需要偏移的点，及时测量坐标，确保点位坐标的准确性；对于无法施工的炮点，可将炮点偏移后的坐标实时回传，确保炮点偏移的合理性。

城区可控震源施工时，根据前期试验、PPV 测试结果及《中国地震烈度表》要求，结合激发点周边的建筑物实际情况，重点针对可控震源的台数、出力、起始频率进行逐点设计。并且，按照扫描参数及台次将每个炮点规定了相应的点代码，确保了安全、高效采集。

将作业工区划分为 10 块，按照"一笔画＋向右拐"的原则开展可控震源行走路线规划，尽可能减少震源调头、无效行走距离，提高施工效率。结合井炮源驱动技术、可控震源无桩号采集技术，最终采集日效较预期提高 5%～10%。

4. 采集质控智能化升级

目前，地震采集作业质控智能化技术在地震数据采集实时监控技术、山地地震采集资料智能评价技术、山地地震采集质控远程支持技术3个方面取得了显著进展。

1）地震数据采集实时监控技术

（1）功能及适用范围。

地震数据采集实时监控技术包括对地震采集数据各种属性的质控、可控震源工作状态属性的质控及其他各种属性质控结果的统计分析。该技术是结合高速网络传输、快速硬盘存储、多线程并行等技术研发的，适用于英洛瓦公司的G3i仪器和Scorpion仪器，Sercel公司的408和428仪器等常用有线仪器类型，能够对地震数据品质（能量、频率、信噪比等）、采集参数和噪音等属性进行实时分析与评价。在可控震源工作状态质控方面，能够对出力、相位、畸变等属性及T-D规则进行检查、状态码、停工时间的实时监控。

（2）应用效果。

地震数据采集实时监控技术可实现地震采集炮点偏移的自动化检测。炮点偏移分析主要用于炮检点位置关系的检测，依靠自动初至拾取功能，对当前炮进行自动拾取的实际初至与手动拾取的理论映射初至进行比较，从而判断炮点位置是否正确。分析时将实际拾取初至和多个模板初至进行比较，最终将吻合性最好的初至模板进行实际应用。

地震数据采集的实时质控，可采用多炮平均判别模式。在多炮平均判别模式情况下，可控震源和井炮震源只存储一套时窗，如进行重新拾取，自动保存最后拾取的时窗。在标准炮判别模式下，每一个标准炮都有自己一套时窗，当进行单炮分析时，采用哪一标准炮，同时也将这一标准炮的时窗进行了应用。

2）山地地震采集资料智能评价技术

（1）山地地震采集资料评价现状。

山地地震探区地表起伏剧烈、近地表结构复杂、出露岩性横向变化大、人文环境复杂，导致所获单炮资料面波、声波、外界干扰等噪声异常发育，单炮资料相似性差；同时，工区条件复杂，厂矿、河流、村庄星罗棋布，观测系统规则性差，关系错综复杂，检波点接收关系极易错误，人工极其难以快速确定。而川渝探区的地震资料质量分析评价仍然停留在人工评价阶段，消耗大量热敏纸回放地震记录，同时需要三四人整理并评价。随着山地地震勘探由常规向高密度、高精度发展，采集施工效率不断提高，传统的人工方法耗费大量的人力物力，且评价受主观人为因素影响大，不易及时发现生产中的质量问题，更难结合地震、地质及其他因素对单炮的品质进行快速、全面、客观地综合分析评价。为满足川渝地区山地地震资料软件三级评价生产需求，急需一套满足山地探区需要的单炮资料评价系统来完成对单炮资料噪声类别准确识别、炮检关系的快速检测，实现质量控制的数字化和智能化，及时指导下步采集生产，提高效率，降低成本。

（2）山地地震采集资料智能评价系统设计。

山地地震采集资料智能评价系统基于 KLSeis 软件系统进行多进程并行、多数据流设计，多线程智能调度发挥计算机最大性能，快速实现单炮数据的解析和质量分析与智能评价。同时支持千万级炮检点、吉字节（GB）级地震数据和地理信息系统图件的加载显示，具备多语种、跨平台特性。通过基于数据侧推送的单炮数据高效获取、多线程智能管理数据解析与属性统计、异常信息音视频报警实现对生产现场单炮资料的实时高效分析，通过炮属性参考库管理、基于 GIS 系统的炮属性空间展布、评价报告报表自动生成，实现资料的三级智能评价与远程实时质控。该系统易扩展，易升级，交互友好，具备傻瓜式操作体验。

（3）应用效果。

山地地震采集资料智能评价系统主要功能是对地震采集数据进行单炮质量分析和单炮智能评价，以及各种属性质控结果的综合分析，如图 3-1-25 所示。该系统适用于英洛瓦公司的 G3i 仪器和 Scorpion 仪器，Sercel 公司的 408XL 和 428XL 仪器等常用仪器类型，应用于对采集现场的进行快速详细的质量分析与评价，及时发现项目存在的资料质量问题，便于及时采取质量控制措施规避，减少质量问题。同时该系统也适用于 SEGY 格式的老资料再分析，了解老工区资料的总体情况，指导下一步采集设计优化。该系统在大数据量处理和高效运算方面具备较优秀的性能，具备连续分析上万炮的能力。

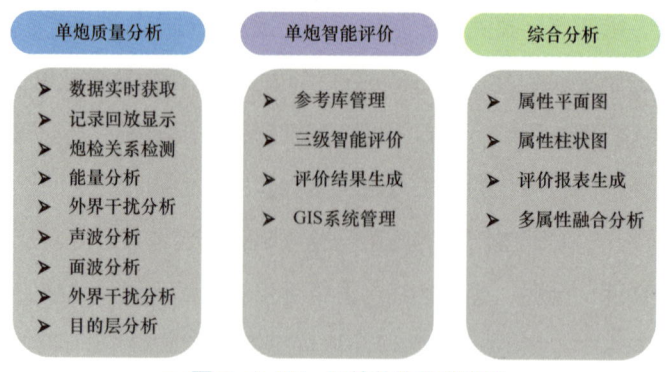

```
┌─单炮质量分析─┐  ┌─单炮智能评价─┐  ┌──综合分析──┐
│ ➤ 数据实时获取 │  │ ➤ 参考库管理   │  │ ➤ 属性平面图  │
│ ➤ 记录回放显示 │  │ ➤ 三级智能评价 │  │ ➤ 属性柱状图  │
│ ➤ 炮检关系检测 │  │ ➤ 评价结果生成 │  │ ➤ 评价报表生成│
│ ➤ 能量分析     │  │ ➤ GIS系统管理  │  │ ➤ 多属性融合分析│
│ ➤ 外界干扰分析 │  └────────────┘  └────────────┘
│ ➤ 声波分析     │
│ ➤ 面波分析     │
│ ➤ 外界干扰分析 │
│ ➤ 目的层分析   │
└────────────┘
```

● 图 3-1-25　系统总体功能结构

该系统通过对山地地震采集噪声的实时多域识别与定量分析，以及基于大数据加权统计的炮偏实时检查与自动定位技术，在行业内首次实现山地地震资料三级智能评价，转变了山地地震勘探单炮质量分析与控制的工作模式，为地震资料采集资料评价工作节省大量人力，使山地地震采集质量评价正式跨入数字化、智能化时代，方便了采集生产资料质量分析。

2018 年以来，软件系统共安装了 100 余套，在四川、塔里木等四大盆地 120 多个山地地震采集项目中大规模应用，有效地提升了采集地震资料质量和采集效率，降低了勘探采集成本，为野外地震资料质量控制与分析提供了利器，指导了采集干扰控制。

3）山地地震采集质控远程支持技术

（1）山地地震采集质控工作业务现状。

在山地地震采集施工中，传统的采集质控工作模式及资源使用方式逐渐暴露其局限性，面临以下的挑战。

山地地震采集施工以大数据和大运算量为基础，随着高精度复杂处理技术和高密度勘探的不断发展，对野外勘探设备的计算和存储能力提出了巨大的挑战。特别是随着节点仪装备在越来越多的采集项目中投入使用，大工区采集的原始数据单日采集量已达到太字节（TB）级规模，要求专业团队间协同运作，实现各项目间的数据共享，减少重复作业。而传统的现场处理单机模式已难以满足海量数据处理对计算、存储资源及时效性的需求。

山地地震采集现场处理面临着越来越多的复杂地质问题，对施工质量的动态管理要求也越来越高，但是目前缺乏一个统一的生产质控平台来有效开展多方协同。采集现场处理工作还是沿用单兵作战的模式，技术支持手段效率较低、同步工作困难。

在山地地震采集中引入云计算技术，构建山地地震采集质控远程支持系统，成为提升山地地震采集质量和时效的利器。该系统致力于实现物探计算资源的整合、分发和远程三维图形处理，充分利用互联网的优势，实现了山地地震采集质控工作方式的变革，解决山地地震采集质控工作所面临的计算资源和时效性不足的痛点。

（2）山地地震采集质控远程支持系统设计与构建。

山地地震采集质控远程支持系统由资源池、云门户管理平台和运维管理系统组成。用户通过云门户管理平台，向资源池申请所需的软件资源和计算资源，由平台建立网络连接为用户提供服务。运维管理系统支撑平台的日常运行，并提供资源下载、数据备份和日常报表统计等服务。

（3）应用效果。

该系统支持团队在统一的软件和数据场景中开展远程现场处理、观测系统的设计、试验参数分析、远程协同技术支持和培训等工作。不同地域的采集、处理和解释人员通过该系统不仅能够同步调显地震数据和处理、解释成果、开展同步汇报展示，而且能够通过虚拟的云桌面使得异地的技术人员之间可以随时实时共享资源，实现异地交互工作和汇报。该系统实现了山地地震采集生产信息的一体化融合，工作质量和效率得到有效提升，降低了工作成本。

山地地震采集质控远程支持系统目前已在四川盆地、塔里木盆地的多个二维和三维地震勘探项目中得到了全面推广应用。开展了基于"云端"的远程现场处理、观测系统设计论证、试验参数分析、多方联合攻关等工作，应用成效满足了采集生产的需要。采集项目借助于一体化的远程支持系统，通过使用桌面云技术，在"云端"调用丰富的高性能软硬件资源，低投入、高产出的完成全流程的采集质控工作。同时，在西南探区建立起远程双向支持的模式，实现了远程双向同步协同与专家远程支持，为山地地震采集项目的提质增效提供了坚实的保障。

实例一：开展基于远程支持系统的"云端"参数试验分析。

四川盆地某三维地震勘探项目现场，通过远程支持系统，在"云端"开展了采集参数试验分析工作，针对性强、实时性高，提升时效 3 倍以上，显著提升了参数试验的质量和效率。

实例二：开展基于远程支持系统的"云端"干扰源调查。

四川盆地某三维地震勘探项目现场，通过远程支持系统，在"云端"开展干扰源调查工作，实时性强、效率高，提升时效 5 倍以上。

实例三：开展基于远程支持系统的"云端"现场处理。

在四川盆地某三维地震勘探项目中，通过基于远程支持系统，在东方物探首次开展了"云端"远程现场处理，建立了三方联合的远程协同攻关模式，快速、有针对性地提出了处理技术解决方案，及时为后续的室内处理奠定了基础，工作时效提升 2 倍。

四、海上采集业务智能化应用

2019 年，东方物探中标全球最大的海上 OBN 项目，以 Dolphin 海上节点勘探综合导航系统为代表的海上智能化地震队系统在该项目进行推广应用，并在随后的国内外多个海洋 OBN 项目进行全面推广。主要实现了以下智能化应用。

（1）多船独立同步激发采集技术，通过引入随机数允许多个震源船间隔一定距离进行同步激发，大大提高了物探采集施工效率，缩短施工周期、节约生产成本。

（2）自组网无线通信技术基于 Mesh 网络通信技术，利用其多跳互连和网状拓扑特性，实现了物探船队船舶生产信息、状态信息等的实时获取，极大地提高了物探作业效率。

（3）震源导航数据智能质控技术，实时采集的多源导航数据由于受到海况、设备本身等因素，往往含有粗差信息，利用多种粗差智能剔除和修复技术，重新构建激发点质控模型，进而可获得更为准确合理的激发点位置信息，有效指导地震资料处理。

（4）智能转弯路径规划和自动舵控制技术，基于海里障碍物信息实现了转弯的自动设计，有效指导作业船只上线生产，通过发送控制指令给船舶自动舵系统，实现了生产过程中导航员进行船舶指挥和控制的智能管理功能。

（5）多船信息化管理技术，可提供地震勘探区域的地理信息内容，实时显示船舶位置，提高各船 HSE 管理，提升船舶间协同作业效率，根据船舶及工区内障碍物位置，实时调整作业方案，保证震源船激发时两两之间距离能够满足高效激发距离要求。

五 三级生产指挥与远程技术支持

为落实中国石油"数字化转型智能化发展"的新要求，东方物探顺在物探各业务环节中加快智能化技术融合应用的基础上，完善物探业务一体化协同管理体系，打造适合地球物理勘探全流程的一体化协同解决方案，建立统一、敏捷的全球一体化协同工作平台和物探行业数字生态等系统，助力提高企业的管理和运作水平。

东方物探于"十三五"末启动了面向"公司—物探处—地震队"三级生产管理的东方物探生产指挥中心建设，其主要目标建成全球三级远程作业指挥与技术支持中心，助力东方物探实现提质增效。本节将介绍东方物探生产指挥中心建设及其在三级远程作业指挥与技术支持中的初步应用成效。

1. 搭建生产指挥中心

"十三五"末，东方物探建成了以决策分析、经营管理、生产协调、作业监控为核心的生产管理信息技术体系，并在中国石油统建信息系统 A7、A12 物探生产作业管理子系统的基础上，搭建了统一的物探生产管理系统，逐步形成了日常办公、沟通管理、决策支持、生产调度、知识共享"五位一体"的信息化保障体系，较好地支持了采集项目全流程管理。

按照中国石油集团油田技术服务有限公司"四化"建设要求，东方物探有序推进"公司—物探处—地震队"三级生产管理模式和指挥中心建设，地震队级生产管理以智能化地震队为依托，为野外生产作业提供全过程的管控，物探处、公司级生产指挥中心实现市场、生产、经营、HSE等工作的全覆盖。通过三级生产指挥体系的建设，实现东方物探生产作业全流程信息化，确保提质增效方案的落地。

> **小贴士**
>
> "四化"建设，即标准化、专业化、机械化和信息化，是中国石油集团油田技术服务有限公司加快生产、管理、装备和队伍变革，提升服务保障能力和效率的重大举措。

1）总体架构

东方物探生产指挥中心建设是以东方物探各项生产技术数据分析为基础，不断优化生产管理流程和远程技术支持流程，实现全球范围内远程技术支持与协作，推进业务变革和扁平化管理，提高生产管理效益和专家支持效率。

数据采集是物探业务开展的基础。基于现场网络环境，一方面支持现场作业数据、成果资料、设备数据、人员数据、视频等数据的有序汇聚，另一方面满足现场综合应用与管理的需求，包括生产工序数据监测、项目进度与质量监控、专家远程支持、设备状态监控、激发作业管理、可控震源状态监控及分析等。物探现场设备管理及生产作业调度等功能由智能化地震队系统实现。

利用现场网络，对现场作业数据、成果数据、设备数据、人员位置、视频等动态数据进行加密传输，通过数据集成总线中的各项处理功能，分类汇聚到云端数据仓库中。对于实时数据，则采用数据挖掘或大数据分析等技术，经清洗、抽提与萃取，将有价值的数据沉淀到历史数据库，再由历史数据库转化与升华到成果数据库和知识数据库。基于该数据仓库，为物探生产管理系统中的项目管理、生产监测、专家支持、知识管理、决策支持和应急管理等系统的综合应用提供数据应用服务（图3-1-26）。

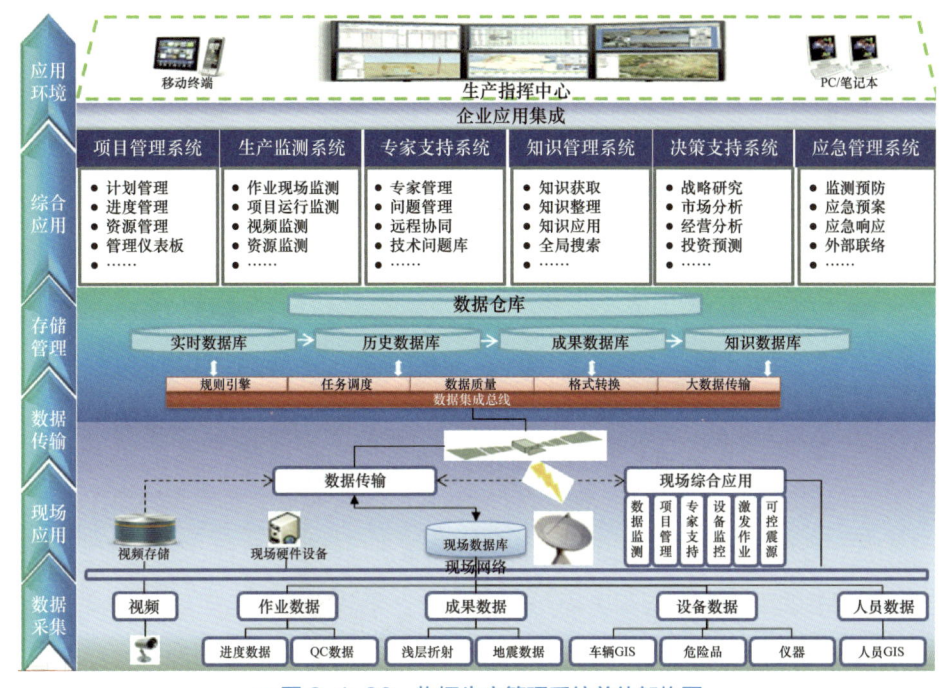

● 图3-1-26　物探生产管理系统总体架构图

生产指挥中心各项指标数据来源于物探生产管理系统，依托物探生产管理系统提供的生产数据分析与挖掘能力，为生产指挥和决策提供依据。位于生产指挥中心的远程专家，通过系统实现与现场人员的协同互动，保障远程支持的快速有效性。

2）系统建设目标

如图3-1-27所示，三级生产指挥中心在梦想云平台统一标准规范下，以物探区域数据湖为基础，以物探生产管理系统为核心，建成以生产指挥、智能决策、全球协同三类应用为支撑的全球生产作业指挥与技术支持中心。

三级生产指挥中心之间无缝连接，主题定位和侧重点不同，但界面布局与操作风格等与公司生产指挥中心保持一致。地震队生产指挥中心主要侧重于项目现场管理、应急指挥，物探处生产指挥中心侧重于项目群管理、生产调度、专家支持、

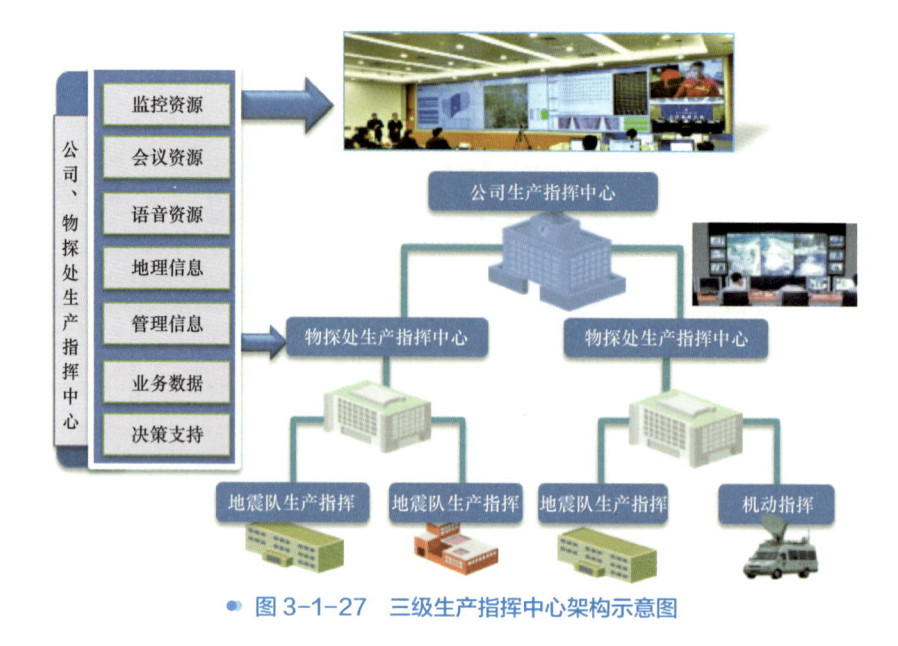

图 3-1-27　三级生产指挥中心架构示意图

应急指挥、数据分析，而公司生产指挥中心侧重于项目组合管理、生产调度、专家支持、应急指挥、数据分析和决策支持。

目前，公司生产指挥中心已经初步建成，并实现了与中国石油工程作业智能支持系统（EISS）的对接。对外交流与沟通工作是生产指挥中心的一项重要工作，生产指挥中心已经成为东方物探展示综合实力的窗口单位，2019年至今多次完成高层领导的检查与指导工作，参观领导对东方物探的先进技术和管理水平做了出了高度评价，体现了生产指挥中心的"特殊"作用，起到了搭建东方物探对外交流与沟通的桥梁作用。

2. 三级远程作业指挥与技术支持高效协同

借助梦想云平台和数据湖，以及东方物探地震采集实施三级生产指挥中心线上协同作业，建立了生产作业指挥与技术支持新模式，实现了高效协同。

1）实现了项目运作精细化

东方物探是典型的项目型组织，项目的运作成功与否直接影响着公司的发展。通过生产指挥中心中的项目管理功能支持东方物探对项目的集群管控和整个生产状况的全面把控。

在项目管理中，通过监控生产、质量、HSE 的状态，可以及时掌握地震队项目运行状态，当实际生产与原计划进度出现偏差时，则以红、黄两种警示标示予以提示；通过地图功能可以总览东方物探当前所有的国内外项目分布与概况。另外在运行的项目上可以进行挖掘，查看项目的详细情况，即项目概况、项目资源、健康状态、生产日报、生产进度、现场剖面等。

2）实现了资源整合一体化

数据对企业未来的发展具有举足轻重的作用，"三分技术，七分数据""得数据者得天下"表达的就是这个道理。生产指挥中心经过多年的运行积累了丰富的数据，这些数据资源有效利用，是留给大家不断研究的课题。

将市场、经营、生产、设备、人力、物资、HSE 等信息从数据库中整理、抽取分析，以直方图、饼图等形式直观地反映各业务层面的发展和变化，并对业务状态有更深入的了解，以及与往年的纵向、横向信息对比，可以日、周、月等粒度进行统计汇总报告，使管理者能够有效地掌控关键信息的变化，为管理决策层提供可靠的数据依据。

针对 HSE 风险预警，结合项目运行工区地理位置、施工时间等因素，开发了 HSE 风险预警及应急信息管理模块，能够有效地解决自然灾害及突发应急事件问题；为了保证风险预警里数据的真实有效，减少对于此类数据收集所消耗的人力和时间，采用了国家预警信息发布中心的实时数据。该数据与项目管理分布图进行融合，当有预警发布时，即可在第一时间得到报警提示，相关管理人员可根据详细信息做出与之应对的处理措施。

该模块自正式投入使用后仅半年，就监控了国内 27 个项目，预警信息推送 263 次。从公司到地震队的负责人和安全管理人员都能快速清楚地得知项目工区的自然灾害情况。

通过 HSE 风险预警功能，加强了东方物探整体对天气及自然灾害发生时的管控能力，同时也增强了遇到自然灾害时的应急处置速度，对即将发生的自然灾害可以做到早了解、早预防，对项目安全施工提供了保障。

通过短信推送，重点的生产信息数据可以通过手机短信和 APP 及时推送给相关领导及负责人，针对不同人群、不同权限及显示风格喜好，生产信息由系统自动推送，保证了重要生产信息不遗漏，生产问题及时了解和解决。

3）实现了生产监控与技术支持远程化

网络畅通是远程监控及支持的基础保证，对于工区施工区域网络条件比较好的可以利用公网；卫星传输系统对环境适应能力强，可不受地形和传输距离限制，对于偏远、海洋等网络信号弱的地方可以采用卫星线路。基于互联网、卫星线路等网络链路可以实现物探生产远程监控、生产调度、应急指挥与技术支持等功能，拉近了一线与后方的距离，快速有效地解决现场问题。

野外现场施工的生产指挥中心在仪器车部分，利用网络快速实现仪器车现场与后方公司生产指挥中心的联系，使后方专家就如同置身于野外一线现场，可有效解决现场出现的问题，使得领导与技术专家实现"运筹帷幄之中，决胜千里之外"，从而支持东方物探全球项目的运行，如图 3-1-28 所示。

● 图 3-1-28 野外仪器放炮监控示意图

通过仪器车中安装的地震资料实时监控与质控系统 RtQC，能够对野外采集原始单炮进行实时质量监控，如图 3-1-29 所示，中间是刚放完的原始单炮记录，右边是属性监控（能量、噪声、信噪比、异常道等关键指标），一旦出现问题，属性监控会以不同的颜色进行报警，操作员可以根据需要及时通知野外操作人员进行补炮等工作，避免了事后补炮和不合格品记录的产生，确保了每一炮的采集质量。

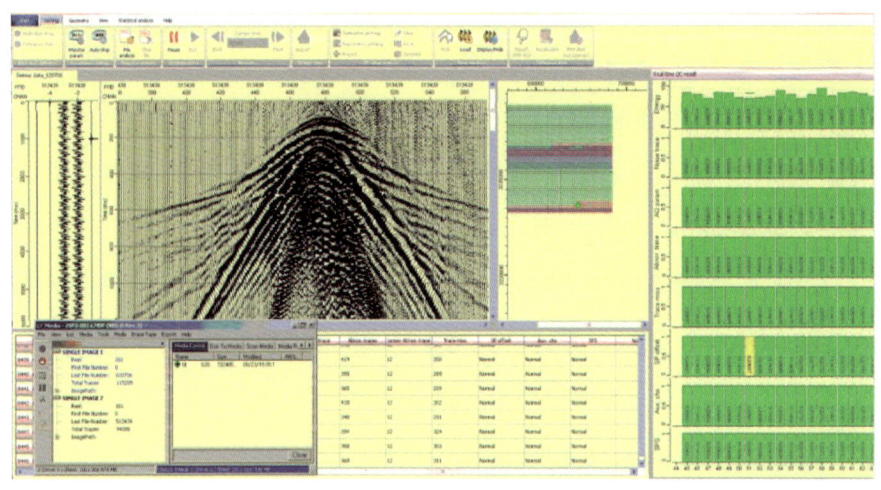

图 3-1-29　地震资料实时监控示意图

4）实现了生产指挥调度的智能化

东方物探对陆上采集作业现场的指挥与管理是通过智能化地震队生产指挥中心进行的。陆上智能化地震队系统是公司三级生产管理指挥体系在采集作业各工序终端源头数据的汇聚中心与共享中心。

通过智能化地震队系统的建设，将人工智能技术因儒道野外每个生产项目的各个工序，做到了实时精准掌控，例如可以直观展示野外实际打井的质量控制情况，进一步了解每一口井是否符合井深要求，实现了项目的"五省"（省人、省心、省力、省时、省钱）目标，实现精细化管理需求。

东方物探海洋勘探的重点和难点问题就是勘探船只的管理。这主要是通过海洋物探船队实时监控系统（VTS），生产指挥中心可以远程实时监控跟踪船只状况，从而有效地控制和监控生产；系统提供的船舶预警和障碍物预警功能，可以有效保障施工航行安全。甲方石油公司总部生产中心通过安装该系统，能够实时了解前线生产动态，实现了甲乙方的信息互通与共享。

5）实现了远程沟通与交流可视化

视频沟通与交流主要是基于中油易连视频系统。该系统是依托云计算、互联网及智能硬件技术的云平台服务系统，拥有先进的声音处理技术，提供了较好的音质还原和声音连续性；通过优化视频编码参数为用户提供最佳的体验，可同时支持多方高清视频会议并发，针对国内外服务节点间连接过程中容易丢包的问题，采用了冗余纠错和重传结合的方法，确保了跨区域的网络连接稳定可靠。生产指挥中心配置的中油易连会议系统主要是基于ME90（大鱼）、ME40（中鱼）和NE（小鱼）三种配套硬件，能够实现远程多方视频会议、异地协同工作、远程教学与培训、应急指挥与调度等功能。

第二节　处理解释业务数字化转型取得成果

一、地震处理解释业务云

2018年，东方物探启动了地震处理解释业务云解决方案研究工作。到目前为止，已建成了面向地震处理解释业务的高性能计算示范云，通过梦想云协同研究工作环境在东方物探的落地，以及通过梦想云与东方物探GeoEast-iEco软件云的融合，推动地震处理解释业务云的建设与应用，取得了初步应用效果。

1. 高性能计算云架构

高性能计算云主要采用了超融合架构和横向架构。超融合架构的原理是将计算、存储、网络及其统一管理放在一个盒子里，通过一体化的设计、集成与优化，消除系统瓶颈，实现更好的整体系统效能。该架构主要应用于高性能数据分析、数据库整合、云计算资源池平台、一体化数据中心等应用场景。超融合架构可以比作航母，是一个超强的整体优势作战平台。横向架构，通常对单台服务器性能要求不高，主要通过更多的服务器协同完成任务。这种架构具有高性能、低成本、高密度、节能低碳和集群管理等特点，通常应用于超大规模数据中心、大数据分析、公有云、Web应用集群等业务场景。横向架构可以比作一个轻型的快艇集群，通过群狼战术实现整体的作战效能。

目前，东方物探研究院高性能计算中心已建成处理示范云（大于512节点、10PB存储）、解释示范云（超过30台服务器），在东方物探内部实现了一定程度的资源共享，使得库尔勒、长庆、华北、敦煌等靠前单位能够部分共享东方物探本部强大的计算资源。基于东方物探智能处理解释业务高性能计算云构建的处理解释业务工作平台（图3-2-1），利用了数据湖、云计算、人工智能等新兴信息技术，优化再造了处理解释业务流程，提高了软硬件资源利用和生产效率，增强了项目全过程协同与管控能力，为前后方、甲乙方和处理解释一体化提供技术保障。

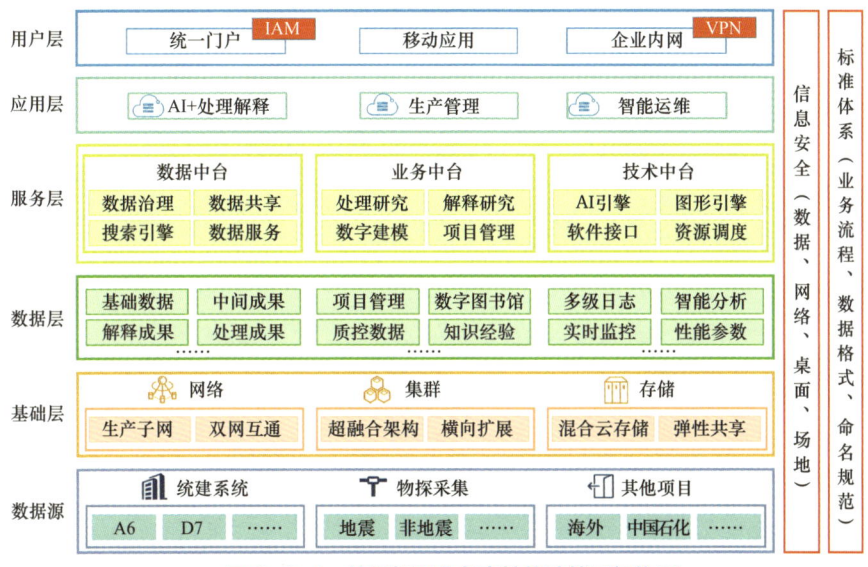

● 图 3-2-1 处理解释业务高性能计算云架构图

通过建立以项目为主线的项目在线工作室（图3-2-2），分专业建立协同研究虚拟环境，实现了研究人员与项目、岗位、数据（含各种成果）、专业软件、常用工具的有机融合。

2. 高性能计算云应用场景

首先，基于协同研究工作环境，项目研究所需的数据可通过数据湖选取、项目数据关联、本地上传等多种方式进行数据组织（全自动、半自动、手工），并可提供自动成图、在线统计、报告生成、成果归档等功能，支撑在线开展协同研究工作。按照井位部署流程构建井位论证的应用环境，支持地质图形导航、多图联

● 图 3-2-2　处理解释项目工作环境实现效果图

动、图表联动、井筒可视化展示等多种井位部署论证辅助功能。此外，支持将单井钻井、录井、测井、试井、分析化验数据进行集成可视化展示，在满足用户信息查询的同时，也为研究人员快速开展单井分析提供方便，为高效决策提供依据（图 3-2-3）。

● 图 3-2-3　处理解释数据共享与协同应用实现效果图

其次，东方物探各单位处理解释用户通过智能处理解释业务高性能计算云，基于梦想云与 GeoEast-iEco 软件云的融合（图 3-2-4），实现逻辑上一朵云，用户无感式跨单位、跨地域、多探区协同研究与工作、决策支持与实时共享，拓展分布式高性能计算服务。处理解释智能云应用场景如图 3-2-5 所示。

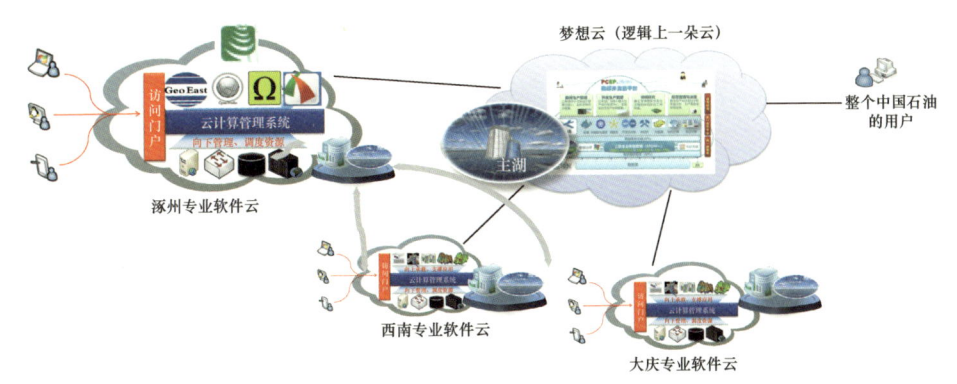

● 图 3-2-4　基于梦想云与 GeoEast-iEco 软件云的融合式部署架构图

● 图 3-2-5　处理解释智能云应用场景示意图

3. 高性能计算云应用效果

基于物探软件自主可控发展需求，借鉴国内外最新的平台化建设与生态化发展理念，东方物探自主研发了 GeoEast 全新一代多学科一体化开放式软件平台 GeoEast-iEco，具有多学科协同、云模式共享、多层次开放能力，可有效管理 PB 级海量数据，支持大规模并行计算，不仅提供对高性能云计算中心各类软硬件资源的集中管理、统一调度，还提供了数据集中、应用集成和资源共享能力，可以满足物探专业软件研发、运营与应用的需求，助力地球科学领域多学科一体化软件生态（图3-2-6）构建，成为梦想云生态的重要补充。

● 图 3-2-6 GeoEast-iEco 助力多学科一体化软件生态构建

GeoEast-iEco 软件云计算管理主要功能包括：

（1）资源管理与监控，支持 2000 节点以上超大规模、一键式应用部署，异构资源自动发现，批量化配置，秒级监控、自动化运维、故障报警，存储配额和性能监控。

（2）软件管理，支持软件云化管理（包括 GeoEast 和第三方软件）和虚拟桌面，支持 Linux、Windows 多种平台，可处理用户、软件和资源间复杂的分配关系。

（3）用户管理，支持用户自动发现，按部门、用户组管理和角色权限管理。

（4）远程可视化，支持任意终端、随时随地接入，完美支持三维应用；支持单双屏、会话场景保存，自动负载均衡、用户隔离和多用户协作。

（5）批量作业调度，支持基于用户、部门和项目组的配额管理，弹性调度，IO 过载保护；支持第三方软件接口访问和多应用共享资源。

（6）统计分析，支持服务器、集群负载和存储历史统计和对用户、设备、应用连接统计，以及对作业、机时和存储的消耗统计。

（7）数据管理，支持对私有及公用数据的上传和下载管理。

此外，iEco 具有高扩展、高容错能力，支持丰富的并行算法模式，表达能力强、性能高、弹性可伸缩，能够显著降低并行算法的实现难度。

通过与梦想云的无缝集成，支持构建了"多云－多中心"架构和多学科全流程工作环境，服务于油田内外部用户，提升了专业人员工作效率，降低了采购与运营成本，方便用户使用，增强了业务连续性，实现了处理解释、前后方、甲乙方的一体化。

二 GeoEast 云化升级

随着勘探开发梦想云发布，完成了 GeoEast-iEco 软件云与梦想云的集成与融合，充分发挥 GeoEast-iEco 在专业软件云管理方面的能力，同时，在梦想云端实现了对 GeoEast-iEco 数据的归档和推送，支撑 GeoEast 与其他专业软件的协同工作；通过 GeoEast-iEco 软件云与梦想云的结合（图 3-2-7），支持构建面向未来的专业云服务和协同研究能力，为用户提供更便捷、更灵活、更开放、更智能的专业分析多场景支撑。

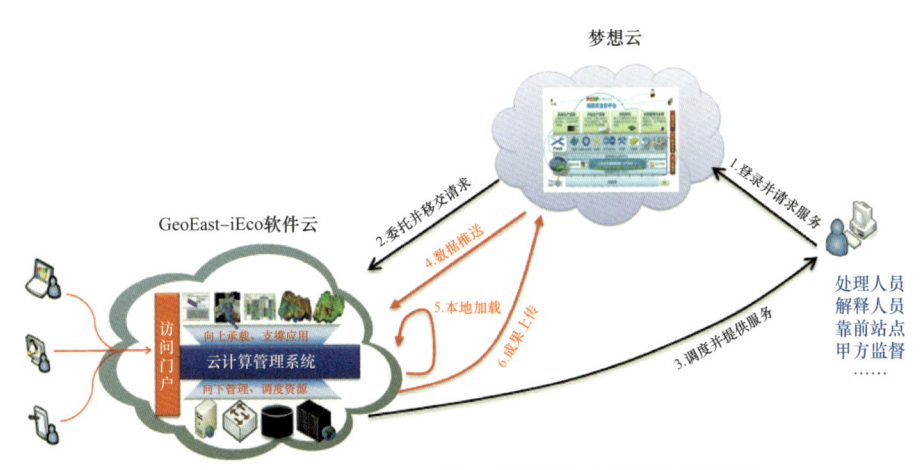

● 图 3-2-7　GeoEast-iEco 软件云与梦想云融合示意图

1. GeoEast 处理技术

GeoEast 地震数据处理解释一体化软件系统形成了高效采集配套、静校正技术、叠前去噪技术、高分辨率及宽频处理技术、速度建模技术、叠前偏移技术、海洋拖缆处理技术、OBN 处理技术、OVT（Offset Vector Tile）技术、Q 技术、多波处理技术、VSP 处理技术等 12 大技术系列，在噪声压制、叠前成像、多波多分量处理等领域独具特色，可以提供复杂地表 / 复杂构造、低信噪比地震资料从预处理到 TTI 深度域成像的全流程解决方案，具备 PB 级海量数据的高效管理和上千节点大型集群的资源调度能力。系统运行稳定、操作便捷，用户友好性强，能够满足从陆地到海洋、从纵波到转换波、从常规采集到高效采集、从地面到井中等各类采集方式地震资料精细处理的需求。

1）高精度信号处理技术

GeoEast 信号处理技术包括静校正处理、噪声压制、OVT 与五维地震数据插值规则化等技术。

静校正方面已经形成以低信噪比数据初至拾取、折射波静校正、微测井约束层析静校正、波形驱动初至波剩余静校正、非线性反射波剩余静校正等为代表的一整套功能完备、技术成熟的静校正技术系列，可以有效解决山地、沙漠和黄土塬等复杂地表引起的静校正问题，提高成像质量。

噪声压制方面具备多种叠前噪声压制技术，可有效提高叠前资料的信噪比，为地震数据高精度成像提供了良好的数据基础。目前 GeoEast 软件系统的叠前去噪技术已经广泛用于国内外各个探区，并取得了很好的应用效果，尤其对我国西部沙漠、山地、黄土塬、戈壁等复杂地表、低信噪比地区地震数据成像效果的提升起到了关键性作用。针对高效混叠采集特有的混叠噪声，GeoEast 软件系统提供了稀疏反演混采数据分离技术。该技术具有保真度高、稳定性好、计算效率高等特点，可以实现陆地可控震源、海洋 OBN/OBC 高效混采数据的精确分离。

GeoEast OVT 处理技术是宽方位、高密度地震数据处理的理想技术，可以充分利用宽方位高密度地震数据携带的信息，改善处理效果，提高处理精度。五维插值规则化技术基于真实坐标位置、采用傅里叶重构技术实现地震数据的规则化处理，可以将不规则的地震数据规则化到网格中心点，也可以对稀疏空间采样地震数据进行加密处理。该技术可同时在 CMP-X，CMP-Y，offset，azimuth 四个空间维度上进行规则化；也可以同时在 shot-X，shot-Y，receiver-X，receiver-Y 四个空间维度上进行规则化，以满足不同应用需求。

2）海洋资料处理技术

GeoEast 软件系统开发了从海洋地震数据采集现场质量监控、海洋特殊噪声压制、海洋宽频处理、OBN 处理、多次波压制等一整套海洋资料处理功能，能够适应从浅海 OBC 到深海拖揽及 OBN 地震资料的处理，在海洋特殊噪声压制、多次波压制技术方面独具特色。

在多次波压制方面，具有 Tau-P 反褶积、EPSI 浅水多次波压制、聚束滤波多次波压制、高精度 Radon 变换、模型驱动的起伏海底多次波压制、数据驱动的全三维 SRME、广义 SRME、绕射多次波压制、基于层信息的层间多次波压制等技术，能够适应从浅海 OBC 到深海拖揽地震资料的处理，可以很好地压制浅海鸣震多次波、表面多次波及层间多次波，如图 3-2-8 所示。

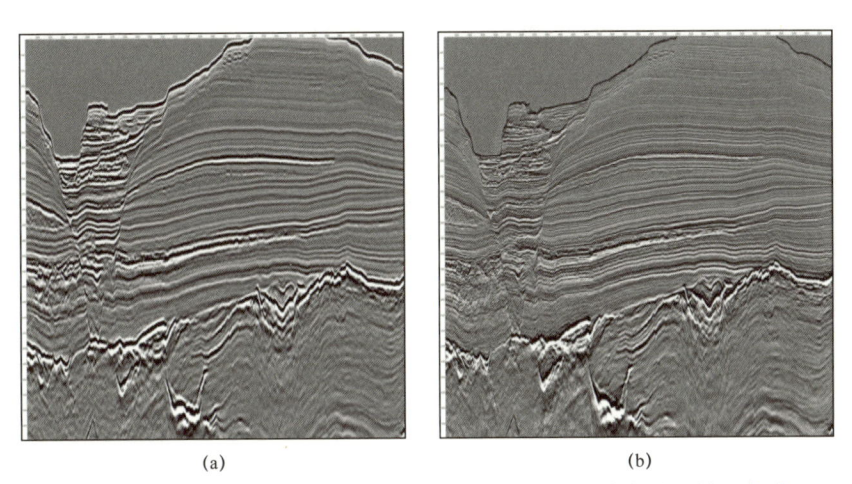

● 图 3-2-8　海洋拖缆常规处理剖面（a）和海洋拖缆宽频处理剖面（b）

OBN 处理方面，具有基于数据的三分量重定向、多分量自适应垂直 E 分量噪声压制、上下行波场逐次分离、起伏界面波场延拓、OBN 多次波预测、共反射点面元划分、双基准面和镜像偏移等技术，实现了从去噪、波场分离到成像的 OBN 全流程处理，如图 3-2-9 所示。

(a) (b)

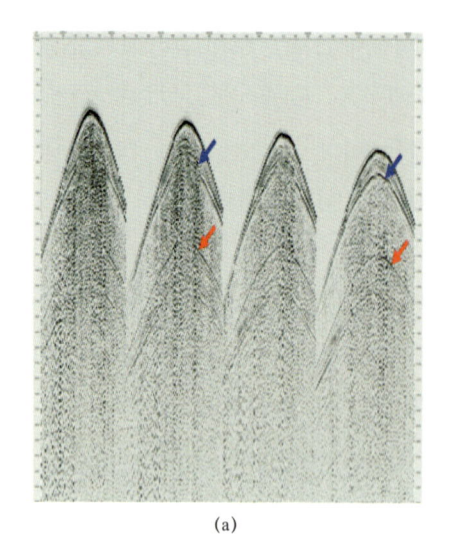

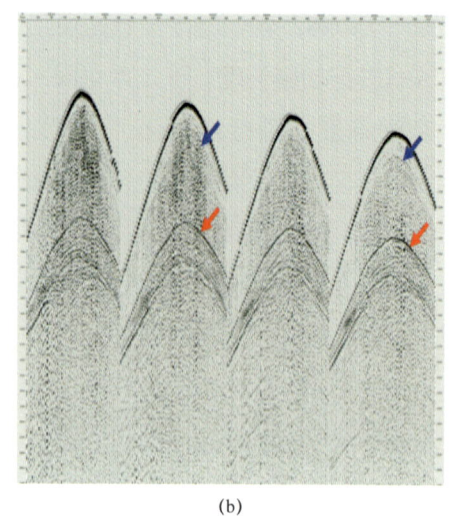

● 图 3-2-9　海洋 OBN 数据上下波场分离前道集（a）、分离后道集（b）

3）速度建模及叠前成像

GeoEast 软件系统具有丰富的速度建模工具及高精度叠前成像技术。

在速度建模方面，研发了完整二维/三维时间、深度域速度分析与建模技术系列，包括完整的纵波与转换波时间域各向异性速度分析与建模、基于块体的深度域速度建模、各向异性网格层析反演与全波形反演等技术，可以满足各向异性叠加、各向异性叠前时间偏移、各向异性叠前深度偏移成像对速度场及参数分析的要求。

在叠前成像方面，具备 Kirchhoff 积分法、高斯束、单程波和逆时偏移地震成像技术系列，具有二维/三维、起伏地表、各向异性、OVT、OBN 和 Q 偏移等完整功能。可用于山地、沙漠、黄土塬、戈壁等复杂地表区、气云区或海洋拖缆及 OBC 资料成像，对复杂断块、逆掩冲断带、逆掩推覆体、潜山、古岩熔储层、盐丘、火山岩、碳酸盐岩等复杂地下构造进行成像。CPU/GPU 大规模并行技术大幅度提高了成像的计算效率，可满足各类生产需求，如图 3-2-10 所示。

4）多波及 VSP 处理技术

GeoEast 软件系统具备完整的多波资料处理功能，包括多分量数据预处理、转换波静校正、基于时空变速度比共转换点道集抽取、三分量检波器定向分析与质控、VTI 各向异性多参数迭代分析、方位各向异性参数估计、VTI 各向异性叠前

(a) (b)

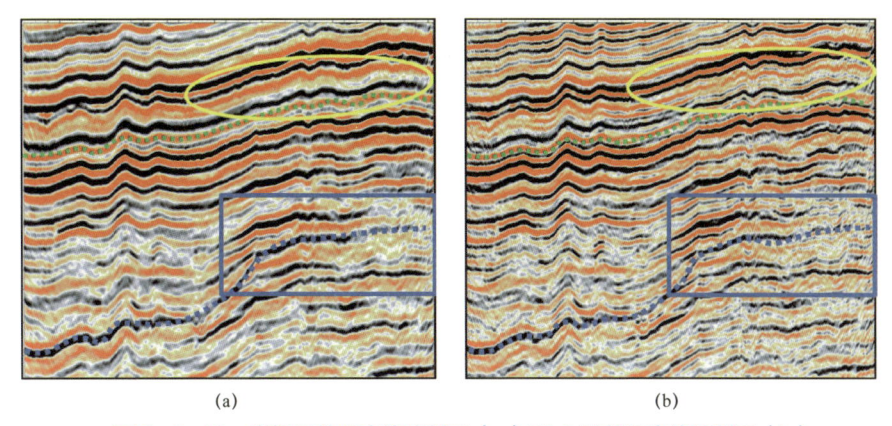

● 图 3-2-10 常规叠前深度偏移剖面（a）和 Q 叠前深度偏移剖面（b）

时间/深度偏移建模与偏移、横波分裂分析与补偿、多分量层位匹配等技术，能够满足致密砂岩、碳酸盐岩、页岩气、重油等不同类型油气藏勘探的处理需求，如图 3-2-11 所示。

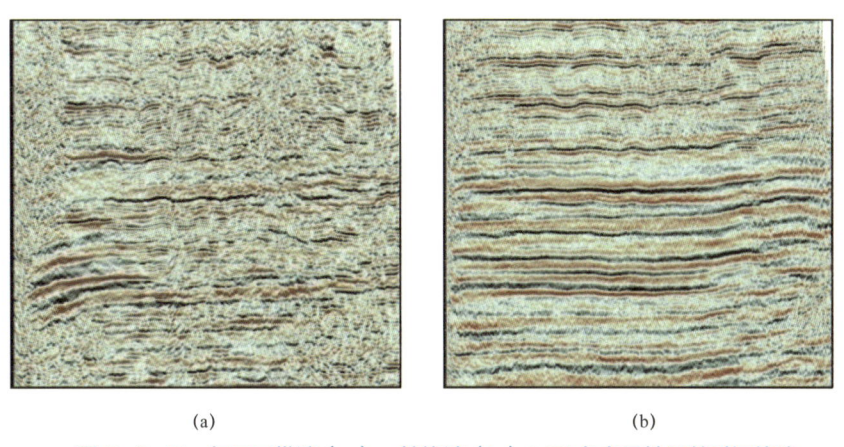

(a) (b)

● 图 3-2-11 气云区纵波（a）、转换波（b）VTI 各向异性叠前时间偏移

在 VSP 处理方面，如图 3-2-12 所示，GeoEast 软件系统具备从数据加载到最终偏移成像的全流程 VSP 数据处理功能，满足零偏、非零偏、Walkaway 和三维 VSP 的数据处理需求，并能很好地适应 VSP 井中观测、三分量接收数据在交互显示及质控等方面的特殊性，有效地实现了测井曲线与 VSP 处理的有机结合，为地面地震提供了准确的层位、吸收系数、速度、各向异性参数，形成优势互补，进而提高地震勘探的准确性。

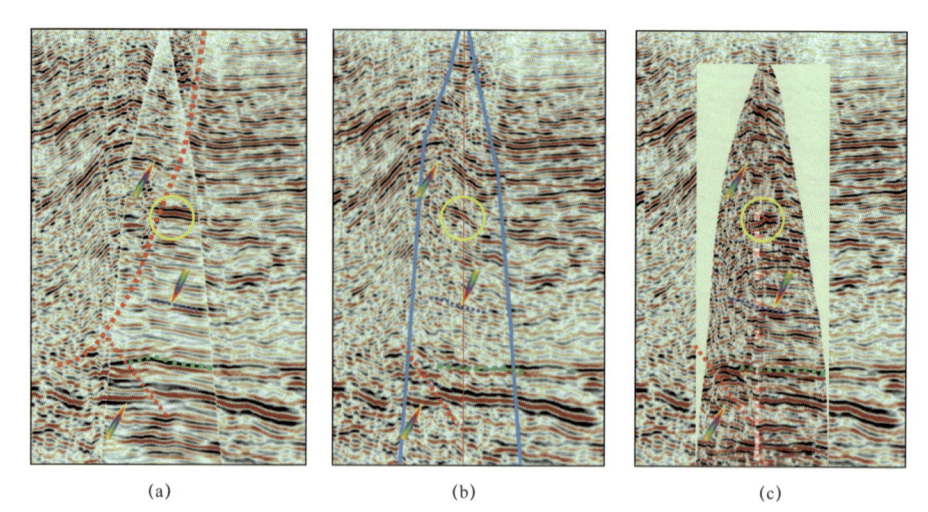

图 3-2-12 VSP 成像与地面地震镶嵌（a）、地面地震成像（b）、VSP-CDP 叠加成像（c）

2. GeoEast 解释技术

GeoEast 解释系统是集构造解释、储层预测、油气检测、裂缝预测等功能为一体的综合地震地质解释系统。涵盖构造解释、属性分析、地震反演、地震正演、五维解释、多波解释及井震联合地质分析七大技术系列，具有完备的多工区联合解释、多波解释和深度域解释能力，形成了叠前叠后一体化、地震地质一体化、解释建模一体化解释流程及配套技术，在精细高效构造解释、现代属性分析、叠前五维解释、井震联合解释等方面独具特色。

1）构造解释技术

GeoEast 构造解释集地震目标处理、多井对比分析、井震标定、层位断层解释、速度建场、变速成图等功能于一体，具有多工区二维/三维联合解释和深度域解释能力，并在多线剖面解释、层位、断层、多边形自动追踪、圈闭自动生成和统计、快速成图、多属性融合显示等方面独具特色。

在可视化高效层位解释方面，基于高精度地震地质标定、多井对比，利用 4 种自动追踪方法进行剖面和空间自动追踪，满足不同品质地震数据的快速层位解释。采用剖面与三维可视化联合解释等技术，提高层位解释的精度与效率。

在高精度断层解释方法方面，提供剖面/切片断层解释、断面实时生成、自动标识断层上下盘、断层自动组合等功能，并利用多线剖面显示解释技术，对比小断层在相邻多个剖面的变化规律，保障小断层解释精度。利用构造类属性结合三维可视化进行断层自动追踪，提高断层解释效率。

在复杂构造速度建场及成图方面，针对不同地质条件提供 Dix 公式法、层位控制法、偏移归位法、模型层析法和井时深关系插值法等 5 种速度建场方法，具备多工区大数据联合成图能力，在多地质体同时成图、等值线交互编辑、圈闭边界拾取及统计等方面灵活高效，支持汉字责任表、图例及标注，能够输出 CGM、DXF 等多种格式文件。

2）现代属性提取及分析技术

GeoEast 解释系统具备百余种体属性、60 多种层属性和 9 种聚类分析方法。结合钻井、测井数据，可进行储层形态、物性及含油气性预测，开展地震相及沉积相分析，能有效支撑砂体、河道、碳酸盐岩、生物礁和火山等储层识别及综合研究。形成了构造导向几何属性分析技术、高精度频率域属性分析技术、地质体成像技术、多模式地震属性融合与表征技术以及叠前地震属性分析技术等五项关键技术，如图 3-2-13 所示。

● 图 3-2-13　GeoEast 解释系统属性分析技术系列

在地震解释性目标处理方面，具备构造导向滤波、去强反射、高斯平滑滤波及多窗口扫描滤波等技术，在保留断层信息的同时去除采集脚印等噪声，可以有效增强弱目的层反射，提高地震资料信噪比，从而提高构造和储层的预测精度。

在小断层精细识别方面，可以在构造导向滤波基础上，提取多尺度体曲率、相干、方差、边缘检测、倾角、蚂蚁体、断层形态指数等属性，并利用多属性融合技术进一步增强断层显示效果，精细刻画小断层和裂缝群，如图 3-2-14 所示。

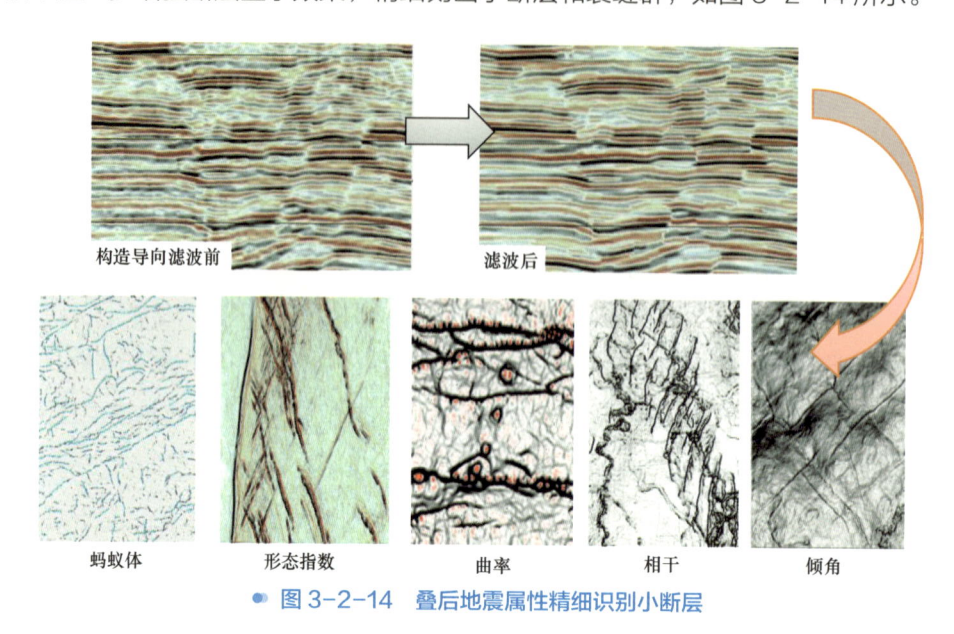

● 图 3-2-14　叠后地震属性精细识别小断层

在碳酸盐岩缝洞单元综合评价方面，可以利用孔隙度反演、相干曲率分析、五维解释、聚类分析、油气检测等功能分析碳酸盐岩储层溶洞、裂缝及流体特征，并在三维可视化系统中实现缝洞单元的综合评价。在火山刻画方面，可以利用纹理、振幅差异、高亮体等属性，突出火山岩反射特征，并通过三维可视化地质体追踪技术雕刻火山体结构，完成形态刻画及储层评价。在河道识别方面，具备谱分解、相干能量梯度、高亮体、属性聚类分析等技术，能够有效刻画河道的空间分布形态。在地震相和沉积相分析方面，提供了剖面法、平面法、交会图等交互式属性优选方法，有样本监督和无样本监督的自动属性优选与模式识别，以及波形聚类方法，实现地震相分析、储层预测及流体检测。在储层物性定量预测方面，可以结合物性样本（孔隙度、渗透率、饱和度、厚度等），通过多属性优选，采用 BP、RBF、SPR 等有监督神经网络分析方法实现储层参数的定量预测。在流体检测方面，具备基于时频分析、双相介质理论和模式识别等油气检测技术，广泛应用于预测碳酸盐岩、碎屑岩和火山岩的油气分布。近年来创新研发叠前五维地震解释技术，可有效利用宽方位数据各向异性信息，精细刻画裂缝等复杂储层分布及含油气范围。

3）地震反演及岩石物理分析技术系列

GeoEast 软件系统提供确定性反演、随机反演及智能反演三大类反演方法，包括 6 种叠后地震反演方法（宽带约束、模拟退火、稀疏脉冲、自适应宽带约束、BP 神经网络、RBF 神经网络）、4 种叠前地震反演方法（弹性参数、贝叶斯、纵波随机、转换波随机反演）及丰富的配套功能（井预处理、标定、子波提取、交会图、直方图、初始模型建立、砂体雕刻），形成了完备的叠前、叠后地震反演流程和配套技术系列。

同时岩石物理分析集成 4 大类 60 多种方法，形成了基本的岩石物理流程，具备多种计算岩性、物性、含油气的测井解释方法，形成批量测井曲线处理、统计成图一体化、实时 QC 等能力，可为后续岩石物理建模和分析提供基础参数。

4）井震联合地质分析技术

井震联合地质分析技术将测井地质分析和地震解释进行有机结合，充分发挥测井资料的纵向高分辨率和地震资料的横向高分辨率特征的优势。该技术形成了快速生成测井综合柱状图、自动建立基于地震解释成果的二维地质模型及油藏剖面、实现地震属性约束的井间小层对比等高效井震联合解释特色技术，如图 3-2-15 所示，为地质综合研究提供灵活方便的分析工具，提高了开发地质的分析效率和解释精度。

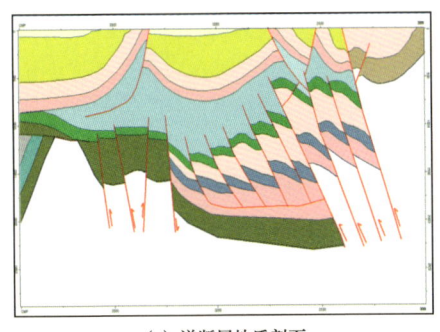

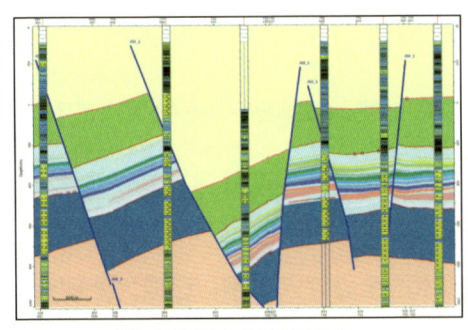

(a) 逆断层地质剖面　　(b) 小层对比与地质剖面叠合

● 图 3-2-15　井震联合地质分析

针对非常规和油田开发，研发了一套全新、方便灵活、跨平台的集三维可视化 VR、地质建模、井轨迹设计、井位跟踪、钻井模拟于一体的地震地质导向井位论证系统。该系统以三维空间显示为主体，以地质模型为基础，满足构造分析、储层分析、油藏分析、井轨迹设计、钻井模拟及监控导向等需求，可以为油田开发和工程服务领域业务的开展提供支撑，如图 3-2-16 所示。

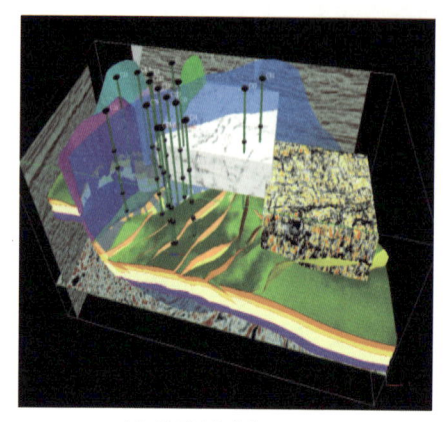

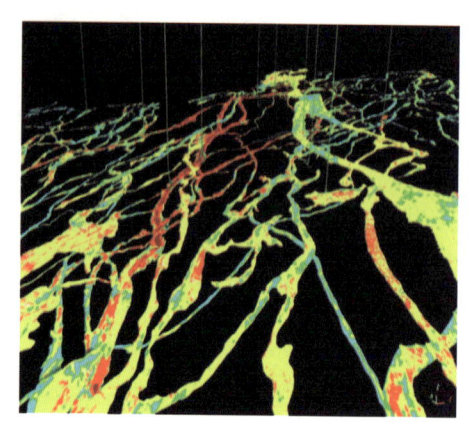

(a) 地震导向井位论证软件　　(b) 河道砂刻画及井位论证中应用

● 图 3-2-16　井位论证系统

针对勘探开发一体化，突破了三维地质建模核心算法，能够支持正逆断层、不整合接触、固体矿重磁电探区复杂多值岩体的建模，以及基于构造模式约束下的属性模型建立，可以支持采集、处理、解释、重磁电的正反演建模等应用及分析。

三　处理解释业务数字化转型成效

1. 地震处理解释一体化、协同化

随着信息技术的高速发展，处理解释业务信息化及其应用水平不断提升。数字化、智能化、平台化、生态化已成为处理解释业务信息化管理发展的主旋律。信息技术的全面深入应用，已成为处理解释业务抵御各类风险、提升核心竞争力的重要手段。2018 年，中国石油发布并推广使用勘探开发梦想云，在统一数据湖和统一技术平台基础上，可以为地震资料处理解释业务及研究人员定制化构建一体化

工作平台和以项目为主线的协同研究工作环境，实现跨地域、跨组织、跨专业的数据共享、成果继承及专业软件整合应用。利用梦想云统一技术平台的应用集成技术，为处理解释项目研究环境提供流程化的多平台、多软件、多学科的协同应用。2019年，东方物探部署了梦想云并基于梦想云定制了东方物探研究院处理解释协同工作环境，结合中国石油勘探开发数据主湖、油气田区域数据湖的应用，开始使用梦想云开展处理解释一体化工作。梦想云在东方物探研究院的推广应用，为变革传统研究与工作模式、提升处理解释业务信息化水平创造了条件。通过创新实践，在梦想云平台上对处理解释一体化、前后方一体化、甲乙方一体化进行了有益的探索，初步实现了处理解释业务上云，取得了预期的应用成效。

1）梦想云赋能处理解释协同工作

传统的地震资料处理解释业务具有典型的点多、面广、线长特征，对项目与资源管理来说，项目数量增多、管控难度大，业务流程复杂、涉及参数多，需要的计算资源不均衡，对前后方、处理解释一体化要求高，实现处理解释一体化、前后方一体化、甲乙方一体化数据和资源共享十分必要，但存在一定的难度。

勘探开发梦想云在"两统一，一通用"建设原则指导下，采用先进设计理念及前沿IT技术，搭建了上游业务共享平台，支撑勘探开发全业务链数据互联、技术互通、业务协同，为大数据分析与智能应用创新奠定了基础。实现了统一数据湖、统一技术平台、通用应用统一建设的设想，助推油气田建设的数字化、自动化、智能化、协同化。为油气田及油服企业物探资料处理解释业务上云深化应用提供了有效的平台，推动处理解释业务探索进入"厚平台、薄应用、模块化、迭代式"敏捷发展新时代，构建"共创、共建、共享、共赢"的新生态。

基于梦想云的地震资料处理和解释实现，是以业务为驱动，以项目为主线，数据按需入湖和共享，以用促建不断完善优化平台，开展处理解释跨地域、跨组织的协同研究。梦想云的推广应用对传统处理和解释业务来说是新生事物，涉及业务流程调整，项目组织管理模式与技术手段的变化，也不可避免地要改变传统的操作规程和项目运行模式，给每位员工带来的冲击和影响不亚于从使用非智能手机到智能手机的变化。为了拥抱这种变化，东方物探研究院在组织管理、项目实施、环境与机制、思想观念、安全管控等多方面进行了全方位调整和保障。

（1）组织管理方面。

梦想云推广应用涉及东方物探研究院下属8个单位，包括6个靠前分院、2个本部业务单位，推广涉及的单位多、分布范围广、业务重点不同。

对此，东方物探研究院成立了以主要领导为组长、主管领导为副组长，8个推广单位主要领导、计算机支持部门主要领导及梦想云项目负责人为成员的工作领导小组，并明确了各自的主要职责。

（2）项目实施方面。

结合各推广单位业务实际，编制项目实施方案，明确工作目标、工作原则。

工作目标：实现梦想云平台协同研究的全面推广应用，完善梦想云物探采集处理解释一体化应用体系建设。新的开发研究、规划部署研究及工程研究项目全部在梦想云上开展。并制定了所有新领域及风险勘探研究项目全部在梦想云上开展，国内重点解释及综合研究项目全部在梦想云上运行，探索处理项目在梦想云上运行的技术实现的年度工作目标。

工作原则：业务主导，并行推进，示范先行，全员参与。

工作任务：① 所有上线项目开展数据准备与治理工作，完成研究环境配置，实现井位部署论证主题应用场景搭建，实现协同研究应用；② 重点研究推进甲乙方一体化、前后方一体化、处理解释一体化工作实施；③ 本着从实际需求出发，提创意、想办法，以创新拉动应用，提升平台的适用性；④ 不断总结交流应用经验，推进平台完善。

（3）环境与机制建设方面。

按照中国石油网络信息安全有关要求，保持生产网与办公网物理隔离的状态，采用确保数据安全的逻辑隔离部署技术方案，通过隔离区服务器，实现办公网资源对生产网资源的安全访问。

建立长效机制，从项目确定、项目执行、中期检查、项目结束四个环节对上云项目进行监督管理，建立月报制度实现跟踪管理；通过明确责任、明了节点、明晰奖罚，激发单位与个人参与梦想云应用创新的积极性。

(4)思想观念方面。

通过应用培训、技术推介、愿景拉动等，培养新观念；利用新技术、新应用，营造新业态。采用集中、现场和远程视频等多种方式进行培训，培训业务人员200人次以上，短期内注册梦想云用户600个以上。

(5)安全管控方面。

通过采用IP控制访问、用户授权访问等方法，在保证数据安全的基础上，保障甲乙方数据和信息交流的顺畅。探索形成了基于梦想云平台的甲乙方一体化交流方法及入湖数据管理办法。

(6)技术实现方面。

按照梦想云提供的任务与项目管理机制，落实项目长负责制，实现任务、岗位、人员的统一管理，业务人员按期上传研究数据和阶段成果，项目长、技术负责和单位领导分级负责审核成果质量。甲方领导、技术负责和业务人员同时参与到项目中，各负其责，及时掌控研究进展，在线浏览和监控各阶段成果，方便、快捷地将成果数据加载到研究工区，利用梦想云云端三维展示功能，以平面、剖面、三维体多种方式分析地震资料品质、检查处理解释成果质量，及时提出指导意见。

设立项目专责数据管理员及相应制度，确保项目进展。不断更新项目成果，保持在线数据版本唯一。逐渐丰富与完善入湖数据，构建起不同领域、不同类型的"知识库"，为目标工区后续的滚动研究提供数据、成果、认识支撑。

落实项目数据入湖流程与质控管理办法，确保入湖数据高质量、可持续积累。主要包括四大类数据：地震数据体、构造解释类数据及其图件、成藏分析类数据及其图件、汇报成果多媒体。解释项目数据入湖流程包括：甲方对地震资料处理项目验收后，地震成果数据体（最终版本）入湖；甲方对层位、断层闭合等解释成果审查通过后，地震解释层位、断层、构造图等数据和图件入湖；甲方对圈闭/井位审查通过后，储层预测和属性分析图件等成藏分析类数据和图件入湖；风险井位/新区新领域项目汇报前，汇报多媒体入湖。

在上述组织与技术等方面保障的前提下，东方物探研究院结合其自身业务特点，研究探索了基于梦想云的"前后方一体化项目运行""甲乙方一体化运作""处理解释一体化"创新应用模式，使乙方处理解释项目可以快速获取油气田甲方的勘探开发动静态数据，甲方也可提前介入项目研究，及时了解项目进度；或解释人员提前介入处理项目，指导目标处理及参数调优等，助力项目降本提速、提质增效。

2）"三个一体化"得以落地

"三个一体化"指处理解释一体化、甲乙方一体化、前后方一体化。

（1）处理解释一体化研究新业态。

① 搭建处理解释一体化项目场景。

利用梦想云平台项目研究环境定制功能，创建项目基础信息，组建包含处理、解释业务主管领导、骨干和支持人员一体化的项目研究团队，将甲方项目质控人员加入团队，为项目分工协作、整体运行、成果形成和演示汇报等创建一体化项目环境。

通过设置项目研究与实施计划、关键节点和阶段成果的运行表，可根据任务及工作量按计划调配相应资源推进项目整体运行。具体操作如下。

a. 项目管理员设计项目视图。根据项目类型，构建项目工作任务或关键内容的树形结构，采用从顶到下或从开始到结束的设计方法。

b. 项目管理员录入项目基本信息，包括项目名称、编号、项目负责人等。

c. 项目负责人组建联合项目组，指定处理项目长、处理员、解释人员和甲方质控人员等，按任务对人员进行分工，并建立项目组成员平台账号。

d. 项目负责人配置系统资源，搭建处理流程场景，制定业务与数据集，设置一体化结合点（图 3-2-17）。

e. 项目成员将各自掌握的项目资料上传平台对应任务节点，形成任务节点输入数据集，并根据数据集的使用范围定义数据共享范围（个人、项目组或公开使用）。

f. 项目成员根据本人所承担的任务，在物探区域数据湖查找并补充开展项目工作要使用或参考的数据集，配置个人所使用的应用软件及工具。

g. 项目成员协同开展项目研究工作。项目负责人可及时跟踪、检查项目进展，指导项目工作。

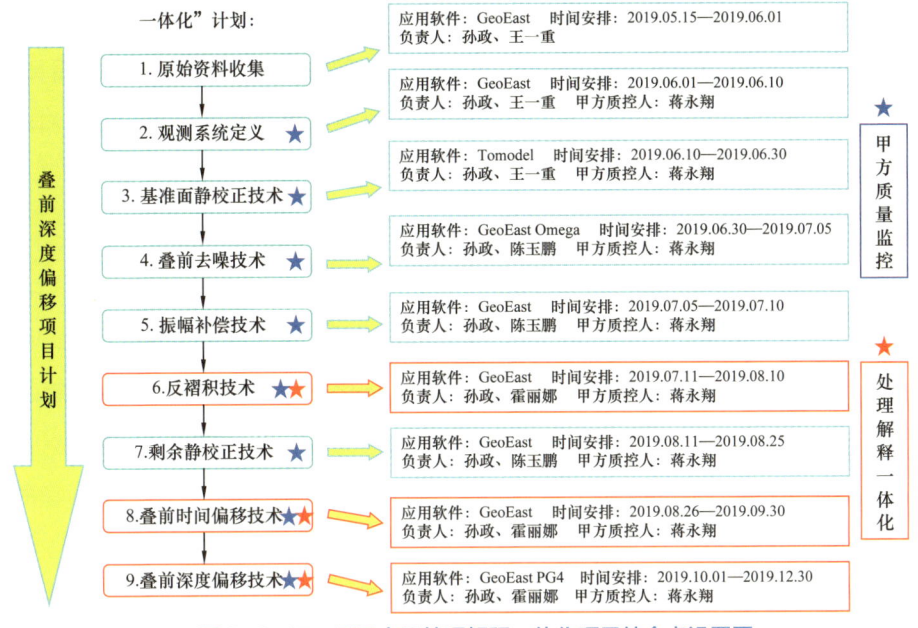

● 图 3-2-17　甲乙方及处理解释一体化项目结合点设置图

② 构建协同研究的"超级项目组织"。

a. 通过设置一体化项目总体负责和技术负责，充分发挥处理解释团队、甲乙方和前后方研究团队的技术优势，设置研究子课题，明确子课题研究任务、时间节点及考核指标，形成统一目标下的跨公司、跨地区、跨专业的"超级项目组织"，发挥项目组织优势和技术合力。

b. "超级项目组织"成员可以将自己掌握的项目资源，包括各种数据、成果、图件等，上传到项目研究环境中，变为项目团队共同的资源，打破了传统的个人独有或少数人可用的弊端，实现人人贡献、团队共享的局面。同时平台也提供了数据安全、成果来源的保障。

c. 重点综合研究项目通常包括资料处理，钻井、测井资料分析，地质研究，地震资料解释，模式实验论证，成藏因素论证，井位部署论证等多方面工作，在研究前期采用并行研究对比，中后期统一认识、分工协作推动项目高效、高质量运行。

d. 基于梦想云的汇报功能，将上传到平台的多媒体与实际研究工区及各类成果进行融合/关联，形成"多媒体汇报大纲＋工区、成果及图件"的动静态相结合的汇报材料，支持随时、随地的在线一体化演示汇报，将以往"领导只能看什么"变为"领导想看什么就能看什么"，为领导准确决策提供了全面、详尽的资料和数据支持。

③ 地震处理解释一体化实现效果。

在搭建处理解释一体化项目环境时，梦想云将处理项目组与解释项目组真正的联系在一起，作为一个整体项目进行管理，形成了处理解释更加紧密结合的一体化流程及环境。在处理过程中，解释人员可以随时参与，通过三个关键点的结合，即关键处理参数、精细速度分析和偏移成像的处理解释，将解释人员的地质认识施加到处理过程中，一方面验证已有地质认识的正确性，另一方面提高处理成果与地质认识的符合度。

项目运行过程中，当处理环节需要解释人员介入时，处理人员可通过平台申请，在物探区域数据湖中更新一体化数据，解释人员通过平台下载数据，也可登录远程处理服务器协同研究。以反褶积处理解释结合点为例（图3-2-18），解释人员通过数据平台从物探区域数据湖调取所需井数据和以往解释成果等，制作合成记录，用处理人员更新的不同参数反褶积结果进行井标定，求取相关系数，定量分析不同参数反褶积效果，得出最优参数，并反馈到平台。处理人员通过平台获取解释人员优化参数，再用于定性定量分析的进一步优化处理中，确保处理成果高质量的同时，保障了项目研究成果的高质量。特别是针对多轮次的中间成果，解释人员提前介入，可以做到问题早发现、数据早整改、成果早应用，确保项目质量和按期交付。

应用梦想云平台将处理解释一体化落到了实处，取得了显著效果：

a. 地震数据处理解释一体化结合更加紧密、便利、高效。

b. 地震数据处理项目成员可以及时掌握解释实际需求，真正做到以地质目标为导向，开展精细地震资料处理。

c. 优化处理参数，提高最终的地震资料品质，从而提高勘探的成功率。

d. 缩短项目周期，降低生产成本。

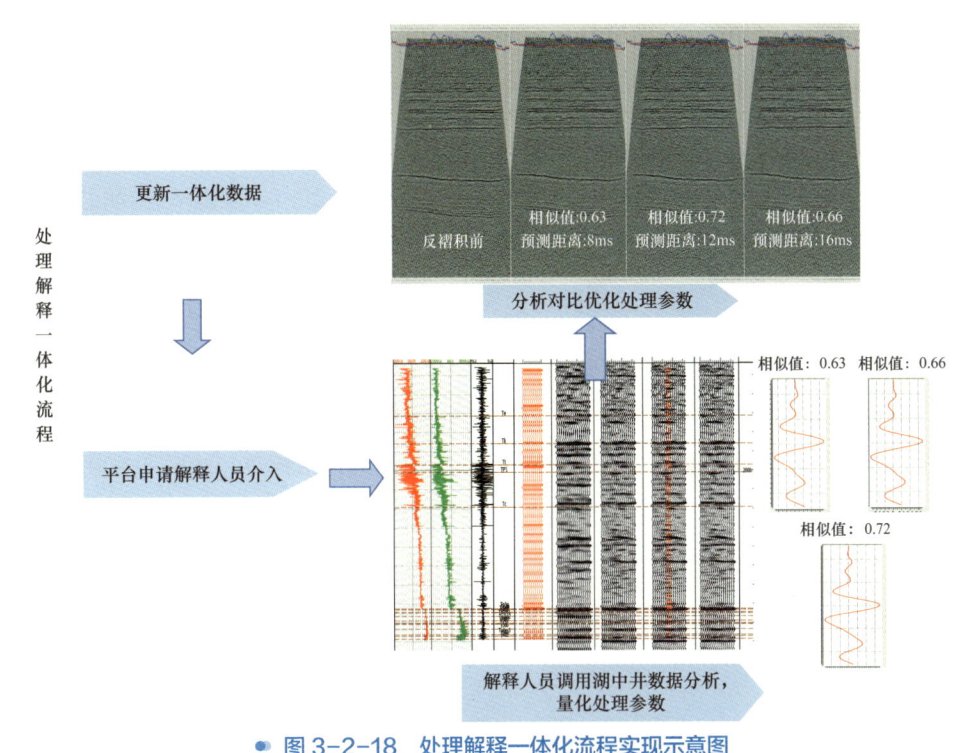

● 图 3-2-18　处理解释一体化流程实现示意图

（2）甲乙方一体化业务新形态。

随着油气田勘探节奏的加快，甲乙方一体化协同工作对缩短油气田勘探开发周期越发重要。甲乙方一体化工作思路贯穿处理解释的全流程，梦想云为甲乙方一体化搭建了良好的协同工作环境。

① 甲乙方一体化实现方法。

a. 利用梦想云平台直接获取已授权项目所需的钻井、测井基础数据，包括单井资料、成果图件、文档报告等，形成项目"直连"数据通道，为乙方研究人员提供了便捷、高效的数据获取途径。

梦想云已上线或陆续上线的众多专业软件和数据分析工具极大方便了研究人员的应用。以井筒可视化功能模块的应用为例，首先选取目标井，再选择井筒可视化模板，即可快速绘制出测井、录井及分析化验等综合曲线图，为对比曲线特征和综合分析钻测井相关数据质量，提供了极大的便利。

b. 利用梦想云应用集成功能，实现了梦想云与甲乙方已建应用软件云的资源整合，即"两云融合"，打通了梦想云数据湖与云化应用软件之间的数据通道，为甲乙方实现数据与应用资源共享创造了条件。通过梦想云构建的应用会话共享与管理机制，使位于不同地点的甲乙方科研人员能够开展基于三维地震资料解释场景的多用户、交互式协同工作。以地震地质综合研究工作为例，以往通常需要配置独立的计算机服务器运行 GeoEast、OpenWorks 等解释系统，项目研究受限于网络带宽和软件服务器的构建模式，运行效率较为低下，无法满足高节奏的勘探研究需求。

梦想云为甲乙方一体化协同研究项目提供了数据、软/硬件等相关资源和平台支撑。甲方为乙方建立基于梦想云的用户账号和资源（含数据与软件）使用权限，并统一管理软硬件资源，实现异地高效、便捷的协同工作。通过这种模式，实现了云平台上项目在较低带宽的网络环境下，科研生产和演示汇报的一体化高效协同。

"两云融合"下的科研生产和演示汇报，实现了汇报演示材料和实际研究成果的统一，避免了汇报"以点盖面"和"以偏概全"，推动并提升了科研成果的质量，为领导全面掌握资料、科学准确决策奠定了基础。

以往乙方很难获取的勘探开发的动静态资料，现如今通过一体化协同工作环境全面改观，甲乙方一体化的美丽愿景在梦想云环境下成为现实。甲乙方处理或解释研究人员通过登录梦想云进入同一项目工作环境，双方即可实现"面对面"质控与监督，项目完成后，处理报告、研究成果和质控后的数据按要求入湖，实现成果分享。大大减少了以往甲乙方互到现场的弊端，实现了真正意义上的甲乙方一体化工作，有效避免了返工，实现了项目降本提速，保障了项目的高效运行（图 3-2-19）。

② 甲乙方一体化实现效果。

a. 甲乙方资源的共享，大幅度减少资料收集时间，提高项目运行效率。

b. 钻井、录井、测井、随钻与分析化验等动静态资料的及时共享，促进了研究成果与生产更加紧密的结合。

c. 甲乙方及时掌握项目进展，同时把握项目节奏及质量，提升了研究成果水平。

d. 甲乙方应用软件共享，弥补项目资源的局限和不足。

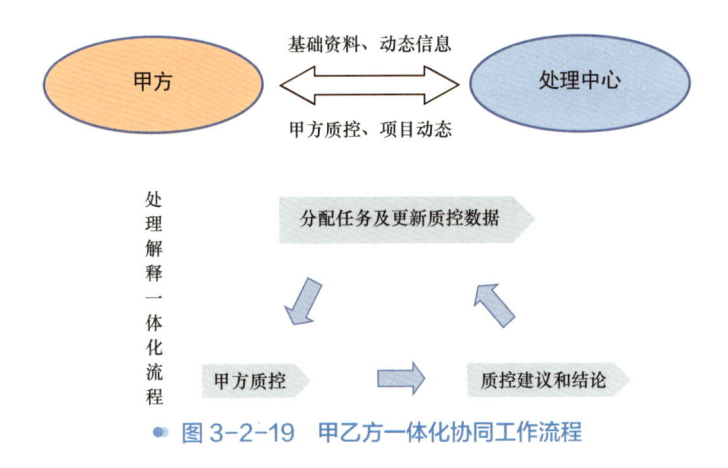

图 3-2-19　甲乙方一体化协同工作流程

（3）前后方一体化研究新模式。

前后方指乙方在甲方现场保持一定的人员与甲方一起工作，后方本部配有另外的团队和资源支持前方工作，形成前后方协同工作的一种服务模式。东方物探研究院在新疆、四川、陕西、辽宁、吉林、北京等多个地方设有 16 个靠前站点，1400 余名研究人员长期靠前工作，前后方团队的高效配合，可以发挥出乙方更大的服务优势。

① 前后方一体化的实现。

在设备、软件、专家资源配备等方面，前后方具有较大不同，表现为"小前方、大后方"。以往遇到较大问题情况下，只能将处理或研究资料带回本部解决，消耗人力、物力和财力资源，导致生产成本增加。如今利用梦想云，靠前人员可以直接登录后方处理服务器，进行数据传输，使用后方软件和计算资源进行高性能计算和分析，大大提高了工作效率，保障了项目的周期。同时，前后方领导、专家可以共同在云平台环境中对每个项目的进度及质量进行及时督导，实现了跨地区、跨组织的资源共享。

② 前后方一体化实现效果。

a. 项目运作成果及时更新、共享，前后方交流，互动更加顺畅。梦想云平台实现了办公网与生产网之间的数据安全访问。

b. 充分利用现有资源，实现了前后方软件共享。在中国石油网内，项目长利用梦想云进行项目研究任务分配，前后方成员接受任务，利用云平台提供的各种应用模块和 GeoEast 地震资料解释系统等完成项目综合研究工作，靠前站点及时了解后方各项研究任务进度，全面掌握工作进展，实时进行沟通和质量把控。

c. 利用梦想云协同研究环境，减少靠前人员，有利于家庭稳定、队伍稳定。以东方物探研究院地质研究中心冀东分院为例，项目主要在冀东油田运行，部分员工长期两地分居。梦想云上线推广后，各方人员均可以在梦想云上异地协同工作，共享计算机资源，大大减少了员工出差，提高了工作效率。特别是在新冠肺炎疫情期间，梦想云协同研究环境充分发挥了前后方一体化的优势。

d. 通过前后方联动，各种资源可以及时共享，研究成果更易检查和质控，全面提升了成果质量，实现了中国石油网内异地协同研究。

截至 2021 年初，东方物探研究院已上梦想云项目 214 个，根据推广应用项目需要，先后从物探区域数据湖中抽取、关联了 3162 口井的相关数据，地震数据体 1763 套已完成入湖工作。通过梦想云，应用 GeoEast、双狐、Resform 软件等软件，共解释层位 2000 多层，制作各类成果图件 2557 张，论证意向井近 47 口，已全部归档至梦想云数据湖与油田公司共享。

依托梦想云，对地震资料处理解释三个"一体化"体系进行研究和探索，实现了在中国石油内网的整体项目一体化管理，实现了甲乙方、领导与项目组、处理与解释、前后方之间的高效协同、无缝衔接、技术和管理全面落地，取得了显著效果。

随着梦想云生态的持续完善，后续勘探开发、生产运行、经营管理、决策分析等更多的应用集成，以及对人工智能、大数据分析技术的融合，期待梦想云能够为处理、解释项目的一体化高效运行、高质量交付提供更强大的能力支撑。

2."AI+ 处理解释"智能化建设成果

随着地表复杂化、目标多样化及资源劣质化的加剧，油气勘探开发难度越来越大，勘探成本持续上升，对物探技术的效率与精度提出了更高的要求。"AI + 物探"是提高效率与精度的现实途径。国际上"AI + 物探"研究发展迅速，从 2016 年起陆续有 AI 相关成果发布，美国 SEG 年会发表论文量呈现快速增长趋势，人工智能与物探结合面越来越广，结合度越来越深。

东方物探一直重视 AI 技术的发展，20 世纪 80 年代就开始人工智能的系列研究，目前具有业内最为丰富的浅层机器学习解释算法。随着勘探目标及储层解释任务越来越复杂，浅层学习算法不能描述更为复杂的非线性问题，需要较多的人工干预，结果往往不稳定，深度学习算法的出现，提供了很好的解决方案。

1)"AI + 地震处理"初步成果

针对现有地震处理工作中存在大量耗时、耗力，或是陷入瓶颈的技术问题，结合 GeoEast 软件系统升级建设，东方物探开始了基于深度学习的智能处理关键技术研究探索，取得以下 3 个方面的初步成果。

（1）智能化初至拾取技术。

初至拾取是做好近地表模型的基础数据，高信噪比数据可以利用自动初至拾取技术得到高质量的初至数据。但是对于低信噪比数据，传统自动拾取方法需要大量的人机交互进行修改，往往占用整个处理周期三分之一左右的时间，而且人员水平差异大，难以保证精度和效率。基于模糊聚类算法的初至拾取可以提高单道拾取准确度，但是对于低信噪比数据往往还存在异常初至，对于低信噪比初至，由于随机噪声、强干扰等的影响，初至波特征不明显，异常与正确初至波在时差、速度、能量、波形等属性方面相差不大，目前常规的方法很难有效识别。融合常规方法和基于深度学习的初至波质量评价方法，利用炮集数据初至时窗范围内的初至属性数据和标签数据，减小初至波的搜索范围，利用初至属性数据突出初至波数据特点与形态特征，选用端到端的 U-net 深度网络模型进行初至波自动拾取学习，解决了常规卷积神经网络算法初至定位不准、数据与初至波位置映射不直接等问题，通过在局部范围内初至波的属性数据和语义分割网络的泛化能力，在一个工区的数据中训练得到的模型，在另一个工区也可以继续使用，实现对大数据量、低信噪比的地震资料较为可靠的自动初至波定位，拾取精准度得到较大提高，如图 3-2-20 所示。

与常规初至拾取技术相比，智能化初至拾取技术极大地提高了初至拾取的整体质量与效率，在初至波信噪比极低的情况下，与手工交互拾取的误差在 10 毫秒以内，训练出的网络模型预测初至的准确率达到了 96% 以上，这些指标均远高于 STA/LTA、Kurtosis 等常用的自动拾取方法，如图 3-2-21 所示。

图 3-2-20　基于深度网络的初至拾取流程

(a) 初步拾取结果　　　　　　　(b) 异常初至修正拾取结果

图 3-2-21　智能化初至拾取结果

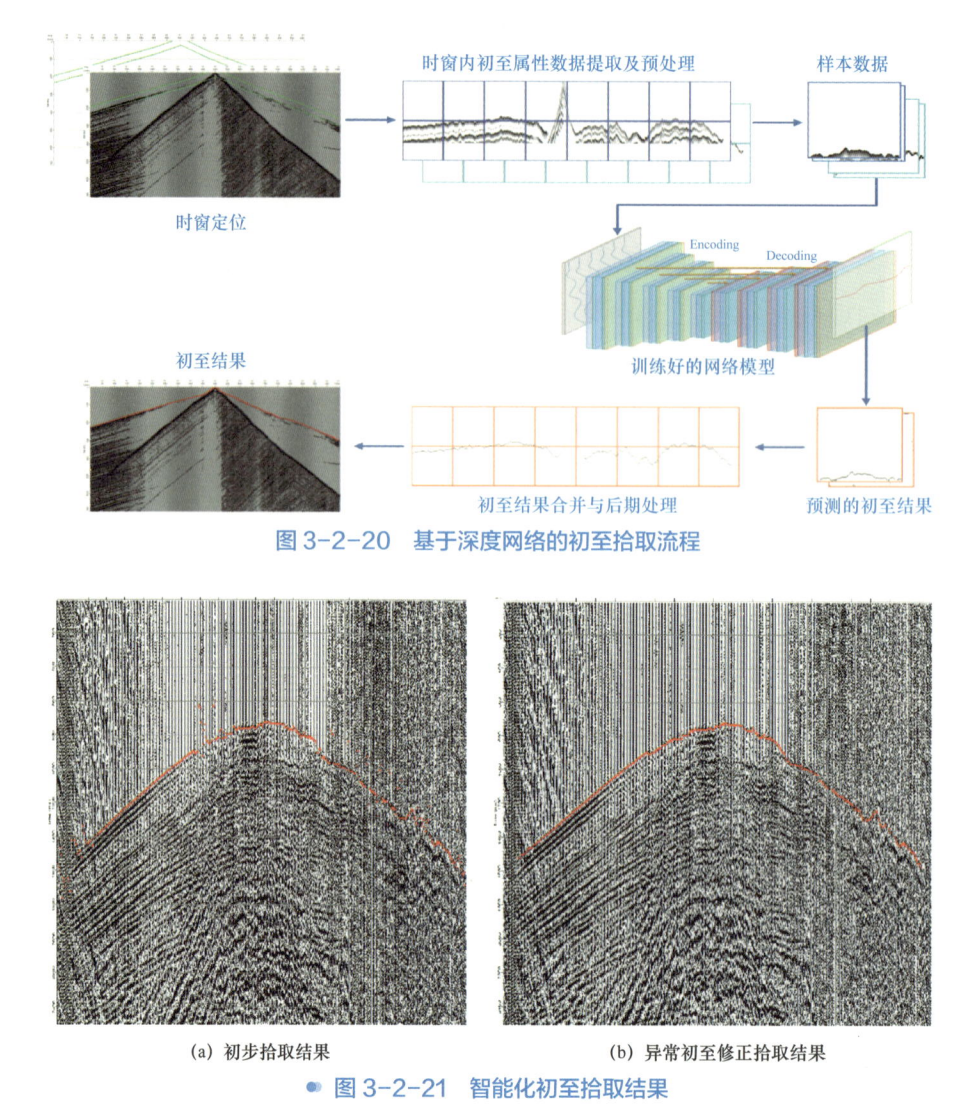

（2）智能化速度谱解释技术。

速度分析是常规地震资料处理的基础。在常规速度分析方法中，给定一系列相同间隔的速度进行扫描，以叠加能量或相似系数等作为速度分析的准则制作速度谱。速度拾取是劳动密集型且需要丰富地区经验的处理环节，在现有的处理流程中需要技术人员进行大量的人工工作，人工速度谱拾取工作效率低，耗时多，容易出现人为误差。通过设计基于 FCOS 目标检测的神经网络，利用大量已有成果作为标签，训练神经网络模型来模拟处理复杂的速度拾取过程，一般的速度拾取网络只能较好地拾取复杂工区数据中带有反射的浅层区域。为了能够模仿人类专家对深层零反射区域叠加速度的拾取过程，需要在已有的网络模型中加上一层递归网络，使得模型能够按照叠加速度随时间增大而增大的趋势对没有反射的区域的"时间—速度"曲线进行拾取，经过修正的深度学习网络速度谱解释方法可以准确自动地拾取符合地区速度变化特征的速度谱，大大节约拾取时间，缩短了处理工期，如图 3-2-22 与图 3-2-23 所示。

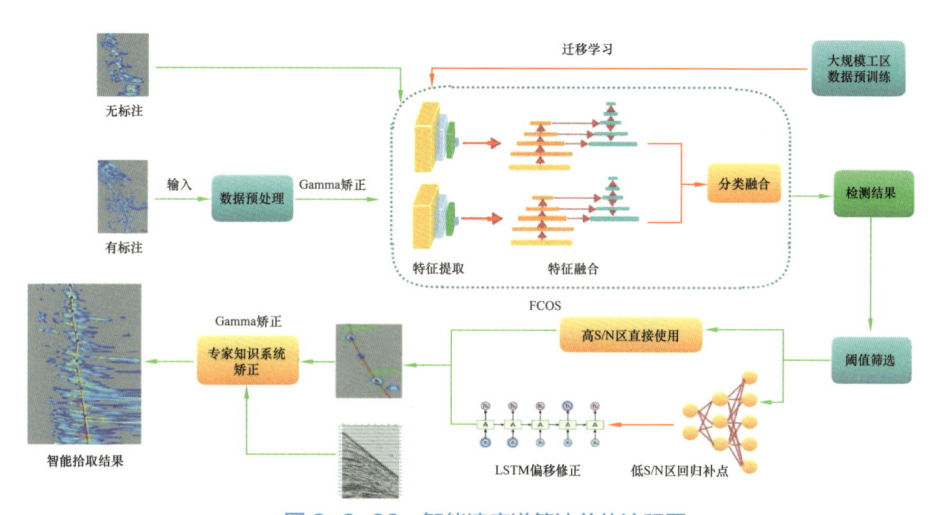

● 图 3-2-22　智能速度谱算法总体流程图

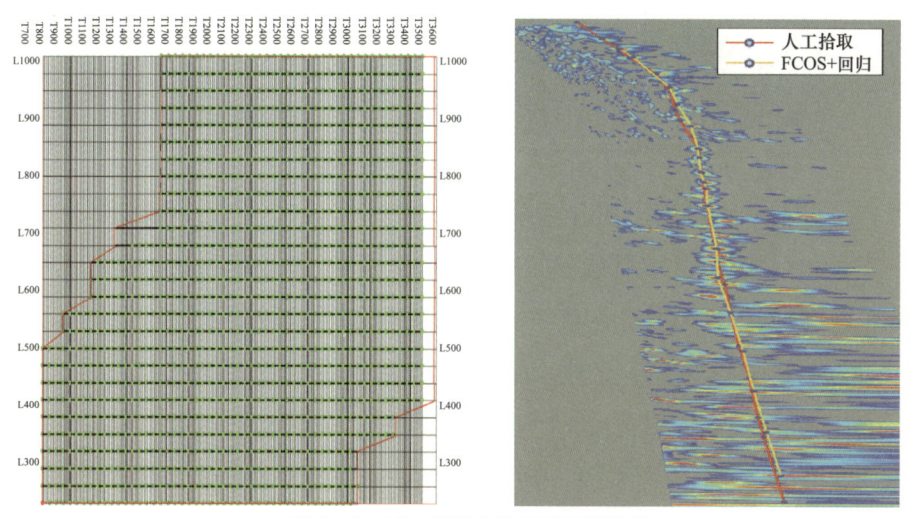

● 图 3-2-23　智能化速度谱解释结果

（3）智能化噪声压制技术。

复杂区勘探波场复杂，需要对干扰进行有效识别和压制。传统的叠前面波压制、去除异常道、去邻炮及次生干扰等技术一般受到某种假设或条件限制，主要通过变换域实现面波分离。通过变换，利用面波与有效信号在频率、视速度、时间和空间尺度域的差别，实现面波分离。也有基于数据驱动及自适应面波压制方法，通过相关数据构建预测面波模型，但进行面波去除技术的适应能力及效率有待进一步提高。基于深度学习残差网络的智能化噪声压制方法采用将前端的网络训练与后端的网络应用相分离的技术路线：前端负责复杂的数据收集、训练数据集的建立、网络设计及网络训练工作；后端进行深度学习模块测试应用。基本流程图如图3-2-24所示。去噪网络中修正线性单元层之前批标准化层的加入，用于固定每层输入信号的均值和方差，使得每一层的输入有一个稳定的分布，在有效避免梯度弥散问题的同时可以提高去噪网络的泛化能力和收敛速度，可以很好地从原始数据中压制掉面波等噪声，并简化了去噪处理流程，提高了去噪处理效率，如图3-2-25所示。

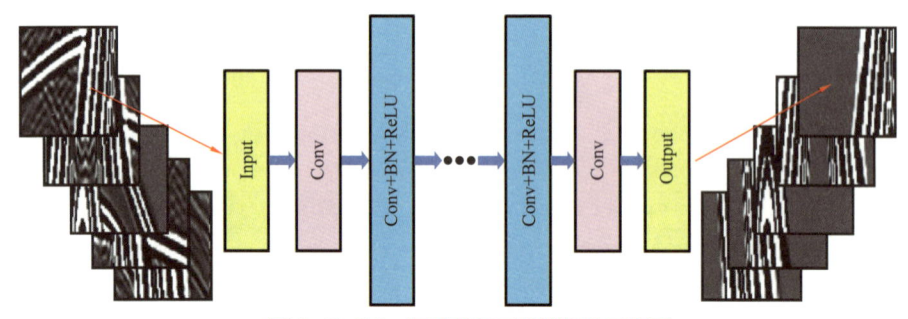

● 图 3-2-24　深度残差网络的架构示意图

（4）"AI + 地震处理"应用效果。

智能化处理技术取得了良好效果并初步完成了科技成果转化，在松辽、鄂尔多斯和塔里木等盆地得到了应用，与传统方法相比效果显著。

实例一：智能化初至拾取技术在鄂尔多斯盆地实际数据中的应用。

该工区近地表起伏变化大，初至波信噪比低，串层严重。一共1098炮，利用200炮数据训练，学习340次，目标和学习结果误差为1.1799×10^{-7}，学习时间8.5小时。将智能化拾取初至与常规方法拾取初至两种方法相比，人工智能方法拾

(a) 去噪前记录　　　　　　　　　　　　(b) 智能去噪后记录

● 图 3-2-25　智能化噪声压制

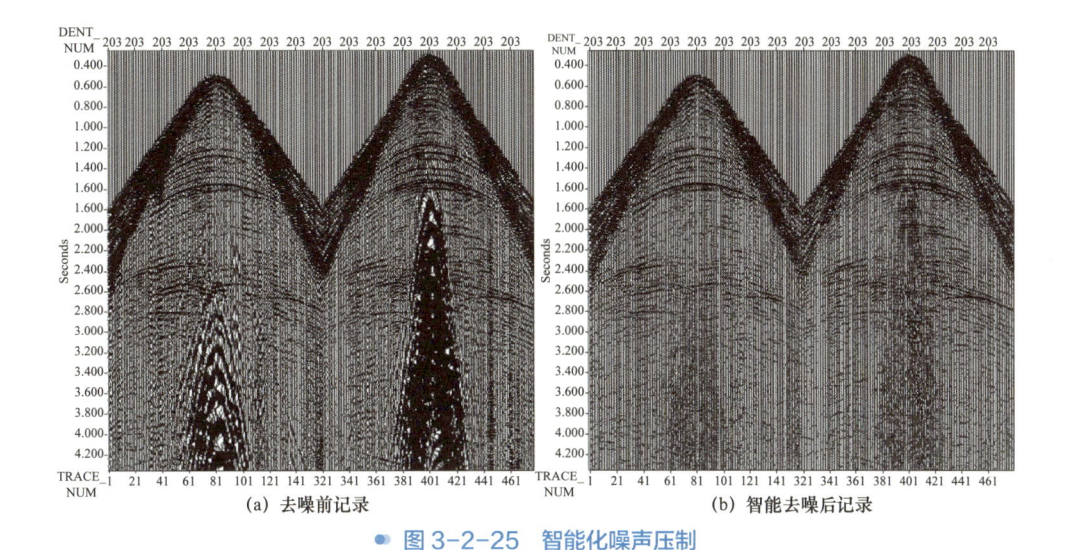

取初至一致性更好，精度更高，最终得到的动校正同相轴连续性更好，训练出的网络模型预测初至的准确率达到了 96% 以上，智能化初至拾取技术极大地提高了初至拾取的整体质量与效率。

实例二：智能化速度谱解释技术在塔里木盆地实际数据中的应用。

针对塔里木油田的三维实际工区中高信噪比数据，基于 FCOS 模型人工智能速度谱自动拾取技术的自动拾取结果与人工拾取结果基本一致。对人工拾取结果和 FCOS 模型自动拾取结果分别进行动校正，动校正的对比结果基本一致，人工拾取结果与模型自动拾取的结果动校正基本保持一致，进一步验证了拾取结果的准确性。

通过拾取 1000 个速度解释点平均耗时来进行对比，人工速度拾取需要两三天时间，而智能化速度谱解释技术仅需要不到 5 分钟，并且在中高信噪比数据上表现良好。

实例三：智能化噪声压制技术在塔里木盆地实际数据中的应用。

区内噪声类型多样，沙丘对地震波影响较大，单炮规则面波和散射面波发育，信噪比低，去噪难度大。在某工区的三维单炮数据上应用智能化噪声压制技术，构建了新的训练集并进行了相应的网络训练。新的训练集中输入数据集和标签数据集的构建利用了不同来源的数据：一部分数据来源于加入了不同信噪比随机噪声的正演模拟炮记录及相应的随机噪声记录，另一部分数据来源于几个不同工区的实际含噪单炮记录及通过优选的去噪技术分离得到的随机噪声记录。

204平方千米的实际炮集数据，在Omega2单节点计算用时6.6893天，智能化噪声压制技术用时1.3025天，效率提升5.13倍，传统的分频去噪法相比，效果更好。

2）"AI + 综合解释"初步成果

针对现有地震解释工作中存在的大量耗时、耗力，或是陷入瓶颈的技术问题，从2017年就开始了基于深度学习的智能解释关键技术研究探索，经过近几年努力，在智能测井解释、智能断层预测、智能层位解释和智能地震相分类解释等4个方面取得了很好的效果。

（1）智能测井解释。

随着勘探开发不断深入，地质目标日趋复杂，传统测井解释模型受到地层非均质性、孔隙和流体多样性、信号噪声等因素的不利影响，很多参数无法取得，因此准确预测岩性、弹性和物性参数受到限制。通过利用基于卷积神经网络（CNN）、长短时记忆（LSTM）等深度学习算法，构建基于多条测井曲线的多特征样本标签，采用多层卷积网络进行特征提取与分析，及长短时记忆进行趋势分析与预测，实现了储集层岩性识别和纵波速度预测，相对于传统的体积模型、岩石物理模型等技术，效率得到大幅提升，如图3-2-26所示。

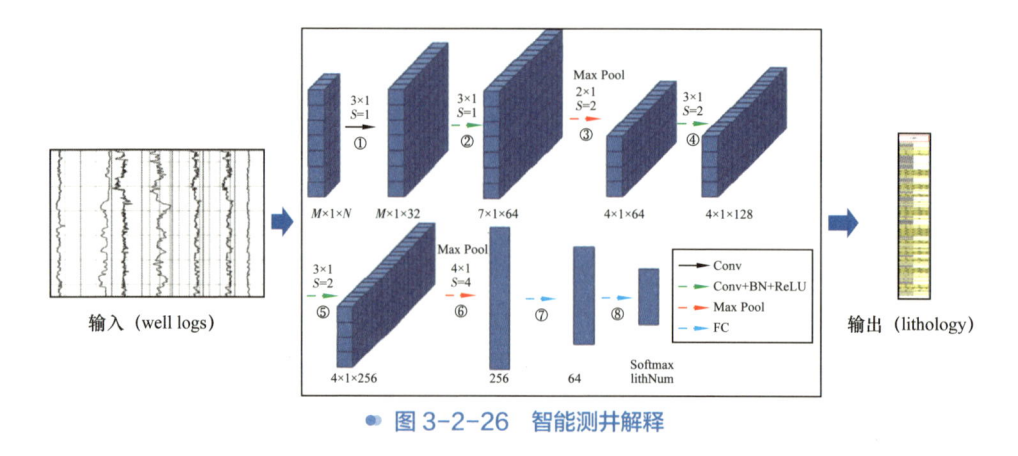

● 图 3-2-26　智能测井解释

(2)智能断层预测。

传统的断层预测方法主要为相干、曲率等属性，这些方法沿层分析效果较好，但体识别能力受到挑战。东方物探经过研究和实践积累，一方面，从模型+数据驱动的思想出发，基于正演模型与实际资料构建断层预测深度神经网络训练样本库；另一方面，搭建三维网络模型，同时引入局部注意力机制，实现了三维断层的高精度预测。基于正演模型驱动的残差网络三维断层检测技术，以深度学习断层检测为基础，通过构建大量典型的断层模型构建样本标签库，然后通过并行机制训练残差卷积神经网络模型，最后用训练好的模型对地震数据中的断层进行检测。相对于传统属性方法，深度学习断层检测技术精度大大提升，在剖面、切片及三维可视化分析中均可见到明显优势。同时不再需要进行多种属性的运算，效率极大提高。预测结果在断裂系统描述上更加清晰，如图3-2-27所示。

(a) 训练样本制作

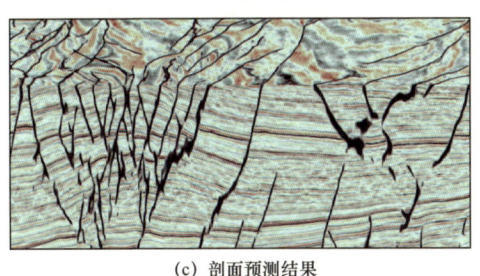

(b) 网络架构

基于注意力机制的U-net

训练损失函数
$$L = \frac{1}{N}\sum_i L_i = \frac{1}{N}\sum_i \left\{ -\left[y_i \lg(p_i) + (1-y_i) \lg(1-p_i) \right] \right\}$$

(c) 剖面预测结果

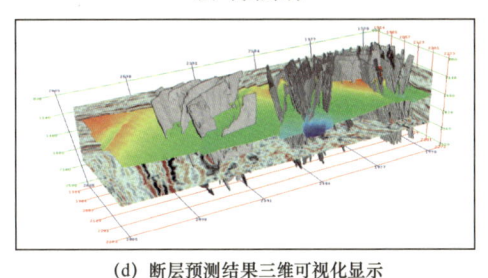

(d) 断层预测结果三维可视化显示

● 图 3-2-27 智能断层预测

(3)智能层位解释。

地震层位解释是非常耗时的一项工作，尤其是在断层复杂区，需要大量的人工工作，解释的效率难以满足高效生产需求。在层位自动解释方面，逐步完善原有智能断层预测方法。以解释人员人工标注的层位骨架为训练样本集，通过迭代更新面向层位解释的高精度网络结构（HRNET）模型，实现了更精细层位自动功能。在此基础上，通过引入半监督训练机制实现了层位追踪结果后处理功能，降低了智能层位预测中的非正常"飞点"现象，提高了解释效率。通过智能技术研究，实现了层位自动拾取功能，大大缩短了解释工作的用时，有效解放了解释人员的双手，如图 3-2-28 所示。以上技术及配套功能都已集成并形成模块，同时搭建了智能化软件集成环境来支撑智能模块及配套功能的开发与集成，完成智能构造及地质体的模块的工业化集成及推广。

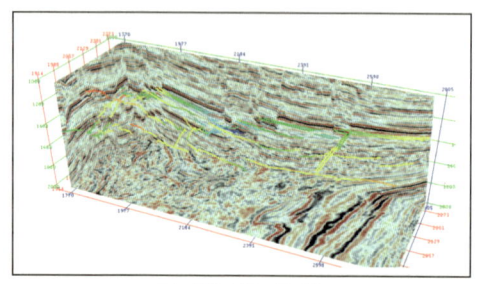

(a) 骨架标注（标签）

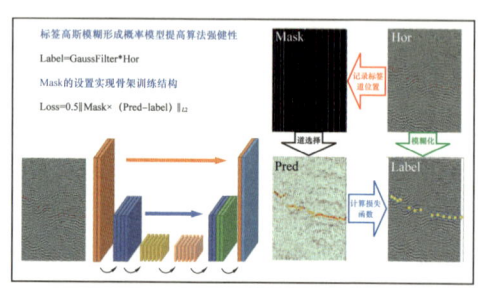

(b) 网络架构

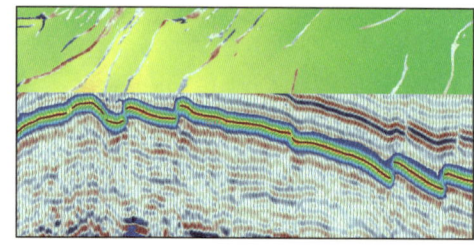

(c) 剖面预测结果

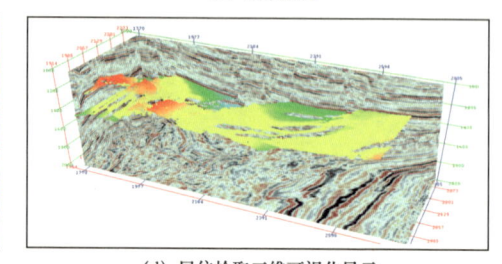

(d) 层位拾取三维可视化显示

● 图 3-2-28　智能层位拾取

（4）智能地震相分类解释。

在深度学习地震相识别方面，结合实际数据特点提出模糊系统与深度神经网络结合的混合模式，以解决地震相识别过程中的低信噪比及标签不准确问题，实现了高效便捷的地震相识别技术流程，如图 3-2-29 所示。

（5）"AI + 地震解释"应用效果。

智能化解释技术取得了良好效果并初步完成了科技成果转化，形成了智能测井解释、智能断层预测、智能层位解释和智能地震相分类解释等 4 个方面技术成

(a) 地震相交互标注　　　　　　(b) 网络架构

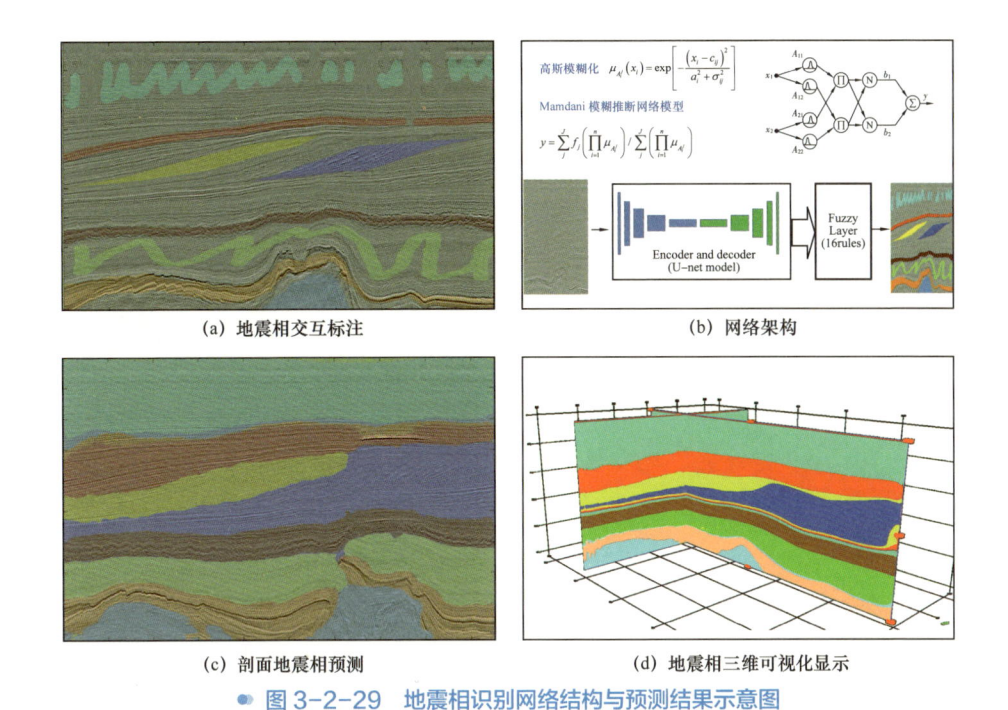

(c) 剖面地震相预测　　　　　　(d) 地震相三维可视化显示

● 图 3-2-29　地震相识别网络结构与预测结果示意图

果，在东部大庆油田、华北油田、辽河油田、胜利油田，西部塔里木、新疆油田及长庆油田、西南油气田等取得了很好的应用效果。其中，智能断层预测技术在东部油田复杂断块区应用中，比传统的相干方法有巨大的提升，使用基于正演模型训练的断层预测网络能够实现无监督的快速断层解释功能，预测精度更高，传统相干方法要 30 分钟，AI 技术仅仅需要 10 分钟，速度提升 3 倍。智能层位解释技术在长庆油田低幅度构造区应用中，比传统的剖面追踪方法效率提升 10 倍以上，实现了最高密度的层位解释、快速圈闭搜索。

实例一：智能化断层预测技术在东部复杂断块区实际数据中的应用。

研究区位于冀中坳陷中部，历经 4 期构造活动，断裂数量众多，具有典型的中国东部箕状断陷盆地特征，区内主力目的层为东营组、沙河街组、潜山带，断层是控藏主要因素，需要进行高精度高效断裂系统分析研究。

使用基于正演模型训练的断层预测网络能够实现无监督的快速断层解释功能，预测精度更高，并且计算速度提高 3 倍以上。人工智能断层预测结果与相干属性对比，从剖面上看断裂识别更加精准，大断裂在剖面纵向连续性更好，与地震剖面断裂展布更加吻合，时间切片展示断裂走向更加清晰准确，基于人工智能断裂识别的结果，能够更加准确地分析区内断层发育规律。

从沿层属性对比分析上看，通过传统相干属性也能够刻画区域内断裂规律，而智能断层预测可以进一步精细刻画研究区内微小断裂，如图 3-2-30 所示。与传统相干属性相比，人工智能方法能够得到更加精细的预测结果，预测准确率更高。

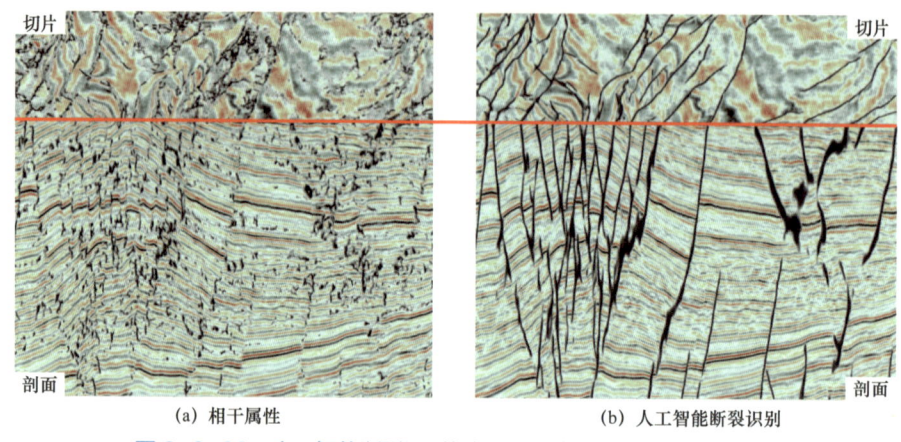

(a) 相干属性　　　　　　　　　(b) 人工智能断裂识别

图 3-2-30　人工智能断裂识别与相干属性与地震剖面叠合显示对比

实例二：智能层位解释技术在东西部地区实际数据中的应用。

智能层位解释技术在国内多个工区取得成功应用，如大庆某工区对于资料品质比较好的反射层，仅需要两条解释剖面进行监督训练，就可应用智能技术实现全区域 1×1 网格层位解释，如图 3-2-31 所示，从剖面显示的层位概率结果可以看到，即便工区内断裂系统发育，智能算法仍然可以实现对多个复杂断块的层位拾取工作。

对于反射能量较弱的储层（图 3-2-32），目的层为弱反射层，共解释 8 条骨干剖面进行监督训练以实现人工智能快速层位解释，可以看到智能算法也很好地进行了层位拾取工作，从而大幅提高弱反射层解释效率。而对于低信噪比或者复杂层序关系的层位拾取，智能层位解释技术也具备良好的适用性和应用效果，如在新疆、四川、长庆等探区（图 3-2-33），都得到了成功应用，提高了解释工作的效率。

— 182 —

第三章 数字化转型发展建设成效

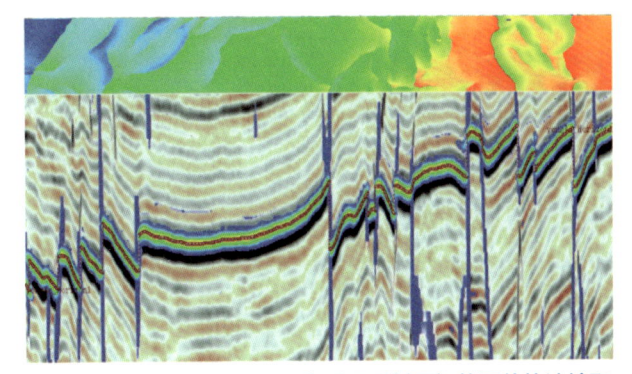

● 图 3-2-31 大庆某工区高质量反射层智能层位快速拾取

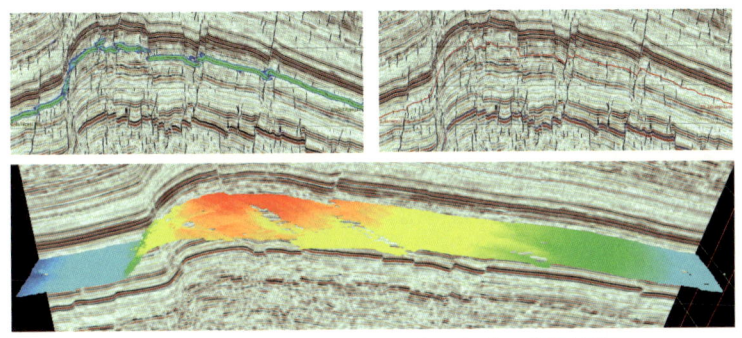

● 图 3-2-32 大庆 315 弱反射层智能层位快速拾取

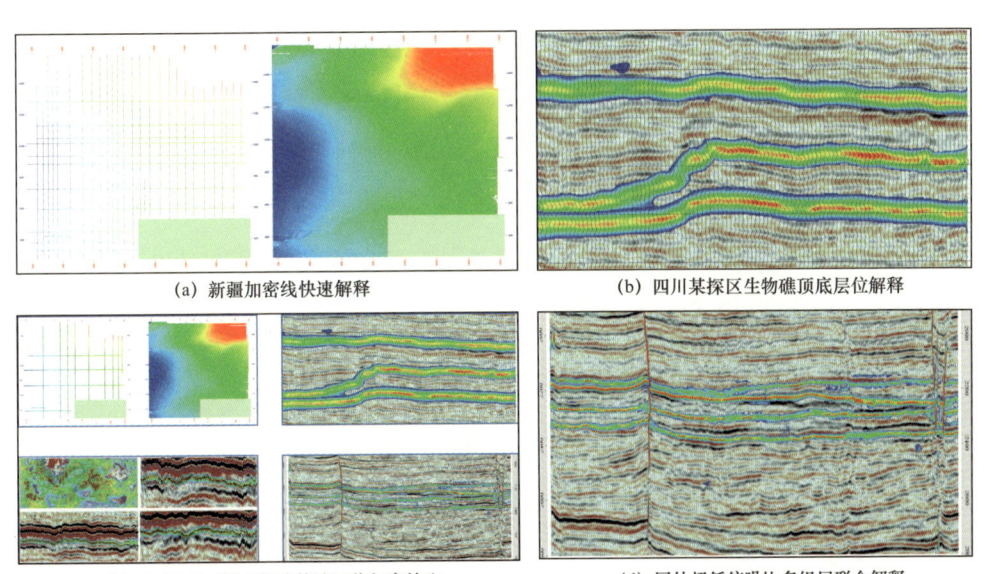

(a) 新疆加密线快速解释　　　　　　　　　(b) 四川某探区生物礁顶底层位解释

(c) 长庆100×100骨架线快速层位加密拾取　　(d) 国外超低信噪比多组层联合解释

● 图 3-2-33 多工区智能层位解释的应用示例

— 183 —

四 地震地质工程 & 油藏一体化转型成果

1. 地震地质工程一体化业务发展背景

近年来非常规油气勘探开发不断发展，随着地质条件复杂和工程实施难度加大，对地震支持要求越来越高，地球物理技术面临巨大挑战，亟须新理念、新技术、新实践的突破。2017年东方物探首次提出地震地质工程一体化，围绕提高单井产量关键问题，打破原有"技术条块分割、管理接力进行"的模式，地震既服务于地质研究，又指导于工程实施，地震资料全面系统的支撑静态地质评价和动态工程实施，开展具有前瞻性、针对性、预测性、指导性、实效性和时效性的室内研究与生产现场一体化的实践应用，对钻井、压裂等钻探工程技术方案进行支持，并发挥桥梁作用，将地质和工程联系更紧密，形成可闭环的系统工程，创新形成了特色的服务技术体系。其基础是地震，核心为地质，关键在工程；在研究过程中是以提高单井产量为目标形成动态一体化环路，充分挖掘和利用地震多种类资料（叠后、叠前等），促进地震、地质、工程的有效互动，形成地震地质研究支持钻井工程，钻井工程落实地质任务，钻后分析更新地震、地质研究成果的良性循环，为下一步勘探开发奠定基础（图3-2-34）。

● 图3-2-34 地震地质工程一体化流程

2. 地震地质工程一体化业务现状

地震地质工程一体化是以地震资料为基础，静态评估地质指标，动态调整工程参数，井筒全生命周期跟踪研究，达到提高单井产能和EUR的目的。具体在研究中，地震资料主要应用环节包括综合评价、水平钻井设计轨迹优化、钻井实时跟踪、压裂优化等。经过不断实践探索，采集处理解释一体化攻关，复杂构造解释技术不断创新，配套技术系列不断完善，高品质地震资料和高精度解释成果，保障了地震地质工程一体化的实施（图 3-2-35）。

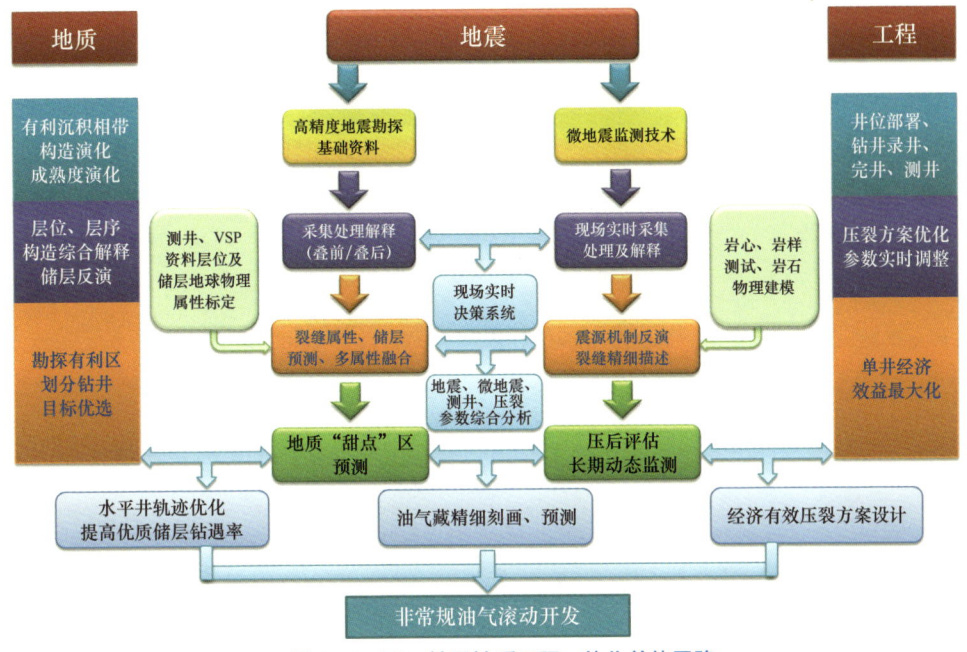

图 3-2-35　地震地质工程一体化总体思路

1）"甜点"预测及综合评价技术。

"甜点"指地质上的含气性较好、保存条件优越，工程上有利于水平钻井、分段体积压裂容易形成有效缝网的储层。显然，理想的"甜点"应是涵盖地质"甜点"与工程"甜点"的综合"甜点"。在综合"甜点"区域进行水平钻井、在"甜点"的箱体段进行射孔和压裂作业，可在实现体积裂缝的前提下，最大限度地发挥地质上的产气潜力，进而提高单井产量。

非常规油气类型多样，"甜点"评价指标存在差异，但均可分为地质"甜点"和工程"甜点"两个方面进行评价。以页岩气为例，地质"甜点"包括构造、断裂、有机碳含量（TOC）、总含气量、孔隙度、储层厚度等 6 个指标，工程"甜点"包括埋深、地层倾角、脆性、地层压力、地应力、裂缝等 6 个指标（图 3-2-36）。地质"甜点"地震预测涉及叠后和叠前地震资料的应用，其中保存条件的研究主要基于叠后地震数据的精细构造解释和综合分析，储层指标预测主要利用道集数据、通过叠前反演来完成。工程"甜点"主要利用叠前、叠后地震资料，通过属性分析、弹性参数反演、方位各向异性分析等方法来预测。

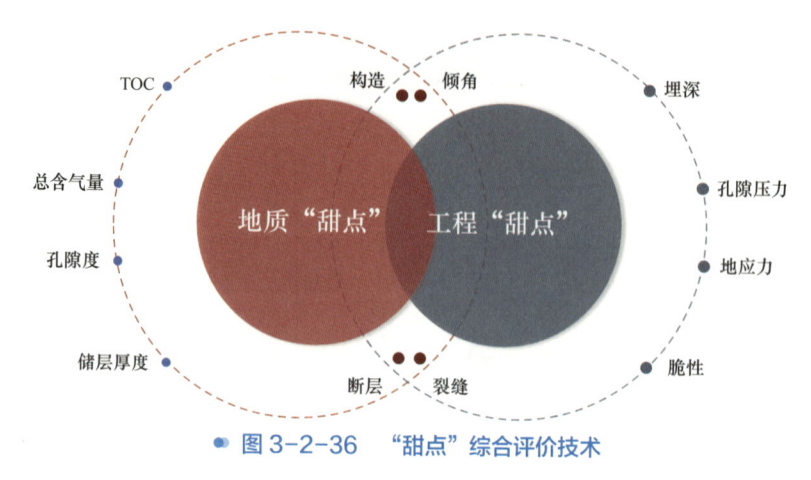

● 图 3-2-36 "甜点"综合评价技术

2）高效水平井部署实施综合评价技术。

面对水平井部署实施地面地下"双复杂"问题越来越突出的现实问题，基于"稀井高产、少井高产"的策略，遵循"甜点"整体评价，分块部署，区别实施的原则，将"甜点"区精细划分成可实施的开发单元并进行单元评价，便于水平井部署，制定更合理的开发方案，提高开发效果，充分动用地下储量（图 3-2-37）。

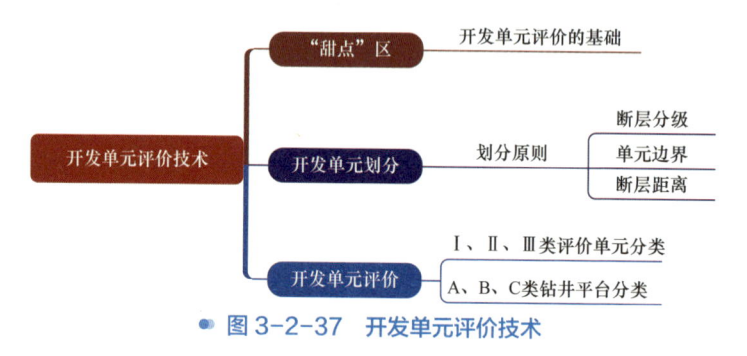

● 图 3-2-37 开发单元评价技术

以水平井能实际部署为导向，在构造分析、断裂分类的基础上实施单元细化，以断块级别为单元进行精细划分和评价，细化评价单元的标准有以下 4 点：标准 1 不可穿越断层为评价单元强制性边界，单个单元内不含此类断层，水平井在不触碰边界的情况下可任意部署；标准 2 互不搭接的边界断层，按断层走向延伸至其他边界断层或研究区边界作为控制边界；标准 3 评价单元边界距离断层 200 米；标准

4 评价单元内沿水平井部署方向不小于1000米。

3）地震地质导向跟踪和监控技术。

水平井箱体钻遇率是单井高产的基本保证，井筒完整性和光滑度对后期的压裂和生产提供较好的井筒基础，而导向是实现对水平井良好钻探效果的关键。地震地质导向充分挖掘地震信息，并融入实时钻井信息，构建控制点，井震实时结合，通过动态分析，采用层控（宏观趋势）+点控（具体值域）的方法，迭代更新三维速度场进而修正地震地质模型，逐渐逼近地下真实地层情况，依据模型发挥水平井靶体预估、趋势预判和风险预警"三预"作用，引导水平井在箱体内平稳钻进，最大限度降低钻井风险，同时保证井筒光滑和箱体钻遇率，该技术充分体现了地质+工程信息综合性和钻井应用的前瞻性（图3-2-38）。地震地质导向涉及的关键技术主要包括钻头精确定位技术、控制点约束速度场迭代更新技术、地震多属性、多方法断裂联合预警分析技术。

图3-2-38 地震地质导向技术

4）微地震监测技术

微地震监测业务具有量大、面广、周期长的特点，项目在运行和管理上流程复杂，中间环节较多，可调配资源不均衡，对现场实时处理解释要求高，并涉及地球物理、地质、工程、测井等多学科的一体化综合分析，所以为满足非常规油气藏勘探开发的需求、开展了基于微地震监测技术的地震地质工程一体化技术研究，形成具有知识产权的地震地质工程一体化现场实时决策系统，并完成现场试验及推广应用，建立一支能综合开展地震地质工程分析研究的人才队伍，以满足微地震监测智能化发展需求和甲方需求。

3. 地震地质工程一体化智能化协同的实现

人工智能技术搭载勘探开发专业软件和信息系统，为推动地震地质工程一体化，未来真正实现石油物探智能化发展提供了一条行之有效的路径。专业软件是最主要的研究工具，也是专家智慧的结晶和成果，是石油公司和服务公司的核心竞争力。随着人工智能算法在数据自动采集、智能分析处理等方面的应用，一些专业软件利用机器学习、机器视觉、数据挖掘等算法进一步提高软件的智能化分析水平，并致力于在数据共享的基础上，实现协同研究。

人工智能技术快速发展，为石油物探智能化发展提供了基础保障，而勘探开发梦想云则搭建了中国石油上游业务一体化协同工作的平台，实现了数据互联、软件互通、成果共享的不受空间、时间限制的新型工作模式，为提高工作效率、缩短项目周期、降低生产成本特别是人工成本、降低对人工经验的依赖性、增强数据驱动分析的可靠性、提高解决复杂问题的能力和应用效果奠定了基础。

在非常规油气勘探业务逐渐走向智能化的过程中，未来将打造"地震地质工程一体化智能化协同平台"，通过一体化的系统平台、一体化的数据平台联合形成一体化的决策平台。通过信息共享、学科相融、技术创新、智能协同提升数字化、网络化、智能化、一体化水平，为智能数据建设、智能地震解释、智能选区、智能定井、智能打井和智能压裂奠定基础（图3-2-39）。

● 图 3-2-39 地震地质工程一体化智能化协同平台

1）地震数据高质量智能处理

目前地震数据处理面临数据量大、流程烦琐、周期长等现实问题，在地震数据处理方面，人工智能主要应用在噪声压制与信号增强、地震波场正演、地震速度拾取与建模、初至拾取、地震数据重建与插值、人工智能的应用在保证准确率的前提下，极大地提高了地震数据处理解释的效率。

未来将实现增量式自动化处理流程，提高地震数据建设质量和效率。智能地震节点的广泛应用，必将促进实时数据采集与自动化处理智能化解释场景应用的发展。如何构建针对实时汇聚的地球物理数据尤其是地震数据增量式自动化处理流程尚有许多挑战性技术有待攻克。主要技术挑战包括：（1）面向节点实时数据采集的高效海量数据管理——连续采集和汇聚数据的快速传输、存储、抽取、组织和访问；（2）地球物理数据处理流程中人机交互功能自动化、质控自动化、模块选择与参数优化智能化、质量控制智能化的实现；（3）增量数据处理结果与全局性处理结果的融合，以及增量数据处理对全局性处理关联性与依赖性的解耦，这既要充分利用地球物理线性系统的可叠加性简化处理流程的实现，又要充分考虑非线性所带来的挑战；（4）无观测系统非规则随机分布节点采集数据处理或预处理技术；（5）基于海量节点长周期连续观测的被动源背景噪声干涉成像技术；（6）针对实时采集数据自动化处理超强计算能力的需求。

2）地震资料高效智能解释

在地震数据解释方面，人工智能主要应用在地震构造解释（含断层识别、层位解释、岩丘顶底解释、河道或溶洞解释等）、地震相识别、储集层参数预测、地震反演地震属性分析、微地震数据分析、综合解释等方面。使用的核心技术主要是计算机视觉领域的目标检测、分割、图像分类与预测等。人工智能的应用在保证准确率的前提下，极大地提高了地震数据解释的效率与精度。智能化解释研究的重点是针对地球物理数据分析解释中面临的海量数据、多源数据、多解性、主观性等技术难点和挑战，应用机器学习尤其是深度学习新技术进行地球物理数据的分析与解释，摆脱或降低对人工经验的依赖，克服人工解释的主观性和低效率，大幅度提升数据分析解释的客观性、可靠性、适应性和工作效率。在智能化解释的初始阶段，智能化技术应用可能还是表现在局部工具的应用上，而缺乏知识积累特征，无法通过分析系统的训练实现系统的智能进化，但会表现出深度学习技术的统一性和应用的普遍性。而深度学习模型的不断应用必将带来模型的智能进化，不断提高对不同资料的适应性。

　　智能化解释技术研究与应用预计可以在以下几个方面首先取得突破：（1）测井资料的分析与解释。由于深度学习技术具有良好的多维空间函数表征能力，而且人工神经网络技术已经在测井数据分析中具有较长时间的应用基础，因此深度学习技术可以在利用多测井曲线进行地层岩性与参数预测、多井地层对比等方面取得成熟的应用。（2）地震多属性综合分析。地震属性分析已经成为地震勘探资料解释中的重要分析技术，地震属性种类已经超过百种，地震属性应用包括层位解释、断层追踪、岩性预测、流体识别、储层参数预测等方面，人工智能（深度学习）技术可以在地震属性相关性分析、属性降维处理、多属性综合分析等方面得到应用。（3）地震断层解释。断层解释是地震资料解释中最基本的目标之一，业界也已经研发出基于蚂蚁追踪算法的自动化断层解释技术并得到较为广泛的应用，但该算法对地震资料的品质有较高的要求。

3）"甜点"预测及综合评价智能选区

　　非常规油气的研究很大程度上依赖石油地球物理技术，特别是通过地震反演预测储层指标为寻找"甜点"奠定基础。近年来，人工智能技术在此领域的应用研究进展较大，采用的算法以 CNN、RNN、DNN、波尔兹曼机和 GAN 等为主。Phan 等结合级联法与卷积神经网络，通过最小化一个类似于反问题最小二乘解的能量函数来构建深度学习模型，然后利用该网络进行叠前地震反演，通过训练网络学习岩石性质与地震振幅之间的非线性关系来预测阻抗。反演算法要求在训练网络前对输入进行归一化处理，并在网络应用后将结果转换为绝对值。结果表明，该算法能够捕捉训练数据集中的所有特征，同时准确地重建井点的输入测井曲线，并生成地质上合理的阻抗剖面。

　　随着智能化程度的提高，未来将逐步实现迭代式智能化地质地球物理建模流程，基于增量式自动化处理得到的地震成像、反演和属性分析等处理结果，需要一个迭代式智能化地质地球物理建模流程来支撑地质构造解释、储层预测和油藏描述等解释业务。随着数据量的不断增加，信息越来越丰富，地震成像、反演和属性分析结果越来越全面、准确和精确，因此这个迭代式智能化建模流程需要体现迭代、递进、升维等特征。迭代和递进意味着随着数据量的不断增加，模型迭代是在以前结果的基础上逐步趋真、趋精、趋全。升维则要充分考虑数据量增加所带来丰富信息，以升维方式细化数据处理和分析方法、充分挖掘数据中隐藏的信息。典型的升维分析包括空间升维（一维、二维、三维模型分析）、偏移距升维（AVO分析）、方位角升维（各向异性分析）、频率升维（分频处理与分析）、时间升维（多次叠加分析）和属性升维（单属性到多属性、多源数据融合分析）等。

"甜点"预测参数多，流程多，未来将实现多参数自适应"甜点"有利区评价方法研发，形成标准化流程，实现参数自动最优化，智能综合评价，落实"甜点"区，效率更高，效果更好。

4）水平井高效智能部署实施综合评价

基于深度学习的断层自动化识别逐渐成为一个典型应用方向。多位学者利用卷积神经网络，在合成地震记录数据集或者实际地震数据集上进行训练，构建断层智能识别模型，自动识别断层存在的概率及倾角等参数。

在断层自动化识别基础上，分类分级别智能评价断层规模，设定一定的参考标准，智能划分开发单元，并结合"甜点"评价成果，对开发单元进行评价，结合最大水平主应力方向及开发单元情况，智能批量井位部署，确定井型、井距、方位、水平段长度，并根据现场生产情况自动优化调整。

5）地震地质智能导向跟踪和监控

未来的智能钻井主要由智能钻机、井下智能导向钻井系统、现场智能控制平台、远程智能控制中心组成，构成有机整体，实现闭环控制。具有机器学习能力的智能钻台机器人和智能排管机器人将取代钻台工和井架工，实现钻井作业的少人化。现场智能控制平台将代替司机完成所有操控，司机从复杂的操作中被解放出来，不必长时间坐在操作椅上，只需在一些特殊情况下才接管现场操作。地质导向、井下事故处理等关键作业可由远程智能控制中心的智能控制平台完成，从而实现操作的远程化。在未来超级钻头的配合下，未来的智能钻井将推行水平井超级一趟钻，即表层井段一趟钻、余下井段一趟钻，有望大幅度降低钻井成本。

实现智能化钻井的前提首先是要把地下情况搞清楚。一方面是大力发展可以大幅度提高钻井"命中率"的随钻前探与随钻远探技术。随钻前探技术主要包括随钻地震前探技术和随钻方位电磁波前探技术两类。随钻前探与随钻远探技术有利于随钻油藏描述和随钻地质导向，及时识别前方"甜点"及储层边界，及时调整井眼轨迹和钻井工程参数，更好地引导钻头钻达"甜点"，提高储层钻遇率和单井产量，降低吨油成本。展望未来，随钻前探与随钻远探技术将会探测得更多、更准、更远、更快，在随钻油藏描述和随钻地质导向方面发挥更大的作用，并成为智能钻井、智能油田的重要组成部分。

通过地震地质多信息远程智能导向系统研发，研究远程信息化技术、云平台技术及人工智能技术在导向中的应用，提高软件的智能化、自动化程度。随着深度学习、集成学习、迁移学习等技术的不断发展，其在图像处理、分析预测等方面展现出较为显著的优势。通过充分挖掘保真保幅处理数据的潜力，重点探索基于多维数据（方位各向异性）的风险识别预警技术，井震联合建立动态风险"大数据"库，充分反映地层信息，提高风险识别智能预警能力。全面实现钻前、钻中和钻后的无缝衔接，通过现场数据实时传输，井震联合实时处理，曲线自动拟合，实现动态智能钻头定位、趋势预判和风险预警，智能优化钻井轨迹参数，根据地震预测储层、断层情况，提供完钻决策依据，为智能钻井提供参考。

6）地震—微地震结合智能压裂监测

近年来，水平井分段压裂呈现压裂段数越来越多、支撑剂和压裂液用量越来越大的趋势。从长远看，实现压裂段数少、精、准，才是水力压裂技术的理想目标。地震—微地震结合智能压裂监测技术是未来支撑压裂的重要地球物理方法。在压裂施工前，依托梦想云共享平台，调取相邻井微地震监测成果和区域地震地质成果，评价储层裂缝与应力发育特征：一是对压裂方案和参数提供优化建议；二是对施工过程中可能存在的风险提出工程预警，降低工程风险，快速高效的项目管理和监控。在储层压裂改造过程中，通过微地震监测结果，钻井、地震和压裂工艺综合研究，对储层岩石物理性质、天然裂缝展布、人工缝网展布开展综合分析，实时优化压裂参数。在储层改造后，通过梦想云共享平台对多信息融合分析，总结人工缝网主要影响因素，为后期油田滚动开发提供基础参数。

7）地震地质工程一体化现场实时决策系统

研发地震地质工程一体化现场实时决策系统，综合地震、地质、钻井、微地震等数据，实现了钻井及储层改造工程的现场—室内桌面—移动手机实时动态监控，及线上线下快速同步决策。

地震地质工程一体化现场实时决策系统利用梦想云的集成功能，实现了现场实时采集的数据与软件的桥梁。通过梦想云构建的云共享与管理机制，使位于不同地点的甲乙方项目研究人员和施工前线与后方人员能够开展基于三维地震资料解释场景的多用户、交互式协同工作。

物理架构方面，在系统实际应用过程中为了保证稳定的运行，梦想云物理架构规定了组成软件系统的物理元素以及这些物理元素之间的关系，软件对硬件的合理配置及对机器和网络的合理部署，直接决定了整个系统运行的可靠性和可伸缩性。运行架构方面，梦想云支撑了系统各个模块元素、部署到硬件上的方法及其相互之间的联动作用。运行架构的主要任务是展示系统动态运行时的情况，地震地质工程一体化现场实时决策系统运行架构通过云平台在基地服务器，建立了与地震地质工程一体化现场实时决策系统相适应的网络数据库，保障项目的高质量运行。数据架构方面，地震地质工程一体化现场实时决策系统数据架构是通过云平台上数据库建立的压裂实时监控与决策网络数据库为存储媒介，项目研究人员可以方便快捷地调取所需要的数据。

五、重磁电勘探数字化转型初探

1. 重磁电勘探智能化发展目标

综合物化探业务包括重力、磁力、电磁法和化探等勘探方法，勘探空间包括地面、海洋、航空、井中等，当前业务范围包括油气勘探、油气田开发、非常规能源勘探、固体矿勘查和水资源勘查和工程地质勘查，作业范围覆盖到 30 多个国家。

综合物化探勘探业务面广、勘探方法多、项目运行周期短，从根本上制约了勘探方式的降本增效。此外，非地震勘探市场不稳定、重磁电勘探技术分辨率低等问题，影响到了后续市场的开拓和市场竞争。

综合物化探业务必须坚持走科技创新的新路，针对重磁电采集、处理解释各环节成立人工智能攻关团队，将"十三五"深地项目人工智能研发成果实用化，打造一支智能化勘探技术队伍，并确定了物化探智能化发展的方向，主要包括以下几个方面：

（1）加快物联网+AI+重力、磁力、电磁法仪器设备研发工作，实现电磁、地震一体化节点采集，提高效率、降低多解性。

（2）推广使用智能化物化探队管理系统，规范物化探采集业务流程、提高野外资料采集质量。

（3）持续加大物化探智能技术应用研发，攻关三维反演算法，实现重磁电震等多资料的智能联合反演，不断提升核心竞争力。

（4）实用化地球物理属性提取及AI分析技术，提高地质推断解释能力，推动非地震勘探定量化进程，实现大数据、认知计算等IT技术与业务深度融合，支撑勘探开发全业务链数字化、自动化、智能化转型，真正体现数字化与智能化技术对勘探开发业务的创新驱动。

（5）应用梦想云已形成的数据中台、技术中台和业务中台能力，赋能综合物化探业务的数字化转型和智能化发展，共同打造智能物探新生态。

2. 重磁电勘探智能化发展成果

1）全面推广智能物化探队管理系统

自2021年辽河坳陷东部凹陷时频电磁勘探项目开始，综合物化探处正式开始推行智能化管理系统，可以实现工区设计、野外布设、现场监控、质量管理等工作。在野外，操作员在布极的同时，将会把相关参数、现场情况照片上传至平台，室内相关人员可实时对野外进行监控，覆盖程度可达100%。通过该系统的运行，加大了质量检查控制范围和力度，室内技术人员及时掌握野外布极情况，随时监督指导野外布极质量。

2）实现了大数据智能联合反演

重磁电勘探数据处理涉及大数据问题。人工智能技术发展迅速，对大数据高性能计算、大规模优化可极大改变数据处理的方式和方法，为地质数据解释带来新的变革。

大数据智能联合反演立足于人工智能技术在多物理场数据联合反演中的应用，探索颠覆性的数据解释方法。该领域在国外也是刚刚开展起来，依靠科研人员的勤奋努力，很可能实现弯道超车，实现我国在物探数据解释方面的跨越式发展，增强我国物探数据解释方法和软件方面的国际影响力。同时，物探领域的技术突破可以带动建设领域无损探伤、工业监测、生物医学成像等，为这些领域的成像方法研究提供工具，具有极大的科学价值与应用价值。

通过"多学科地球物理联合解释与多元信息智能预测技术研发"重点专题研发瞄准物探数据的解释方法领域持续探索，通过强化特色、协同合作、紧扣目标，取得了智能化联合反演技术的突破。该技术通过深度学习方法将地球物理数据和解释人员的经验有机地结合在一起，提高反演数据解释的效率和精度。一方面通过深度学习方法和卷积神经网络实现正问题的快速求解算法，以大幅度提高正问题求解的效率。另一方面通过机器学习方法寻求最优的模型更新方向，然后在线上将这些"学习"到的知识直接应用到反演过程中，在提高反演精度的同时节约了计算时间。

从正向建模、数据反演两个方面，利用机器学习方法，结合地质信息与规律，发掘多物理场数据之间的内在联系，突破联合反演问题中测量信息与泛在先验信息融合的关键技术，研发快速、稳定、灵活的智能化多物理场反演算法和软件工具，为提升系统对实测数据的反演能力打下基础，并为我国的深部资源探测提供高性能的数据解释工具。

目前已完成了多方法大数据智能反演技术及原型程序的研发，包括基于深度神经网络的重力、地磁、大地电磁反演算法，融合先验信息的基于深度神经网络的反演算法和基于深度神经网络的重力和（或）地磁和（或）大地电磁联合反演算法。

3）搭建了基于深度学习的矿体目标智能识别解释平台

油气目标、矿体目标在反演结果中表现出与背景形态、物性的差异，依据这种目标体与背景物性的差异提取异常体，可以达到识别目标体的目的，而深度学习可以为这种操作提供高效的手段。深度学习是学习样本数据的内在规律和表示层次，通过机器对文字、图像等的识别、分析，进行模式的识别。

"十三五"研发计划中，课题"多学科地球物理联合解释与多元信息智能预测技术研发"完成了一体化处理解释 GeoDeep 软件平台的研发。该软件 Geological Interpretation 模块中包括了地球物理属性的提取与分析子系统，为提取地球物理属性、预测油气储层及矿产资源分布提供了技术支撑。Geological Interpretation 模块一共包括属性提取与分析、井震联合地质分析、层序地层解释、三维可视化、三维构造建模和地震地质导向钻井等 6 个子系统。该模块既可提取常规属性，还可以提取能描述地层接触关系、特殊岩性体的形态、储层横向展布、裂缝发育程度等的现代属性，如单频属性、曲率属性、方差属性、玫瑰图等。对地球物理属性的模式识别既可以实现无样本监督的属性分析，也可以进行有监督的模式识别。GeoDeep 软件平台的研发成功，为物化探业务攻关重磁电震智能联合反演与解释、研发与新仪器配套的方法技术系列及实用化软件提供了基础，将勘探深度延伸、勘探领域拓展，油气藏及矿体识别精度提高了 15%。

第三节 物探软件生态建设

注重生态环境建设是当前行业软件发展的一个主流趋势，东方物探正在从"软件开发商⟷用户"的简单关系，朝着"众多参与者共生的复杂大生态"转变，如图 3-3-1 所示。东方物探按照"共建、共享、共赢"理念建机点制，集中油田单位、科研院校、社会化公司等各方力量，汇聚全球智力，共同打造物探软件生态系统。一个良好的软件生态一定是技术开放的，其中活跃着专业开发商、个人开发者、科研院校老师和学生等大量的开发力量，他们有的专注于软件平台，有的专注于软件产品，还有人则聚焦于功能插件，相互间形成合理的专业分工。用户不仅有大量、丰富的软件可用，而且也能够快速满足其个性化需求，可以说用户需要什么就会有人来开发什么。另外，还有大量的服务者栖身在这个生态中，他们提供的应用商店、技术支持、业务运营等服务让这个生态运转更加高效，同时也从中获得相应收益。一个好的软件会有很多用户，如果它是开放的，就会吸引来开发者愿意为它配套或扩展功能以获得收益，而不断丰富的功能和产品则进一步吸引更多的用户，再吸引来更多的开发者生产更多的软件，最终形成一个正向激励的生态。软件生态最大的作用就是实现了众多参与者的共生共赢，做到"1＋1＞2"，且一旦形成就会构建起强有力的竞争壁垒。

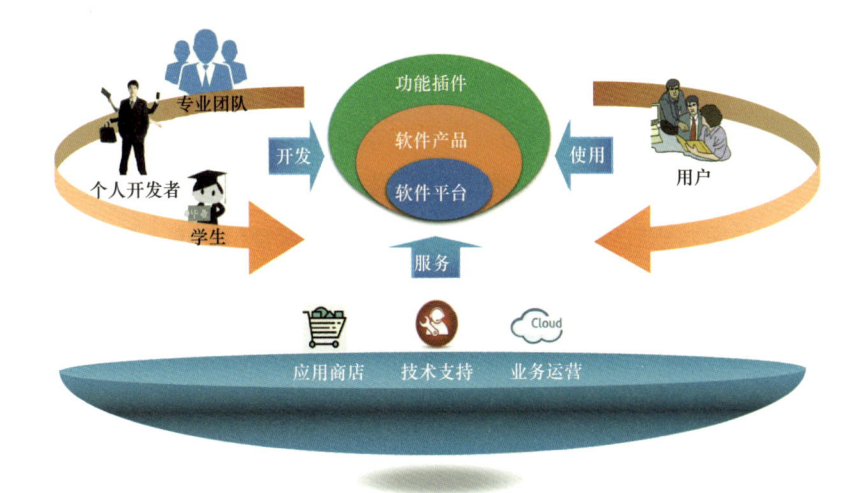

● 图 3-3-1　生态系统建设示意图

一　多学科一体化开放式软件平台 GeoEast-iEco

通过"十三五"的研发，实现了多学科一体化开放式软件平台 GeoEast-iEco，为打造 GeoEast 软件生态系统奠定了基础，GeoEast-iEco 平台中多学科数据管理系统和开放式开发框架都致力于应用软件开发，提供卓越的开放性和扩展性。基于 GeoEast-iEco 平台，首先东方物探在该平台上开发处理、解释等核心应用软件，这些软件将充分发挥平台优势，能够整体上支撑业务的运转，是整个生态的主要依托；其次，第三方开发者（通常能力较强）可以在该平台上开发独立的应用软件，作为核心软件的配套和补充，进一步丰富整个生态；最后，第三方开发者（通常能力较弱）还可以基于核心应用软件开发各种功能插件，丰富软件的功能、提升性能或满足特定用户的个性化需求。因此该平台的成功研发为建设国产物探软件共建、共享、共赢的新生态奠定了平台基础。

为了有效应对海量数据、多学科协同工作、降本增效带来的挑战，以"共享、协同、开放"的设计理念，以"建设中国物探软件新生态"为使命，东方物探历时三年，精心打造了新一代软件平台 GeoEast-iEco（图 2-3-8）。GeoEast-iEco 多学科一体化开放式软件平台是 GeoEast 软件系统面向未来研发的全新一代平台，其采用先进的软件架构，秉持共享、协同、开放的设计理念，致力于自主物探软件发展、构建自主物探软件生态系统提供坚实的平台支撑。

GeoEast-iEco 平台具备多学科协同、云模式共享、多层次开放的特点，可有效管理 PB 级海量数据，支持大规模并行计算，具备多学科协同工作能力，是支撑物探应用软件研发与应用的基础平台，由多学科数据管理系统、开放式开发框架和云计算管理系统组成。

1. 多学科数据管理技术

多学科数据管理技术为 GeoEast 软件系统应用程序提供全新的数据存储、访问及管理功能，为勘探软件提供处理解释一体化的数据解决方案，如图 3-3-2 所示。其采用多坐标系数据实时自动转换、多数据源在线访问、模型扩展等关键技术，为地震、地质、测井、油藏等领域的应用软件提供盆地级的数据共享服务，多学科数据管理能力实现由项目级到盆地级的转变，为盆地级油气资源评价和多学科油藏综合研究奠定坚实基础，如图 3-3-3 所示。

GeoEast-iEco 平台采用开源 PostgreSQL 数据库（简称 PG）替代商业数据库，如图 3-3-4 所示，在规避不确定性风险的同时，降低了大规模推广应用成本，为建设自主可控的物探软件系统奠定了基础。同时综合利用读写分离、连接池等技术，形成基于 PG 的高可用、高并发部署架构，实现大规模数据并发访问技术，最大并发作业（工作流）数达 20000 以上。结合作业自动并行、融合存储、

第三章　数字化转型发展建设成效

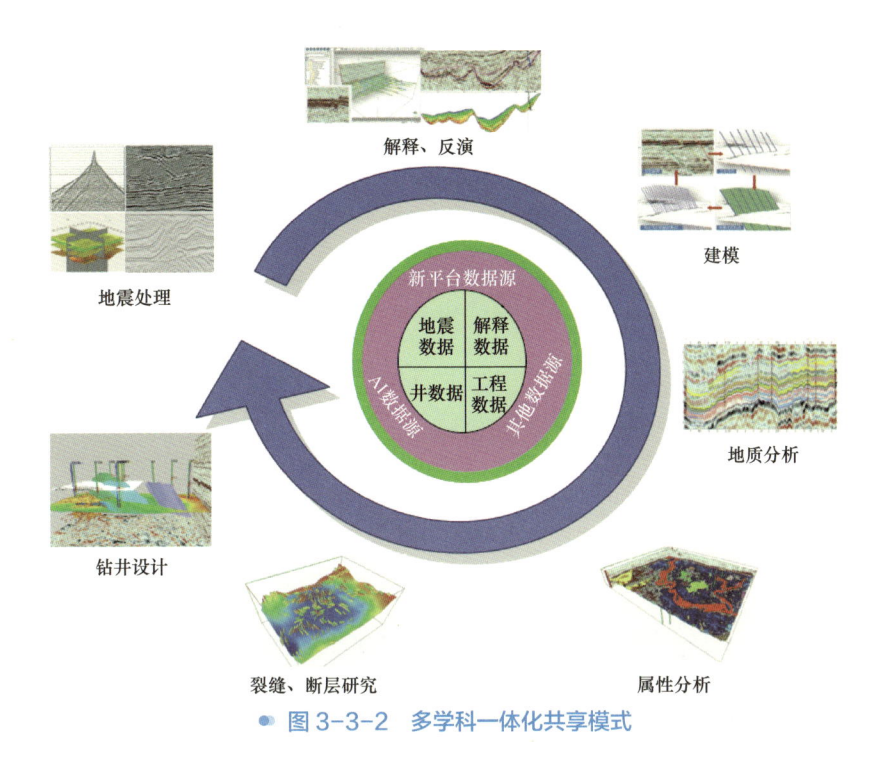

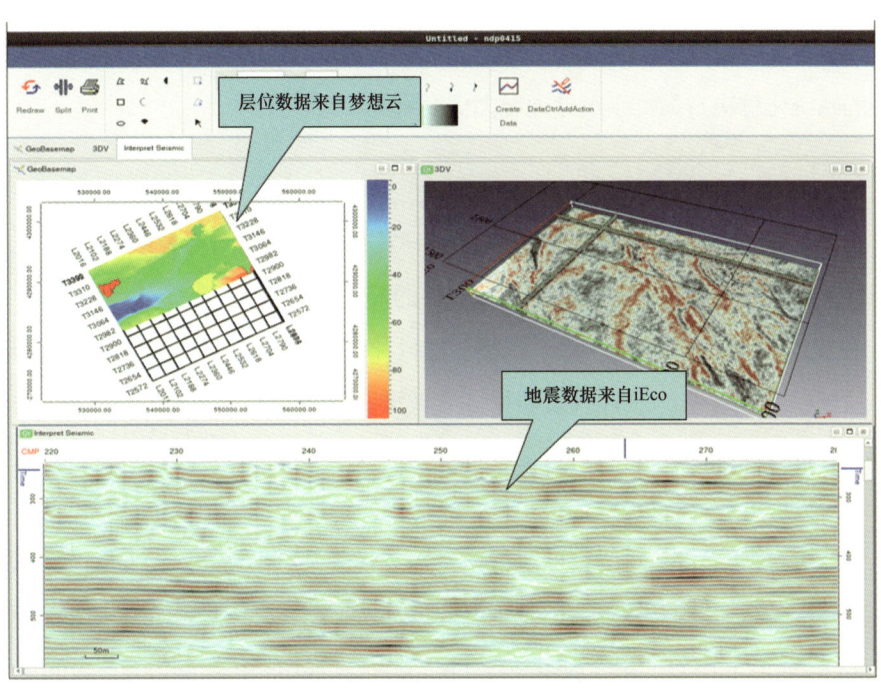

● 图 3-3-2　多学科一体化共享模式

● 图 3-3-3　同一应用中访问不同数据源

— 199 —

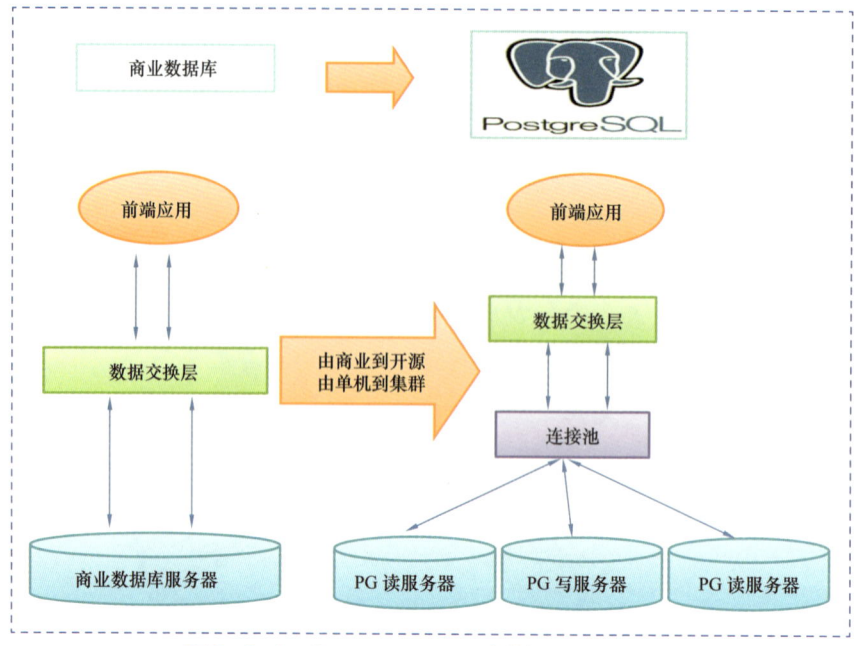

● 图 3-3-4　GeoEast-iEco 多数据服务器部署架构

并行分选等方式实现了对 PB 级海量数据的快速存储、管理与高效访问，大幅扩展系统 I/O 吞吐能力，压缩海量数据的处理周期，形成针对海量数据从存储、访问到处理的系统化解决方案，系统处理能力提升到 PB 级。

2. 开放式开发框架技术

开放式开发框架技术采用全插件化的开发方式，全面支持复杂人机交互、批处理、大规模并行计算等各类专业应用软件的开发。

在交互应用软件开发方面，具备全插件化、高扩展性的交互软件开发框架，支持"场景＋插件"的软件开发新模式，典型交互应用可节省 50% 开发工作量，实现由封闭系统向开放生态的转变，为汇聚全球智力参与合作共建奠定基础，如图 3-3-5 所示。

在大规模并行方面，提供地震数据专用大规模并行编程框架，如图 3-3-6 所示，支持基于 C++ 的 MapReduce、高效 BT 数据分发、分布式规约等并行编程模型，实现 2000 节点以上超大规模并行计算，并行规模由千核级到数万核级的转变。

第三章 数字化转型发展建设成效

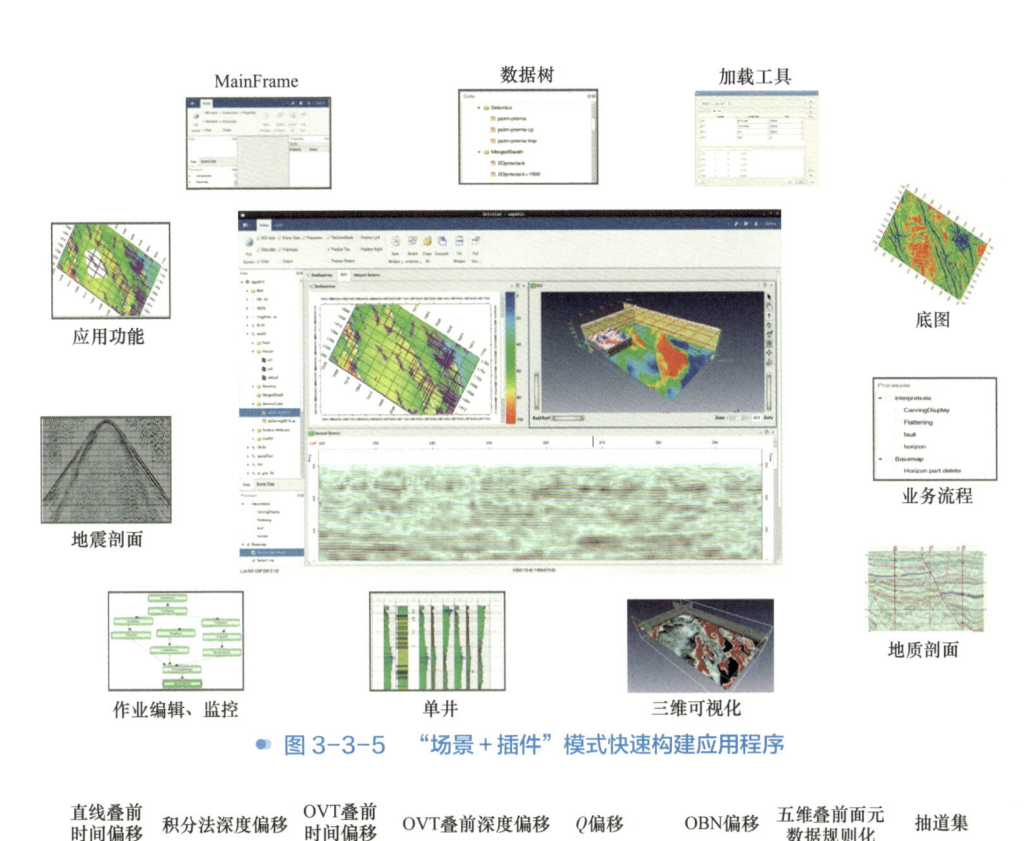

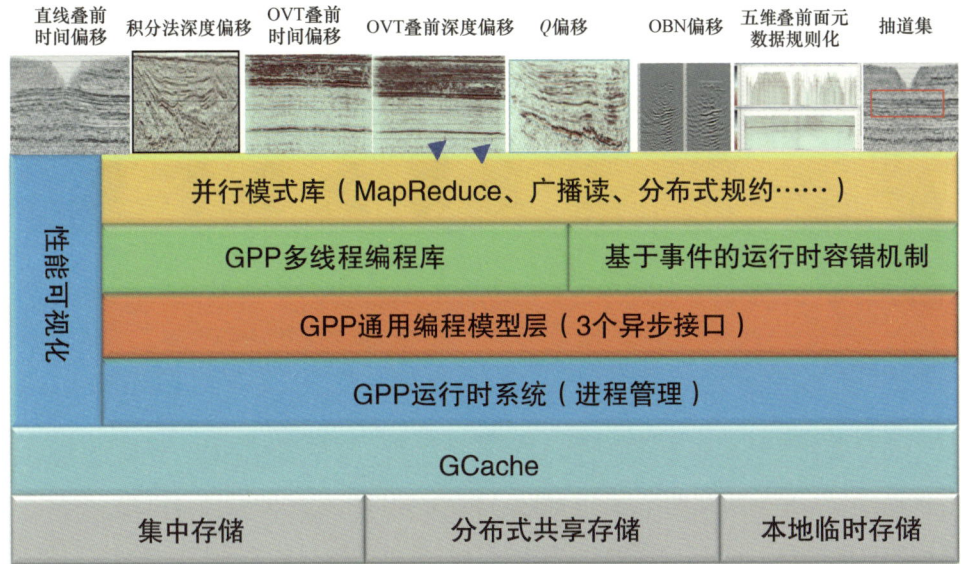

● 图 3-3-5 "场景+插件"模式快速构建应用程序

● 图 3-3-6 并行编程框架体系结构

—201—

> **小贴士**
>
> MapReduce：一种编程模型，用于实现大规模数据集的并行运算。
> BT（Bit Torrent）：比特洪流，为大容量文件共享而设计的网络协议。
> GPP（Geophysical Parallel Programming）：地球物理并行编程框架。
> GCache：基于大规模集群的高性能缓存，用于地震数据加速。

3. 云计算管理技术

云计算资源管理技术涵盖了海量资源管理和调度、用户和软件管理、远程可视化和统计分析等功能，集成了面向处理解释的云计算资源、大规模异构集群资源管理和监控等先进计算机技术，可高效管理海量异构资源，能支持单个数据中心不低于 2000 节点。通过各类软硬件资源的集中管理、统一调度，实现资源共享、数据集中、应用整合、管理统一的目的，有效提升业务效能，如图 3-3-7 所示。

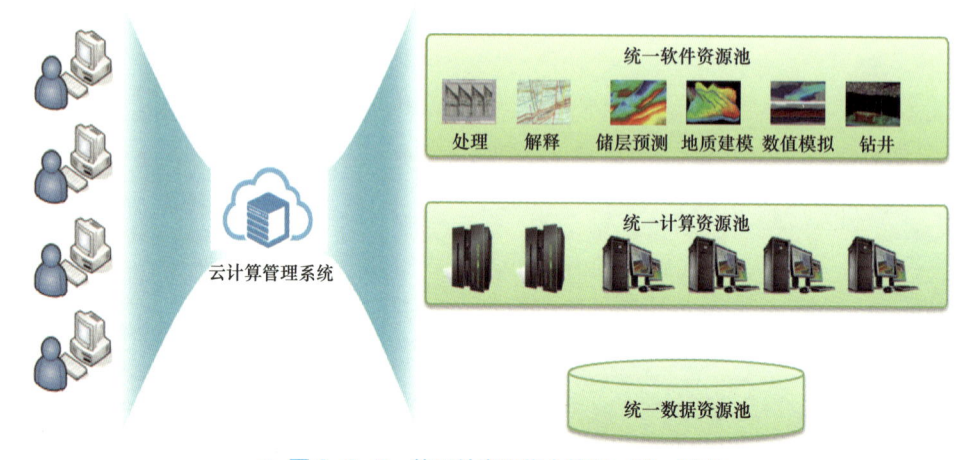

● 图 3-3-7　软硬件资源集中管理、统一调度

云计算管理技术具备完整的云计算服务能力。支持随时随地、任意终端访问的移动办公，是用来帮助企业的处理解释业务由传统模式向云计算模式（SaaS）转型的软件工具，助推处理解释业务向云计算模式转型，有效降低业务成本，缩短项目周期。

二　物探软件生态系统建设成效

GeoEast-iEco 平台以建设自主物探软件生态系统为终极目标，目前已经应用于 GeoEast 处理解释 900 多个功能模块的开发，同时支持了 GME、VSP、双狐成图、静校正等第三方软件系统的研发，不仅满足了 GeoEast 软件系统长远发展的需要，更为构建自主物探软件生态系统提供了强大的平台支撑。GeoEast-iEco 平台将在"共建、共享、共赢"思想的指引下，集中油田单位、科研院校、社会化公司等各方力量，汇聚全球智力，共同打造物探软件生态系统。

实例一：大庆油田 Z 反演技术。

一个完整的反演系统，按传统方式需要开发大量的数据管理、显示浏览、预处理、分析等功能，从开发到推广可能需要几年的时间，但是利用 GeoEast 软件系统的插件机制，可以大量重用 GeoEast 产品的通用功能，时间缩短到 1 周，大幅提升成果转化和推广效率（图 3-3-8）。

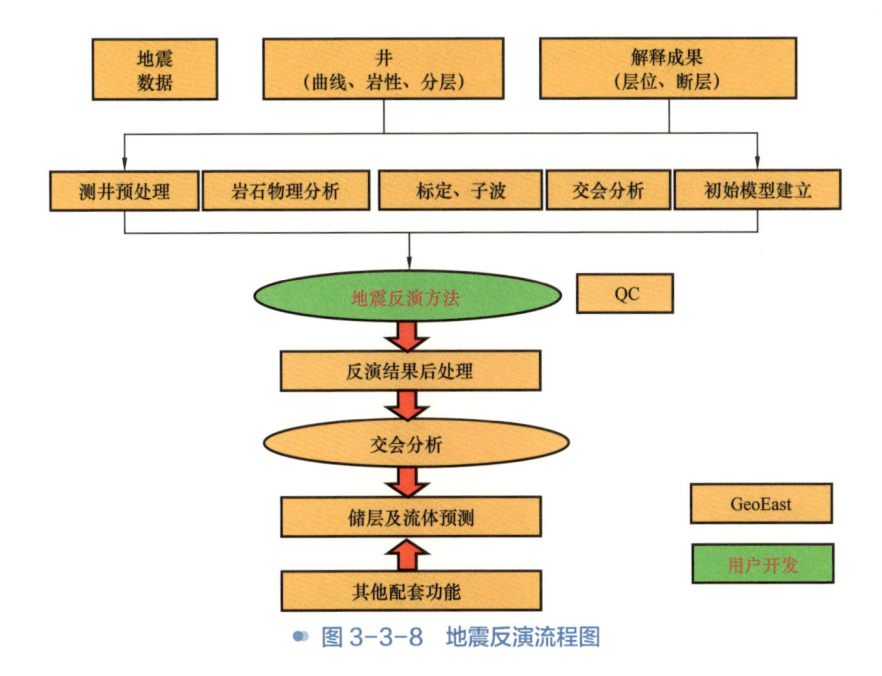

● 图 3-3-8　地震反演流程图

实例二：金双狐成图软件。

金双狐软件公司基本完成了其制图软件与 iEco 平台的集成，该软件具备丰富的制图功能，使用体验上与 GeoEast 软件系统原生产品没有什么区别，在功能上形成优势互补，一方面实现强强联合、共生发展，另一方面也借助 GeoEast 软件系统的应用市场，加速其自身的推广应用（图 3-3-9）。

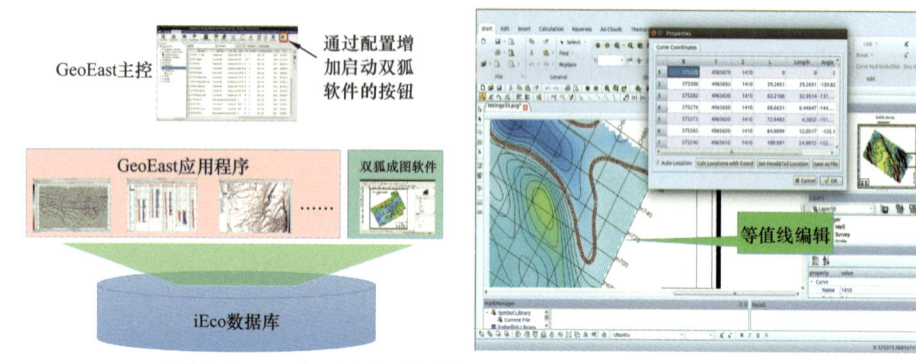

图 3-3-9　金双狐成图软件与 GeoEast 软件系统原生应用协同工作

第四章
物探技术智能化发展展望

随着新兴数字化技术在物探技术领域的普及应用，东方物探到"十四五"末将建成自有特色的数据共享生态，建成"AI + 物探"的智能应用生态，使得物探技术界熟知的机器学习、深度学习等人工智能技术将为物探技术智能化发展带来更深刻的变革和更大的突破，进而推动东方物探向物探智能生产、企业智能运营、企业智能决策方向发展，建成世界一流智能物探公司。

本章从物探区域数据湖助力开放物探数据生态建设、打造"AI + 物探"行业智能应用生态、建设世界一流智能物探公司 3 个方面展现物探技术智能化发展前景和愿景。

第一节　物探区域数据湖助力物探数据生态建设

根据东方物探"十四五"信息化顶层设计，围绕数字化转型、智能化发展的蓝图愿景，东方物探需建设互联互通的数据环境，形成数据共享生态，以支撑智能物探云的可持续发展和深化应用。

基于数据湖新技术，依托勘探开发梦想云，东方物探互联互通数据环境建设的一种可行方案是搭建物探区域数据湖，提供智能物探数据资产管理平台，形成物探数据生态环境。

物探区域湖将推动物探数据智能入湖与治理，保证数据的采集、传输、质控和存储质量，提升数据管理和数据服务能力，通过数据挖掘有针对性和便捷地提供数据服务。物探区域湖为智能物探云平台的业务应用提供数据支撑，是建成东方智能物探的基础。

展望未来，围绕物探数据生态建设将从两个方面开展工作：一是在东方物探内部建立和完善物探区域湖主湖和地区子湖，并实现物探区域湖与油气田区域湖和中国石油主湖的互联互通和数据共享，形成中国石油—油田—油服勘探开发多湖数据共享生态；二是在东方物探外部建设物探行业开放数据平台，形成全球—油服—院所开放数据共享生态，实现物探行业技术数据的管理、共享和服务。

一、东方物探多湖生态

1. 中国石油勘探开发多湖生态

2018 年以来，中国石油一直致力于数据湖技术应用和数据湖建设，勘探开发数据多湖生态逐步形成。中国石油勘探开发多湖生态构成如图 4-1-1 所示。

中国石油勘探开发多湖生态是支持数据互联互通的数据共享生态环境，总体上由数据治理环境、数据存储环境、数据共享与服务环境构成。

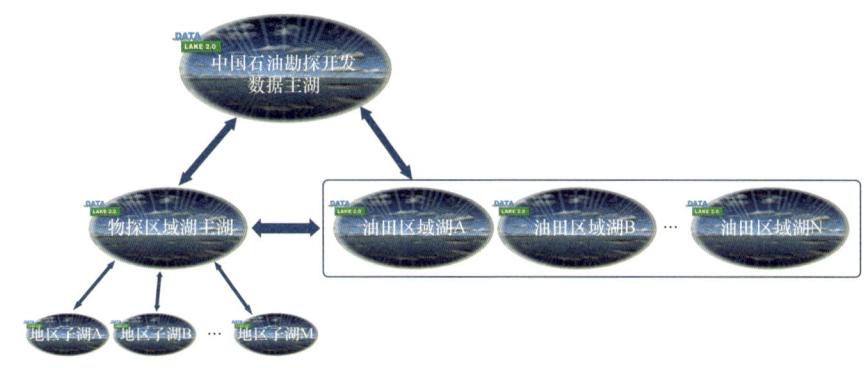

● 图4-1-1　中国石油勘探开发多湖生态构成示意图

一般地，数据治理环境提供主数据管理、数据集成、数据入湖、数据质量控制与质量保证等技术手段，确保入湖数据质量。

数据存储环境纵向上分三层，即中国石油勘探开发数据主湖（一个）、地区公司（油气田公司、油服公司）区域数据湖（多个）、地区分公司区域数据湖子湖（多个）。

数据共享与服务环境提供传统意义上的数据检索、查询、显示、下载等服务，重点是提供基于数据中台（具体含义参见本书第二章第二节）搭建的数据服务，包括数据中台（亦可以是二次开发接口组件）、应用（如数据显示、多媒体展示等）插件等，这些服务供前台应用开发调用，支撑前台应用的快速开发。

2. 东方物探多湖生态

东方物探数据多湖生态是中国石油勘探开发多湖生态的有机组成部分，也是一个独立部署和自成一域（物探领域）的勘探数据多湖生态子集。

在东方物探内部，东方物探数据多湖生态将建设东方物探总部区域数据湖主湖、地区分公司区域数据湖子湖，如西南物探分公司子湖、塔里木物探处子湖、大庆物探公司子湖等；对于公司外部的油气田公司业主区域数据湖数据，东方物探优先基于与所服务业主的就近、关联原则，通过与业主约定的数据共享生态机制获得业主数据的共享与应用。

东方物探自成一域的区域数据湖及其子湖将遵循勘探开发梦想云和勘探开发数据湖相关标准，按照东方物探数字化转型总体方案建设。

第一，从物探业务的特点和实际需求出发，对物探数据进行梳理、分类，明确物理入湖（数据保存到物探区域湖存储域的情况）和虚拟入湖（数据不保存到物探区域湖存储域的情况）数据范围，明确地区子湖建设范围。对于虚拟入湖情况，物探区域湖主要建设面向物探业务的数据共享检索知识库、高效搜索引擎等，数据实体实际上在现有的成熟数据库、自动带库、物理存储介质（如光盘、移动磁盘、大容量磁带等）、油气田区域数据湖等存储环境中。

第二，搭建物探区域湖主湖和地区子湖软硬件环境，以及必要的数据传输网络环境。

第三，对物理入湖数据进行标准化治理和迁移入湖，建立物探区域湖主湖和地区子湖实体。

物探区域湖主湖和子湖是同构的。物探区域湖的集成，将使物探采集、处理、解释核心业务数据可以本地存储和就近访问，达到纵向上下贯通、横向入湖交互、底层数据共享的效果，实现数据信息向数据资产跨越。

同时，为了满足甲方监督乙方承担项目的进展、质量等情况，乙方及时共享甲方勘探开发成果及甲乙方联合项目组协同工作的业务需要，按照"共建、共享、共赢"的合作、协同工作推广模式，物探区域湖纳入勘探开发梦想云统一数据湖的区域湖，通过连环湖架构实现与油（气）田区域湖和中国石油主湖的互联互通，构建中国石油统一的物探（地震）数据共享生态和勘探开发多湖生态，支撑勘探开发业务前后方一体化、甲乙方一体化高效运作。

二　物探行业开放数据生态

在数字经济时代，数据成为最重要的资源，各行业内的领先企业运用云计算、大数据、物联网、移动应用和人工智能等数字化技术搭建开放数据生态系统，面向成员（单位和个人）共享开放，各成员通过数据合作协议实现数据共享和数据交换，实现数据创新驱动和数据增值变现。

东方物探以物探区域湖为基础，将经过数据脱敏和数据安全审查的物探数据资源［如物探方法测试数据集、软件测试数据、物探（地震地质）数据模型、相关标准规范、招标项目基础数据等］上传公有云（称之为物探行业数据湖，一种虚拟数据湖，数据不入湖，提供共享数据的检索环境，提供共享数据下载、上传环境），供中国石油外部的国内外油服公司、研究机构、院校和个人共享（图4-1-2），同时带动外部企业、单位和个人参与分享，互通有无，利用共享数据共同开发产品或提供服务，形成互惠互利的良性互动，从而构建跨组织的具有共享特征的物探行业开放数据生态圈，实现行业价值共创和多边共赢。

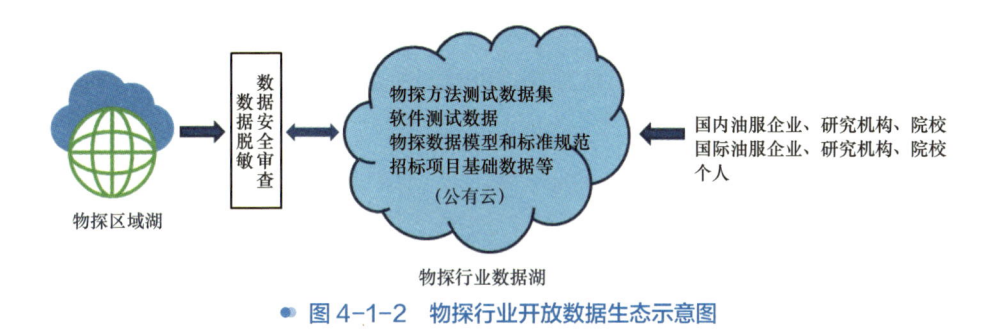

● 图4-1-2 物探行业开放数据生态示意图

三　发展愿景

通过东方物探多湖生态和物探行业开放数据生态的建设，到"十四五"末将全面打通物探主营业务的数据链，建立基于物探业务各工序的数据共享、数据分析平台，提供对专业应用软件的数据服务或数据接口服务，形成物探行业数据与应用共享生态体系，有效支撑国内外物探采集作业、处理解释、经营办公和决策支持业务开展，提升东方物探整体运作效率和综合决策支持水平，助力东方物探建设世界一流地球物理服务公司。

第二节　打造"AI＋物探"行业智能应用生态

随着信息技术，特别是物联网、互联网、云计算、大数据、人工智能、区块链等技术的快速发展，使得各行各业向"共生、共享、协同"运营模式转型成为现实，提出了许多不同的"生态"理念，借助先进的信息技术与行业专业技术的融合在实践中得以落地和实现。

在石油行业，斯伦贝谢公司基于其协同生态系统（Collaborative Ecosystem）理念，于2013年推出了一种专业软件开发的协同工作环境，称作Ocean生态系统（The Ocean Ecosystem）。当时，该生态系统在其生态商店（Ocean Store）备有2000组/套插件（Plug-ins）供50多个国家的用户下载使用，使得来自油公司、软件商、软件开发者、院校、Petrel等用户，都能够在该生态系统上进行软件（包括非斯伦贝谢公司的第三方软件）的快速开发或升级、测试和部署应用。通过该生态系统，客户可从共享、协同的生态系统上快速实现业务价值。这是在石油行业较早出现的一种"生态系统"，对后来石油行业各种各样生态或生态系统的发展，具有较好的引领和推动作用。

> **小贴士**
>
> Ocean 是斯伦贝谢公司 2000 年后推出的一款软件开发框架（平台）。基于微软的 .NET 技术，Ocean 加速了针对特定行业挑战的创新性软件解决方案的开发和部署，能够使一个公司特定的知识产权应用程序和 Petrel 应用程序得到无缝整合。地学工作者只需要集中精力致力于解决石油天然气挑战的新工作流程，同时，开发者更多地关注软件技术创新，而无须在基础框架上和市场营销上花费精力和时间。与苹果，谷歌等公司一样，斯伦贝谢公司将 Ocean 产品进行网络营销，开发者只需将其产品注册到 Ocean 网络商店，用户即可通过互联网下载试用并购买。

在国内，中国石油在石油石化行业首先引领了生态或生态系统建设。从中国石油2018年首次发布及后续发布的不同版本的勘探开发梦想云可以看出，勘探开发梦想云对生态或生态系统建设进行了许多探索和实践，进行了多云互联的云生态、油气开发者社区（软件开发云生态）、互信运营生态、开放数据生态、智能应用生态等生态建设。

在这种背景下，东方物探在"十四五"信息化顶层设计的基础上，围绕数字化转型、智能化发展建设需要，提出了依托勘探开发梦想云建设"AI+物探"行业智能应用生态的发展规划，包括物探技术智能生态、采集作业智能生态、处理解释智能生态、运营管理智能生态。

一 物探技术智能生态

物探技术智能生态可以理解为一种物探技术研发与创新的共生、共建、共赢的技术研发管理模式，其主要目标是，融合数字化技术和共享生态转型理念，优化东方物探技术创新体系，实现物探技术研发管理转型与技术获得机制转型，以加快东方物探技术创新和智能化发展。

东方物探技术智能生态从3个方面进行展现，即物探技术研发生态体系、物探智能装备技术研发重点、智能化处理解释技术研究重点。

1. 物探技术研发生态体系

东方物探将"创新优先"列为"两先两化"业务发展战略的首位，一直致力于技术创新，在物探技术研发生态建设中有很多探索和实践，东方物探提出了"十四五"技术发展重点及保障措施，提出了物探技术研发生态建设计划。

1）总体思路

东方物探将紧紧抓住国家技术创新中心战略布局历史机遇，打造更高层次科技创新平台，健全以东方物探为主体、产学研深度融合的技术创新体系，破解东方物探应用基础研究能力不足、跨专业研发难、创新机制不活、高端人才资源短缺等难题，助力东方物探在新一轮技术变革中实现行业领先地位。

2）物探技术研发生态建设计划

围绕油田勘探重点、热点和难点，东方物探将继续与油田科研单位联合开展重大课题攻关，既帮助油田解决实际需求，也不断锤炼 GeoEast 软件系统的技术特色；围绕前沿技术和基础技术，东方物探将继续与国内外大学和研究机构建立长期技术合作，推进产学研用的结合。

东方物探将汇聚众智提升基础研究能力，联合高等院校、中国科学院所等单位共同建设，构筑物探技术跨越式发展的"122"工程，在6个领域实现关键技术创新，最终形成智能化、多学科协同、油藏全生命周期服务的地球物理勘探技术和产业（图4-2-1）。

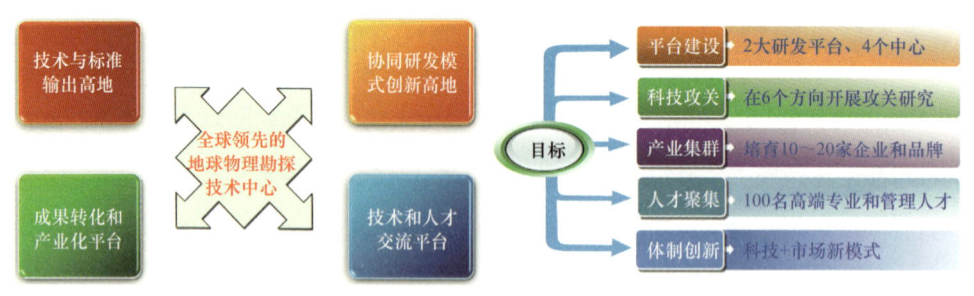

● 图 4-2-1　物探技术研发生态建设计划框架图

> **小贴士**
>
> "122"工程：一个中心（全球领先的地球物理技术中心）、两个高地（技术与标准输出高地、协同研发模式创新高地）、两个平台（成果转化与产业化平台、技术与人才交流平台）。
> 6个领域：陆上采集、海上勘探、处理解释、井中油藏、软件装备、油气合作。

（1）对于关键技术软件研发项目：由研发和应用单位组成联合研究团队，推行一体化攻关，从源头上形成目标同向、责任共担、利益共享的研用协作机制，加快突破急需关键技术。

（2）对于核心装备产品研制项目：成立由研发、制造、应用等单位联合组成的研发团队，相关制造单位提前介入，在立项阶段充分考虑应用需求，向研发与产业化制造并重转变。

（3）对于油藏地球物理、地震地质工程一体化等关键技术攻关项目：在持续内部资源整合的基础上，实施"矩阵式"管理，组建跨单位、跨专业、实行项目制管理的攻关团队，由首席专家制定技术路线，统筹协调资源，形成一体化解决方案，完成技术集成配套。

（4）强化内部外资源的整合和利用，统筹产业链、创新链、资金链和政策链，按照"整合、共享、完善、提高"的方针，对现有内外部科技资源进行整合和利用，实现各类资源的有效集成，促进协同发展，提高科技创新能力。

（5）推进"三共"机制落地。研究"共建、共享、共赢"合作开发机制，制定建设与实施指导意见，与大庆油田等9家单位签订了软件合作开发框架协议。2021年上半年，优选合作对象，筛选重点合作意向技术44项，初步拟定6项技术开展先期"三共"示范，为"三共"机制的成熟和完善奠定了基础。

（6）深化油企合作。在国内，与油田共建物探技术研究院，推进新技术新装备转化应用，提升找油找气能力。在国际上，建立以客户为中心的技术合作研发机制，提高用户满意度，抢占新技术发展先机。

（7）加强储备技术布局和应用基础研究。争取国家、中国石油、地方政府等各级科研项目资金支持，加大公司级科研资金配套力度。力争研发投入强度总体达到3%以上，基础研究投入占20%以上。

2. 物探智能装备技术研发重点

长期的实践证明，物探装备技术的不断进步持续推动着地震勘探技术的飞速发展，所以智能化地震采集技术离不开智能化物探装备的应用研究，具体包括测量自动放样、震源车无桩号施工及自动驾驶技术、节点仪器自动收放、智能质控设备、无人机监控及回收检波器数据、无人机协助复杂地形运送物资等，力争实现采集生产过程的智能化、无人化与高效化。

物探智能装备研发技术重点包括无人机施工智能化配套技术、可控震源高效激发智能化配套技术、节点仪器智能化配套技术、机动设备智能化配套技术、深海节点智能化配套技术、海上智能化地震队配套技术、激光雷达智能化配套技术和百万道级智能节点地震采集系统配套技术等。

3. 智能化处理解释技术研究重点

东方物探以做优做强物探核心业务为导向，按照支撑当前、引领未来原则，部署智能处理解释技术研究，力争处理解释技术整体进入国际领先行列，拥有国际一流的软件，通过技术先进性和技术品牌价值引领行业技术发展。智能化处理解释技术研究重点包括以下几点。

（1）智能处理解释技术：智能处理技术包括高保真地震处理及叠前高分辨率反演、智能化速度谱解释、智能化噪声压制、智能数据插值、智能化初至拾取等技术；智能解释技术包括智能测井解释、智能断层预测、智能层位解释和智能地震相分类解释等技术。

（2）弹性波勘探技术：各向异性介质弹性波层析反演、各向异性介质弹性波全波形反演、各向异性介质弹性波叠前深度偏移、黏弹性叠前深度偏移、各向异性介质弹性波九分量正演模拟及波场分析、弹性波九分量叠前深度偏移等技术。

（3）井中与油藏技术：高精度 VSP 成像技术、井地联采三维 VSP 处理解释配套技术、随钻井中地震接收仪器研制及实时参数提取与成像技术、微地震监测自动化处理解释及油气藏监测技术、基于 GeoEast 新平台的井中地震交互软件研发、DAS（分布式光纤声波传感系统）多井井地联合处理技术、多井高密度 VSP 成像技术、套管内外深井及水平井光纤布设工艺研究、DAS+DTS（DTS，分布式光纤测温系统）海量监测数据处理解释技术、光纤智慧油井全生命周期管理等。

（4）油藏地球物理配套技术：微构造油气藏精细描述技术、复杂薄储层岩性油气藏定量预测技术、微裂缝油气藏精细刻画技术、三维 VSP（uDAS，分布式光纤声波传感地震仪）井地联采油藏精细描述技术、复杂储层三维地质建模技术、地震约束的油藏数值模拟技术、剩余油气综合预测技术等。

二　采集作业智能生态

采集作业智能生态可以理解为一种物探采集作业的多方（甲乙方、前后方）协同的智能化作业管理模式，其主要目标是融合数字化技术和共享、协同生态转型理念，实现物探采集作业生态转型，加快物探作业提质、降本、增效和智能化发展的步伐。

东方物探采集作业智能生态将从两个方面进行展现。

1. 采集作业智能生态模式

1）前后方一体化动态采集工程设计

传统采集设计一般由专业技术人员在后方完成，一经制定难以进行及时调整，严重制约作业效率。前后方一体化动态采集工程设计基于工区各种基础资料，智能推荐合理观测系统和施工参数；根据工区地理信息，对炮检点进行智能避障和布设，并提出合理的人员设备等资源配置，制定合理的施工作业方案和计划；根据现场试验和设备、天气、人员等情况的变化，及时对施工参数、作业方案进行调整和优化，为获得高品质的地震资料提供保障，同时提高施工效率，降低施工成本，如图 4-2-2 所示。

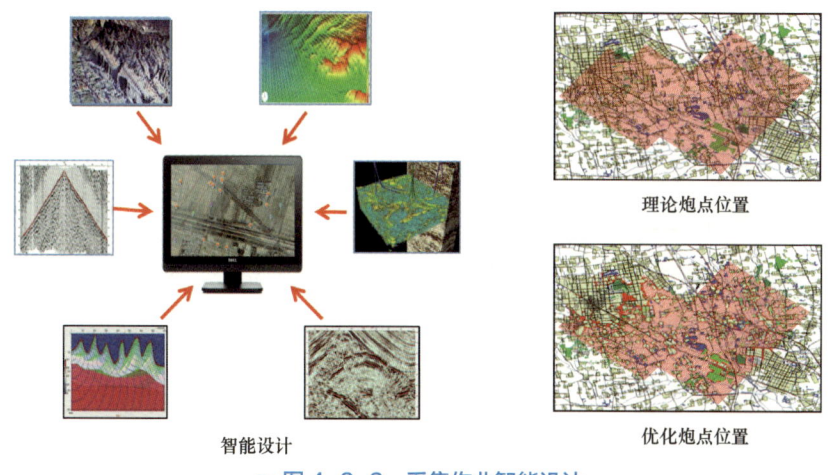

● 图 4-2-2 采集作业智能设计

2）采集作业全过程数字孪生

地震采集作业工区大多位于偏远地区，且涉及范围广，地形复杂，信息化（数字化）基础薄弱，严重制约采集作业的智能化发展。采集作业全过程数字孪生集采集设计、地形地貌、近表层结构、地下地质构造、交通，环境，障碍物，干扰源等工区静态要素建设数字沙盘，以及生产过程中的采集数据质量、生产进度、人员、装备，天气、工农协调、经营等信息进行动态模拟，助力采集施工方式推演、生产过程动态监管和采集项目的透明、精益管理。

2. 采集作业智能生态应用

随着数字技术的快速发展和不断成熟，采集作业已经逐渐迈入全面数字化时代，再经过较长一段时间的积累和演进之后，必将朝着智能化方向发展。数字化地震队具备的特征主要是仪器、装备、人员、物资等信息的实时采集与远程监控、作业工序的组合与优化、质量控制的实时化和在线化、生产调度指挥的远程化与数字化、前后方协同与专家远程支持。随着大数据资产的积累和应用，结合人工智能、机器人、通信等技术的不断发展，地震队在经历数字化发展时代之后，将进入智能化时代，智能化地震队将具备以下特点：项目事前仿真，经营情况准确预知，过程自动优化；核心物探装备机器人化、人员和设备物资等信息化全面互联、作业工序的集成化和一体化、质控实时化等，作业更加高速高效，实时成像处理成为可能。融合物联网、大数据、人工智能、数字孪生等技术的"云—边—端"协同智能作业平台，成为支撑智能化地震队建设的核心平台，实现对地震作业的全面感知、自动操控、动态预测与决策指挥，全面推进地震采集作业生态的数字化转型与智能化发展，如图4-2-3所示。

基于数字孪生技术，构建采集作业的数字孪生系统，实现对陆地、海洋等地震作业的全息全真模拟仿真、虚实共生，为智能时代地震采集作业提供核心基座，支撑方案设计、作业推演、施工优化、经营与作业预测等智能化应用。智能物探作业平台主要包括：

（1）工区仿真。

用虚拟现实（VR）、无人机、航空摄影测量、GIS等技术，快速构建高分辨率计算机三维物探工区仿真模型。利用无人机、航空摄影测量技术可以快速获得当前时间范围内指定区域的二维、三维空间地理数据，其坐标与高程分辨率最高可达5厘米。对于可控震源、仪器、爆炸机、人员等其他要素，利用VR建模的方式，构建与之对应的实物模型。然后将处理完毕后的空间数据与测线数据进行集中存储，利用GIS引擎投射到在电脑或手机工区中。除作业过程中采集的数据外，还可集成气候、水文、人口等其他类型数据，并以时间维度进行存储，建立一个相对于物理世界的数字仿真系统。

第四章 物探技术智能化发展展望

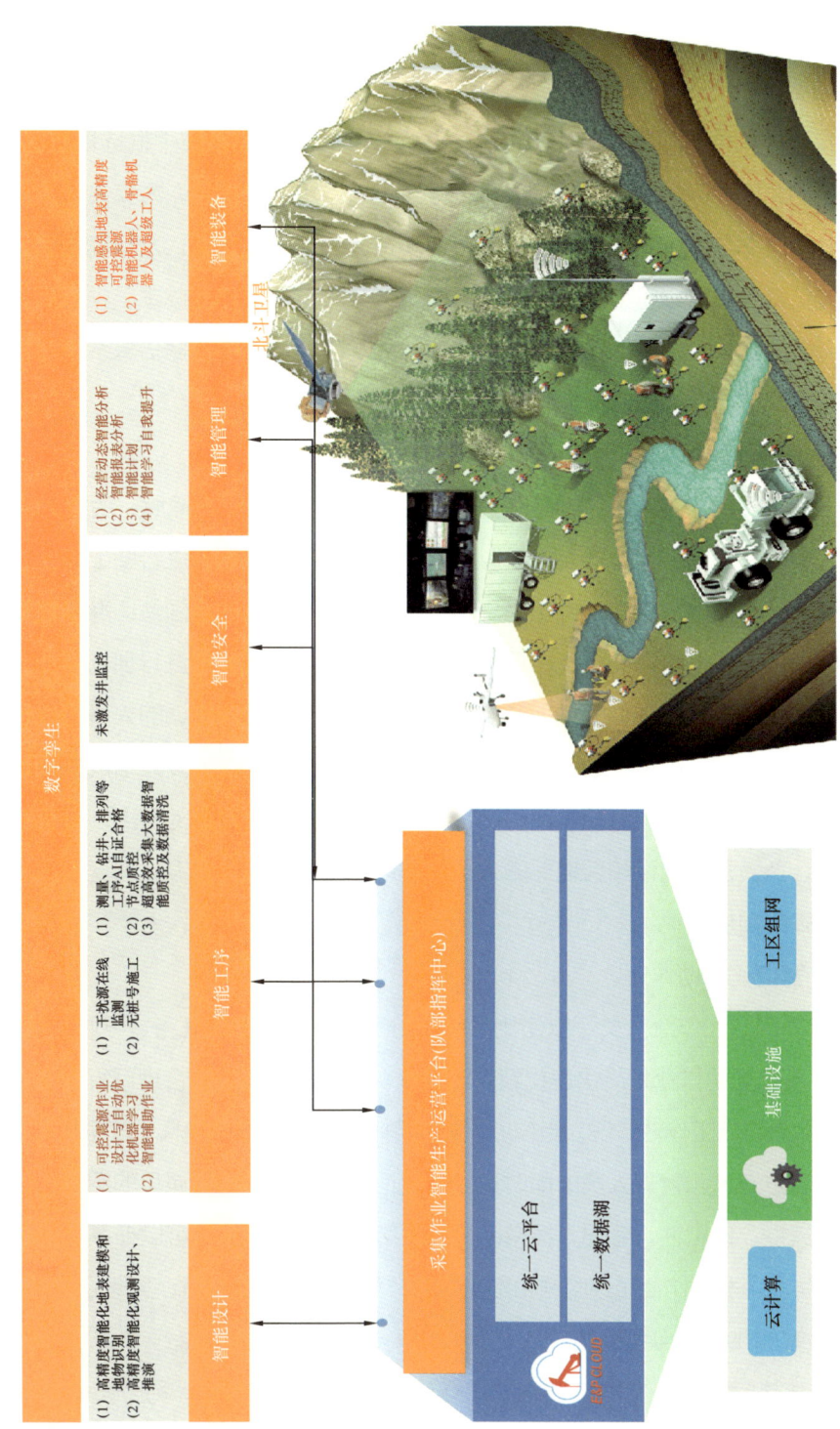

智能装备
(1) 智能感知地表高精度
(2) 可控震源
(3) 智能机器人、骨干临机器人及超级工人

智能管理
(1) 经营动态智能分析
(2) 智能报表分析
(3) 智能计划
(4) 智能学习自我提升

智能安全
未激发井监控

智能工序
(1) 干地源在线监测
(2) 无桩号施工
(3) 智能辅助作业

测量、钻井、排列等工序AI自证合格
节点质控
超高效采集大数据精选集质控及数据精选

智能设计
(1) 高精度智能化地表建模和地物识别
(2) 高精度智能化观测设计+推演

数字孪生

北斗卫星

采集作业智能生产运营平台(队部指挥中心)
统一云平台
统一数据湖

云计算　基础设施　工区组网

● 图 4-2-3　智能物探作业平台系统示意图

— 217 —

（2）模拟推演采集施工。

随着数据的不断积累和完善，当甲方公布招标信息的时候，可利用仿真系统进行方案设计和价格估算。获知工区范围之后，可以迅速在系统中框选相应区域，系统会自动调取该区域空间地理信息、气候、人口、水文等信息，方案设计人员可利用这些信息并与 KLSeis 等软件结合，实现快速设计施工方案。方案确定后，不同部门的负责人员可以迅速结合作业资源情况，计算出项目作业成本。中标后，可以收集更新的相关数据并制定更详细的作业方案，作业过程中根据仿真系统对相关工作进展情况进行评估和分析，辅助作业人员优化生产。

（3）智能施工计划。

当借助仿真系统构建起虚拟化的工区，并明确施工作业方案后，后继为满足各岗位人员的使用需要。设计人员可以利用高精度的空间数据，进行图上作业，将室外的踏勘、测量、放样的工作量降到最低，提升方案设计的全面性、准确性和时效性；震源作业人员可以利用虚拟现实技术，在未开工前就模拟进行现场作业，评估该工区各区域作业的关键问题，并寻找解决方案；负责工农协调的人员可以迅速找到需要赔付协商的区域，结合作业时间窗口，得出需要赔偿的要素组成，预计的赔付金额，同时通过与政府相关部门的合作，根据每户赔付对象的特点制订有针对性的方案；负责营地建设和后期保障人员，可以利用系统设计方案，加速人员进驻效率，保障后勤供给。

（4）智能化辅助作业。

项目开工后，作业人员可以使用系统充分了解作业地形、任务、气候等信息，利用 GIS 系统帮助作业人员快速找到作业目标。可以通过系统在合理可行的资源配置下，找到最佳施工作业方法。当作业过程遇到问题，可以使用 AR（增强现实）技术实现与后方专家和管理人员的即时连接，快速解决作业过程中遇见的问题，保障生产的连续性、稳定性。管理人员借助系统，结合物联网技术，可以在系统上查看生产作业状况，发现作业瓶颈问题和影响因素，快速调度指挥生产，实现提速提效。

（5）智能化学习自我提升。

在上述过程中，一方面借助系统进行辅助培训和生产作业，另一方面在作业过程中产生的数据和方法，也是优化仿真系统的重要数据来源。如同作业时有"专家"亲自指导，处理完成后又将处理的数据和经验反馈给"专家"，"专家"通过大量生产作业单元的数据和经验，优化知识体系，不断提升处理问题的智商。整个过程中建模、数据维护及持续模型优化是重点工作。系统将随着数据、知识的积累，逐步具备自学习、自诊断、自处理等高阶能力。

（6）一体化协同生产指挥中心。

在实现全业务范围管理的基础上，将生产指挥中心打造成一体化协同生产指挥中心，实现客户和供应商信息资源共享，全球范围内实时远程技术支持。

三 处理解释智能生态

1. 处理解释智能生态转型背景

20 世纪 90 年代初，东方物探提出了地震采集处理解释一体化这一具有前瞻性的物探技术服务模式理念，制定了新的物探技术服务业务流程，并在实践中不断探索和完善。随着计算资源的不断丰富、网络资源迅速膨胀、互联网快速普及、信息技术使用成本持续走低的情况下，东方物探地震数据采集处理解释一体化实践取得了长足的进步，在很大程度上推动了东方物探的技术进步，改善了相关业务工作流程，整体提升了东方物探的技术服务水平和质量，赢得了客户的信赖和赞誉。

近五年或跟早些时候以来，世界石油行业为解决面临的问题和挑战而迅速拥抱数字化转型。东方物探地震采集处理解释一体化业务模式也不断完善和延伸，衍生形成了不同方面的一体化业务模式，如采集处理解释一体化软件研发，叠前叠后一体化解释，仪器自主研发、设计、制造一体化，采集作业海陆一体化，处理解释一体化等。这些一体化业务模式，实质上是数字化转型中不同形式的生态转型模式。

其中，地震数据处理解释一体化业务模式的发展形成了"三个一体化"，详见第三章第二节。

东方物探地震数据处理解释"三个一体化"的落地与实践，探索了处理解释"共建"（如甲乙方联合项目组、协同研究超级项目组织）、"共享"与"协同"等生态转型模式，处理解释智能生态初现雏形。

2. 处理解释智能生态转型愿景

东方物探数字化转型愿景蓝图中，地震数据处理解释业务的核心应用场景之一是全球处理解释业务云，如图 4-2-4 所示。

全球处理解释业务云是一个多云生态部署与应用的处理解释智能化、协同化工作云平台，提供专业软件、物探区域数据湖、智能技术、决策支持、质量管理等资源共享、协同工作的应用场景。

在这个平台上，处理解释项目团队能够在任何地点登录部署在世界各地站点的处理解释专业软件（如 GeoEast、Petrel 等）开展处理解释工作；能够访问物探区域数据湖（和中国石油连环湖），下载数据（到指定存储区域），推送数据到处理解释专业软件项目工区，归档项目成果（到物探区域数据湖）；能够实施质量监督与质量检查；可以进行项目阶段检查与评审；能够支持多方专家进行线上技术会同攻关和科学决策。

此外，在这个平台上，将基于业务中台技术手段独立部署更多新研发的处理解释智能模块（工具），也可以是第三方新技术新方法模块（可基于使用时间计费），给处理解释工作提供更多智能技术选择，以提升处理解释水平和工作效率，也可带来更好的用户体验。

1）物探区域数据湖

其主要用途是提供数据下载（到指定存储区域）、数据推送（到处理解释专业软件项目工区）、项目成果归档（到物探区域数据湖）等功能。此外，支持一些智能化数据操作功能，如与当前执行的处理解释项目相关的数据进入数据湖后，能够自动提醒项目团队人员，并提供针对该数据的后续操作功能。物探区域数据湖应用场景描述参见第四章第一节。

第四章 物探技术智能化发展展望

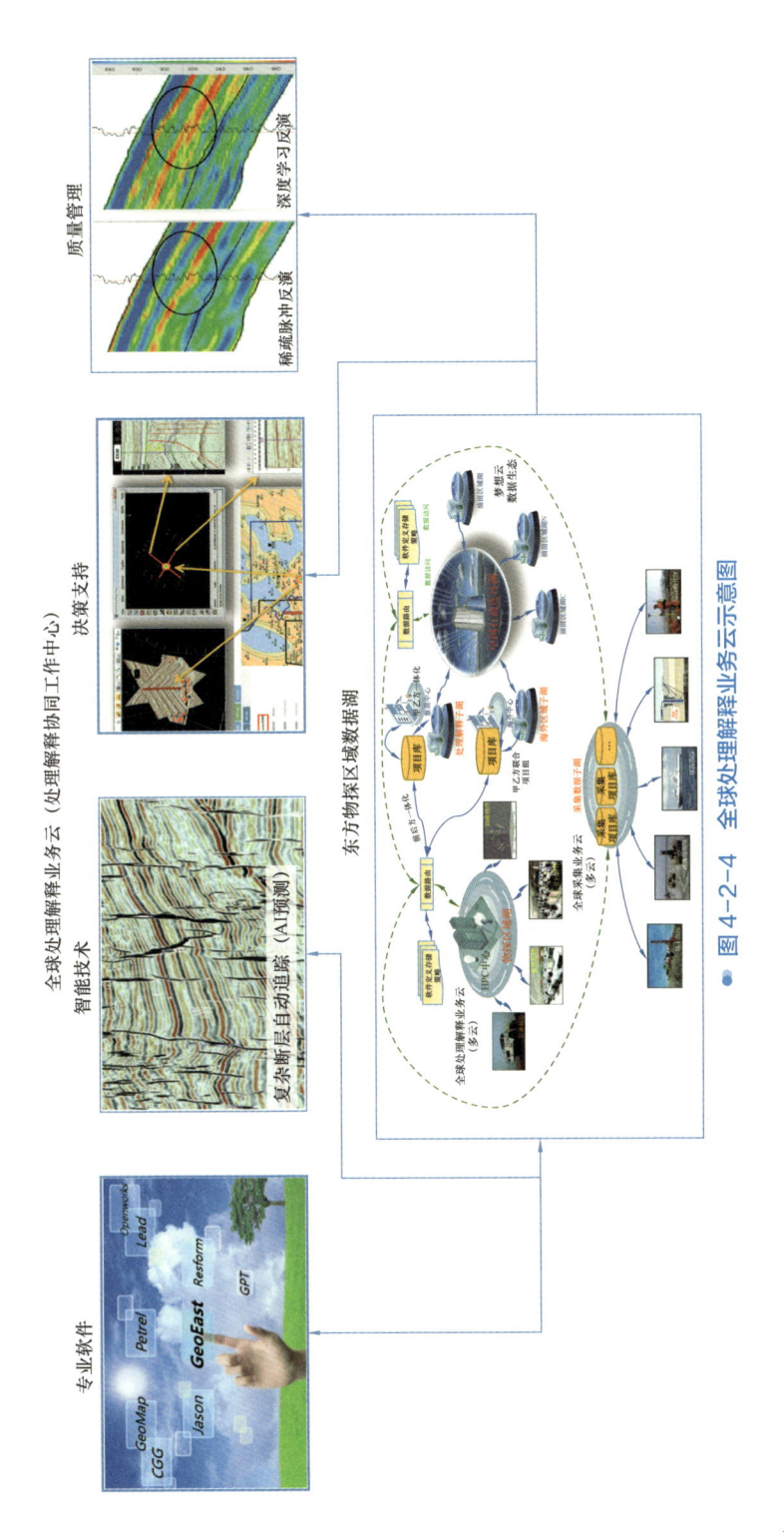

● 图4-2-4 全球处理解释业务云示意图

2）专业软件

专业软件应用场景是支持处理解释项目团队选择和登录部署在世界各地站点的处理解释专业软件，安全地开展处理解释工作，不论登录者身处何地。

部署软件资源包括东方物探自有软件（包括购置软件），也可以为第三方软件（提供软件托管与运营服务，按使用数量（如使用时间）计费）。

部署软件资源主要是处理解释类专业软件，如 GeoEast、GeoEast-iEco，第三方软件商的 ProMAX、Omega、Petrel、Jason 等。

3）智能技术

业务中台技术的发展，为创新技术、智能技术的转化和应用提供了一种快捷的应用模式。这种模式将创新技术、智能技术直接以业务中台（可以理解为可独立运行的智能模块或子系统）方式提供服务，无须与其他应用软件集成，相关应用软件只要调用其输出结果即可。

智能技术应用场景是支持项目团队能够选择需要的智能技术，更有效地解决处理解释遇到的问题，取得更好的成果，也可提升工作效率。

东方物探未来的智能技术研究与应用，均可通过这种模式提供服务，这些技术包括智能化处理技术、智能综合地震解释技术。

（1）智能化处理技术。

低信噪比初至拾取、提高速度谱解释效率和精度等自动拾取新技术，智能稳健反褶积、井控高、低频拓展等提高分辨率类技术，智能剩余速度分析、深度偏移初始模型建立与更新等速度建模技术，智能高精度地震成像、基于深度学习的正演等偏移成像技术，智能去噪、地震数据插值及规则化、智能混采分离、智能多分量波场分离等地震波场识别与重建技术。

（2）智能综合地震解释技术。

基于深度学习的层位/断层解释、特殊构造（盐顶、火山岩顶）自动解释等新技术，地震相"体"分类、特殊地质目标体（溶洞、河道、礁滩）识别等地质体识别技术，AI（字典学习、知识图谱、深度学习）高精度高分辨率反演、碎屑岩储层物性参数、流体智能化预测等储层预测技术，以深度学习和知识图谱应用为特征的智能化解释技术。

4）决策支持

决策支持应用场景是支持甲乙方、不同地点、不同专业等团队成员在同一个平台上进行决策支持工作，是实现知识共享、资源（如专家资源）共享的有效支持环境，可支撑线上项目检查、评审、验收等工作，可支撑多方专家进行线上技术会同攻关和科学决策。

5）质量管理

基于社交工具集成，质量管理应用场景是支持项目组内部、项目组所属公司、项目监理等对项目进行质量监督、质量检查等工作，相关工作实现线上双向互动。

3. 处理解释智能生态建设预期效果

处理解释智能生态建设预期效果概括为 3 个方面：

（1）处理解释智能生态建设将进一步深化"三个一体化"的内涵，扩展应用前景，推进处理解释向一体化、智能化、平台化转变，推进处理解释项目关联的甲乙方合作方式向一体化、平台化、移动化转变，推进处理解释项目前后方合作向一体化、平台化转变。

（2）处理解释智能生态建设将为实现处理解释"共建、共享、协同"生态提供技术保障。

（3）处理解释智能生态建设提供统一平台、统一管理，将为全球化处理解释业务云提供信息安全保障。

四　运营管理智能生态

运营管理智能生态可以理解为整合了全产业链（用户 + 东方物探 + 供应商），集生产作业、经营管理、决策支持、员工服务等功能的一体化智能运营管理模式。其主要目标是，融合数字化技术和（信息）共享、（管理）协同的生态转型理念，实现运营管理智能生态转型，为全球一体化运营智能管理持续赋能。

下面从 3 个方面对未来东方物探运营管理智能生态进行展望。

1. 一体化智能协同工作

如何为分布全球的员工赋能，发挥东方物探采集、处理、解释、装备和 IT 的一体化优势，是决定公司全球物探领军地位的关键。要利用东方物探智能云平台、统一数据湖，集成 OA、ERP、A7、A12 等系统，构建涵盖东方物探生产作业、经营管理、决策支持、员工服务的一体化智能协作工作平台，提供高效、透明、协同、智能的数字化工作环境。

2. 智能化管理平台助力企业转型升级

未来基于勘探开发梦想云平台，为东方物探提供了强大的中台（数据中台、技术中台和业务中台）应用与服务能力。梦想云数据湖及数据中台，通过与前端物联网和边缘层的广泛连接，实现对智能终端和业务场景的支持；梦想云通过中台能力建设，将大数据分析和人工智能算法组件纳入技术中台，使其具备了"厚平台、薄应用、模块化、迭代式"智能应用开发能力；利用梦想云技术中台和应用前台的云化集成能力，支持与东方物探原有应用的集成升级，满足业务流程的集成与再造需求，全面提升企业级组织的协同运营管理效率，助力东方物探数字化转型和智能化升级。梦想云提升了东方物探组织敏捷业务创新能力与数据集成应用能力，提供了应用小型化、轻量化、专业化与移动化的建设能力，从而支撑组织的业务快速变化和创新，全面提升企业级组织的协同运营管理效率。

以采集业务智能化管理为例，围绕采集业务数字化转型与智能化发展的流程再造与扁平化组织变革，构建采集作业指挥数据链（图 4-2-5），建立起基于数据驱动的智能化管理平台，支撑作业执行、管理、指挥、决策与持续优化的高效闭环系统。

3. 建设物探产业数字生态体系

东方物探拥有亚洲范围内物探行业最高性能的计算及存储资源，拥有完备的采集处理解释软件，物探产业数字生态体系建设将以数据生态和应用生态为双驱

第四章　物探技术智能化发展展望

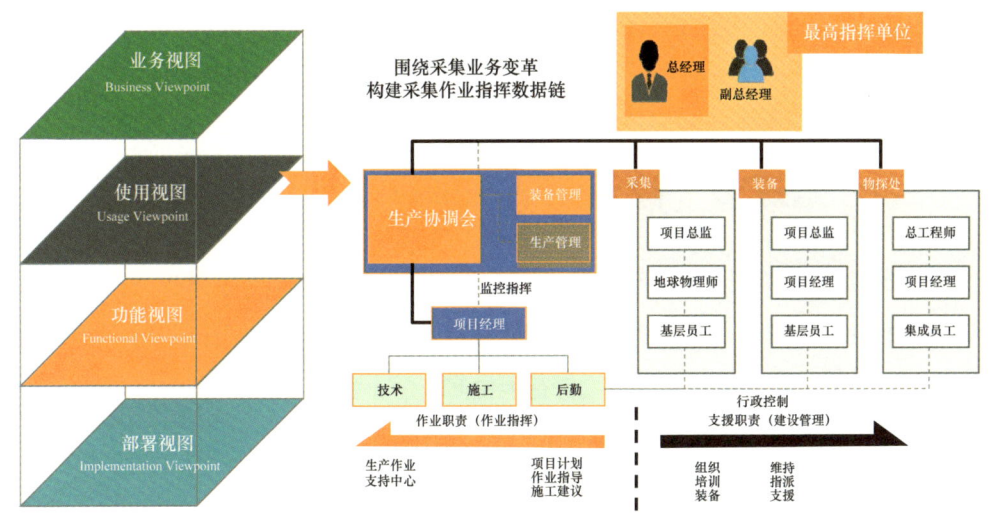

图 4-2-5　智能化管理平台——采集作业指挥数据链结构示意图

动。依托梦想云，东方物探将着力打造物探数据生态和应用生态，基于数据湖新技术，打造中国石油统一的物探数据共享生态体系，实现物探数据智能入湖与治理，融合多种专业软件，提供各类原生云应用，支撑地震数据协同研究与共享应用，开展应用生态建设，为智能化发展奠定基础，实现物探产业数字生态体系建设目标。

东方物探将以梦想云为基础，参考企业应用集成（Enterprise Application Integration，简称 EAI）理念，将基于不同平台、不同方案建立的异构应用系统进行集成改造或升级，搭建一体化运营管理平台。以 ERP 系统为核心，将机关各处室、二级单位日常办公涉及的生产、经营、综合管理等业务系统集成升级，通过业务逻辑和流程再造，贯通整个企业的数据资源、业务系统和应用场景，实现企业内部 ERP、CRM、数据库、数据仓库及其他重要内部系统之间的数据交换和共享。同时，东方物探将通过一体化运营管理平台建设，使企业老的核心应用和新的应用系统解决方案实现有机结合和深度融合，为生产经营、员工服务等提供一站式平台化服务，为全球一体化运营管理持续赋能。届时东方物探运营工作环境将呈现后端并行化、前端可视化、流程自动化、系统智能化的未来发展图景。

在此基础上，东方物探将通过业务专题识别，扩充运营指标，或根据策略生成专题，形成多维度、多方向深度数据挖掘模型，自动匹配业务场景，智能触达用

— 225 —

户，通过机器学习等人工智能技术实现全流程自动迭代优化；通过模型评估、模型分析和模型预测等智能调整策略，实现对总体经营决策的智能化运营。

第三节　建设世界一流智能物探公司

通过数字化转型建设，东方物探将全面提高智能技术水平，建成平台化、生态化等企业运营模式，推动战略转型和领导力转型，不断提升东方物探的创效能力和核心竞争力，助力东方物探向物探智能生产、企业智能运营、企业智能决策方向发展。

一、物探智能生产

物探智能生产方面，将形成智能地震采集作业、智能多学科协同研究、全球生产指挥体系及远程技术支持等方面的智能化生产场景。

1. 智能地震采集作业

1) 依托智能化地震队系统，支撑陆上地震采集作业智能化

通过采集工序、地面装备、采集方法、移动智能设备等有机融合，借助物联网、人工智能、云计算、大数据等信息技术手段，基于数字化地震队升级，于2020年建成了智能化地震队，初步实现了采集作业现场的智能化生产，实现支持高质量的智能作业的模块化信息能力，与世界一流的采集板块创新发展方向相适应。

智能化地震队系统将成为地震采集作业现场业务的一体化基础工作平台，支持基于采集任务目标的模块化界面部署，以灵活适应未来高效全波场采集方式；将成为上级生产管理指挥系统在采集作业各工序终端数据源头的汇聚中心。智能化地震队系统将形成具有世界级水平的智能化地震队整体解决方案。

智能化地震队系统将改变传统地震队施工模式，完全改变物探放线、钻井、激发、质控等各个流程和环节的作业模式，将更多地采用基于大数据、人工智能、

5G+物联网等方式，密切地震队各个环节的衔接，更好地提速提效，助力地震采集项目高质量发展。

随着智能物探云建设的深入发展，智能化地震队系统将基于PaaS平台进一步升级，可形成智能化地震队智能中台、业务中台等复用资源，结合GIS技术应用，在现有基础上升级建设云原生应用，包括可控震源高效智能作业管控、脉冲震源高效激发作业管控、排列智能管理、工序移动作业智能助手、地震采集智能质控、工区通信网络监控、地震队智能指挥、地震队RTOC（地震队远程实时作业支持中心）等应用（图4-3-1）。

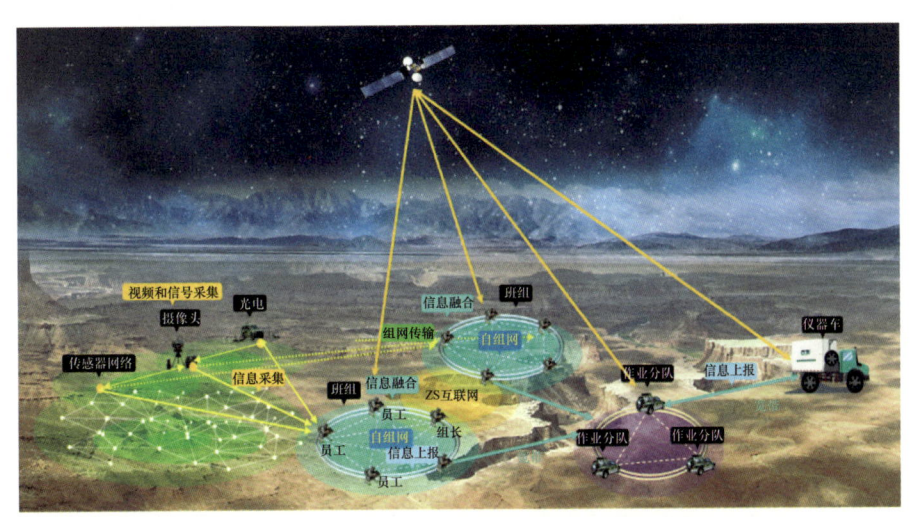

● 图4-3-1 智能化地震队系统应用场景示意图

2）依托智能化海洋勘探系统，支撑海上地震采集作业智能化

通过Dolphin系统的基础地理信息采集、上传、分发等功能，建成了智能化海洋勘探系统，实现海上地震勘探采集作业现场信息化、智能化，实现海上地震勘探生产智能化，全面满足OBN作业需求。智能化海洋勘探系统作为海上地震勘探生产指挥中心，为生产作业提供全面的信息化、智能化管理过程，形成具有世界级水平的东方物探智能化海上地震勘探整体解决方案。

智能化海洋勘探系统是一套集三级网络部署、海陆一体化智能管理、生产现场管理和远程监控、智能采集设备应用、节点和应答器智能管理及生产作业计划制定等功能于一体的海上智能化地震队技术平台，能够满足海洋节点、海底电缆、过渡带（TZ）及拖缆等涉海项目的智能化管理需求，实现海上勘探项目智能化综合管理的目标，为海上地震勘探提供一套完整的智能化综合管理方案，满足日益增长的海洋勘探信息化技术发展要求。

海上智能地震采集作业场景如图 4-3-2 所示。

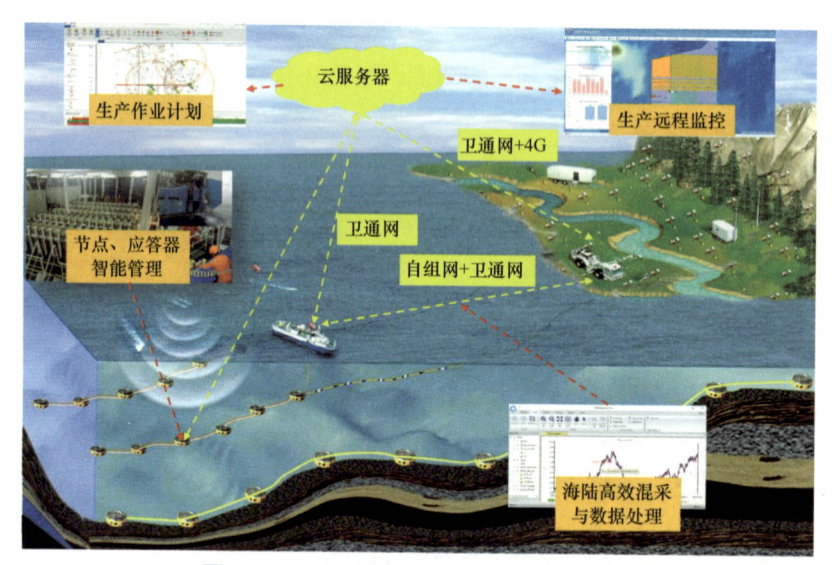

● 图 4-3-2　海上智能地震采集作业场景示意图

智能化海洋勘探系统主要应用场景包括以下几个。

（1）地理信息数据采集及海面数据快速处理与显示：实现基于海图的海陆一体化信息数据采集、存储、处理及显示，对海洋潮汐、洋流、障碍物等信息实现有效管理和利用。

（2）船舶安全距离智能预警：针对不同生产项目施工设计要求，在海洋智能化管理平台上进行安全距离预设，并实时监控船舶状态位置，形成智能预警解决方案。

（3）海洋网络通信解决方案：借助卫通网、Mesh 电台、北斗短报文、4G、Wi-Fi 等通信手段，建立船舶内部、船与船、船与岸基的有效网络沟通机制。

（4）生产进度及船舶位置实时监控：借助 Dolphin 系统实时采集数据，以及 AIS、雷达、铱星等设备采集的实时数据，通过海洋网络通信进行实时回传云服务器，实现生产精度及船舶位置的有效监控。

（5）智能化生产管理与调度。

① 生产计划安排智能化：对各类有效数据进行收集、汇总，实现基于时间轴的生产作业计划编制功能，能够对过往生产状态进行回溯，也能够对未来生产计划进行预演。

② 作业现场互联与智能：深度应用各类智能导航定位终端，并通过船舶网络进行有效互联，实现各作业班组生产信息的有效沟通。

2. 智能多学科协同研究

物探处理解释面临从单一学科向面向油藏的多学科协同工作模式转换的挑战。针对油气田提高采收率、非常规油气藏的高效勘探开发、深层油气藏勘探开发的需要，应改变工程技术相对独立的传统作业模式，建立"以油藏模型为中心，以数据为驱动"的新工作模式，各工程技术板块相互配合、数据共享、协同工作，共同提高勘探开发效益。同时，资料处理解释业务还存在着大量的、耗时耗力、陷入瓶颈的技术问题，非常有必要且最有希望通过利用人工智能技术，大幅提高效率和精度，直至实现智能协同研究，从而推动相关技术的跨越式发展。

以超级计算为基础，利用人工智能技术，大幅提高效率和精度，发展全流程的智能处理解释系统，搭建地学知识图谱，实现智能化的知识积累、学习和应用，如图 4-3-3 所示。

1）智能资料处理

包括低信噪比初至拾取：低信噪比海量初至快速拾取方法，智能混采分离、地震数据插值及规则化；智能去噪：通过波场智能化识别，实现去坏道、压制各种类型噪声功能，智能反褶积、速度谱智能解释、剩余速度分析，深度偏移初始模型建立及模型更新；引导式全自动处理：通过少量操作，实现从单炮记录得到偏移成果。

2）智能资料解释

包括基于深度学习的层位、断层解释，基于 AI 的测井解释及小层对比，特殊构造（盐丘、火山机构）及特殊地质目标体（溶洞、河道）三维识别，地震相分

● 图 4-3-3　智能多学科协同研究系统示意图

类、井震联合智能岩性、岩相预测，AI（字典学习、深度学习）高精度反演，碎屑岩储层物性参数、流体智能化预测，储层地质目标智能综合评价，智能批量化工业制图，引导式全自动解释：从地震测井资料到成果图件及井位建议。

3）智能井中地震资料处理解释

包括微地震事件快速识别与自动定位，压裂微地震震源机制参数提取，基于微地震成像的人工缝网刻画，VSP 初至拾取、智能去噪、波场识别与分离，井中参数自动提取（速度、Q、各向异性参数等）、VSP 速度建模、分布式光纤声波传感技术 DAS 资料预处理及数据质控。

4）智能综合物化探资料处理解释

包括井中电法人工智能反演、重磁电震信息智能化融合解释。

5）一体化油藏地球物理软件系统

具有便捷的储层预测、复杂构造建模、油藏数模、静动态数据相结合的剩余油气预测等功能，为多学科信息一体化解释提供快速、有效的工具。

6）跨专业多学科协同工作软件平台

全面建成支撑石油工程协同工作软件生态系统。利用人工智能技术，自动完成操作密集型工作，实现多学科信息的智能化综合分析。应具备智能学习、知识积累和智能决策能力。建立以油藏模型为中心新的工作模式，实现钻井、油藏、储层改造、测井、物探等各工程技术板块相互配合、数据共享、协同工作，共同提高勘探开发效益。

3. 全球生产指挥体系及远程技术支持

依托梦想云，深度融合物探技术与信息技术，积极运用人工智能、物联网、大数据等新兴技术，再造业务流程，建设了全球三级生产指挥中心，实现生产指挥高效协同和远程决策支持。该生产指挥中心的建成，强化了地震队、物探处和公司三级指挥中心线上协同作业能力，强化了生产指挥中心数据决策和分析运营能力，初步形成全球生产作业指挥体系与技术支持新模式。

公司级生产指挥中心将市场落实、经营收入、资源投入等决策支持方面进行深层次的数据挖掘分析同时具备下沉远程支持的能力；物探处级生产指挥中心更侧重在市场、经营、质量、生产、设备、物资、人力、HSE 等详细方面做更有针对性的数据挖掘分析；地震队将着力发展生产作业现场指挥，将形成一朵云、一张网、一块图、一系列智能应用、一个队的生产指挥系统。

随着三级生产指挥中心建设的不断完善，东方物探将逐步完善全球三级生产指挥体系，以实现全球智连、自动作业、远程协作、精准预测、实时优化、智能决策愿景。

为此，需加快野外数据的物联网安全接入，应用增强现实技术实现对现场的技术支持，应用数字孪生技术建立采集作业技术、生产和管理等要素的动态数字模型，实现对采集项目的智能模拟、分析、支持和指挥。通过业务数据的系统汇聚和集成，进行大数据分析和价值挖掘，实时掌握市场新签、落实、经营收入情况，以及人员和设备投入情况，监控项目运行全过程，辅助各级领导进行智能决策。构建国内与国际、公司、物探处、地震队无障碍沟通的全球指挥网络，为项目的扁平化管理铺平道路。此外，充分利用云视频平台、短信、APP 等即时通信手段，实现对全球作业队伍的智能生产指挥、智能辅助决策与技术支持，最终成功打造全球生产作业指挥与技术支持中心，如图 4-3-4 所示。

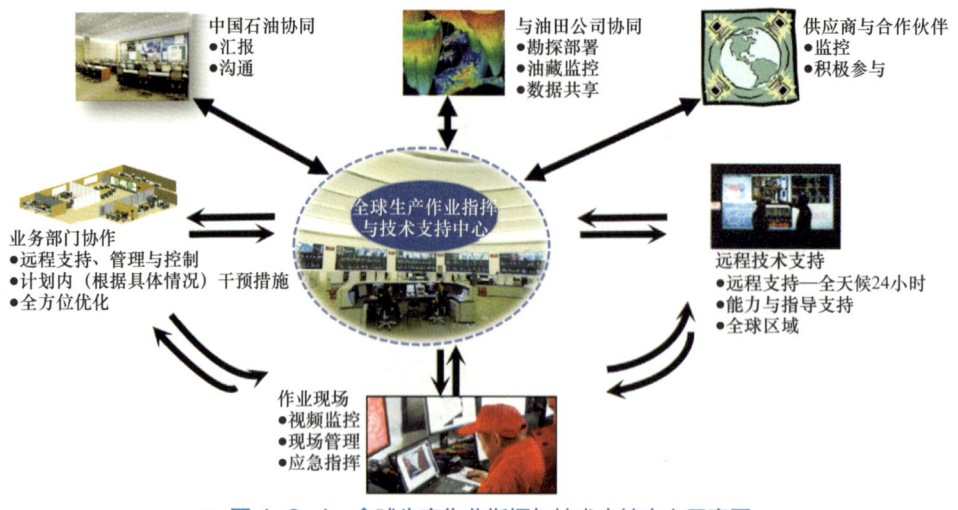

● 图 4-3-4　全球生产作业指挥与技术支持中心示意图

二 企业智能运营

东方物探企业运营关注重点包括智能经营管理、智能设备与物资管理、智能人力资源管理、智能综合服务管理、HSSE 智能管控、全球一体化协同办公 6 个方面。东方物探将抓住数字化转型、智能化发展的良好契机，加速推进东方物探企业运营智能化，实现企业智能运营，提升工作效率和质量，提高企业运营管理水平。

1. 智能经营管理

通过全面应用 ERP 和集成应用平台，强化经营管理的应用集成，以"瑞信"为移动应用平台，实现系统的集成化、移动化。通过大数据、人工智能等新技术，为东方物探经营决策提供支撑，同时推进人力资源、财务经营等共享服务中心建设，落地"共享东方物探"目标。

利用成熟的大数据、商务智能等信息技术手段，集成生产、人力、客户、市场、价格等关联数据，建立预测分析模型，为决策者提供定量性的决策依据或建设性方案，实现数据实时分析、事前方案预测及分析、事后评价及分析，提高经营形势分析研判的准确性及经营决策的科学性。

建立经营管理风险防控模型，利用大数据、知识图谱、机器学习、自动化机器人等技术，对经营管理过程中的风险进行实时监测、自动识别、智能防控、预测预警，规避企业管理问题，降低运营风险。

2. 智能设备与物资管理

以东方物探设备管理体系文件为基准，以设备管理相关岗位需求为中心，以设备全寿命周期管理为主线，集成ERP、项目管理、条码等相关系统，搭建设备管理统一的协同工作环境，实现数据采集的高效与便捷；依据设备管理体系文件组织建设，满足设备管理应用需求；建立设备物资管理指标考核体系，满足设备考核需要；建立设备指标评价体系，满足综合评价需要；建立设备管理指标池，满足设备调拨、管理、决策需要。

目前，物联网在物探行业的应用主要集中在震源、车辆和物资等的追踪、设施设备智能管理调度方面，后续要深化物联网技术在设备管理方面的应用，通过射频识别（RFID）等技术，把设备数据与状态直接与物联网进行连接，实现信息交换和通信，实现智能化识别、定位、跟踪、监控和管理。新兴技术的引入将有效减少录入误差，大幅提高设备管理自动化智能化水平。最终实现设备全寿命周期管理，实现成本最优，提高效益的目标。

3. 智能人力资源管理

按照管理体制改革框架方案要求，开展以"职能优化、精干高效、简政放权、做实共享"为目标的改革。首先，以统一平台为基础，通过业务整合实现基础事务统一规范，不断夯实基础数据，解决企业统一管控困难问题；其次，平台助力人力资源管理从职能型模式向"三支柱"共享服务模式转变，实现人力资源管理流程的优化重组及企业资源协同共享，简化流程，提升员工体验，从而解决员工服务满意度不高问题；最后，平台整合各渠道人力数据进行全数据分析，通过人才画像及组织画像等打造企业持续健康人才供应链，不断提升组织能力，实现为业务赋能并为企业战略落地提供有力保障。人力资源共享服务将有效缓解人事队伍结构性短缺矛盾，提高了人事工作的标准化、规范化水平，实现了人事工作整体效率提升和成本降低。

4. 智能综合服务管理

基于中国石油 OA 平台进行统筹与优化，搭建适合东方物探管理的 PC + 移动协同办公平台，实现业务数据的采集、查阅、推送、审批，提高工作效率，服务于全体员工。提高信息化系统使用的有效性、便捷性，提高办公效率，为东方物探建立一体化运营管理平台门户系统。

进一步加强一体化运营平台的建设目标，统一各关键业务数据和接口标准，消除数据多头录入、重复录入，推进数据治理和数据共享；统一用户管理和流程管理，打破系统间壁垒，推动流程优化、业务协同和管理创新；建成统一的任务中心、消息中心、用户中心，全面集成五大类系统为东方物探的决策分析、经营管理、市场管理、设备物资管理、人力管理、综合服务等业务提供信息技术支撑。全面实现信息系统的横向集成和纵向贯通，提升企业运营效率。

5. HSSE 智能管控

基于物联网、大数据、机器学习等创新技术，搭建 HSSE 智能管控一体化云应用，实现 HSSE 智能运行管理、智能风险预警、员工健康及环境保护智能管理。东方物探 HSSE 智能管控的未来愿景将从 3 个方面进行展现。

1）HSSE 智能运行管理

由于企业生产以野外作业为主，地形复杂、人员分散、点多面广、流动作业（山地、高原、黄土塬、滩浅海、沙漠、高寒高热不同地区）风险性高。而传统的管理手段主要依靠制度和人的作用，获取信息的手段和传递渠道单一，加之受各种通信条件影响，信息交互及集成共享滞后，给 HSSE 管理工作带来诸多的不便，使企业安全环保工作始终处于重压之下。

通过 HSSE 智能运行管理，将实现 HSSE 运行指标的实时监测、及时智能评估，在统一云平台上实施 HSSE 生产管理，监测、跟踪关注的车辆设备运行情况、民爆物品管理情况、现场风险识别情况、隐患治理情况、现场人员情况、培训教育情况、HSSE 考核情况等，根据不同的体系要素和现场情况，设定不同的报警、预警提示等。

此外，结合经验模型和人工智能技术，智能推荐优化、提升管理办法，使之成为 HSSE 管理"大脑"和智能生产指挥中心的组成部分；结合 GIS 技术应用，实现对 HSSE 风险管控的三维可视化或数字孪生化；结合现场传感器、视频监控等采集的各类实时信息，实现对智能作业的 HSSE 远程、集中管控；结合云计算、3D/4D/VR/AR 仿真、社交工具等技术，实现科学的 HSSE 培训、考核。

2）智能风险预警

风险管控一直是物探野外 HSSE 管理的重中之重，但由于物探野外作业环境复杂，流动性大，风险预警效果并不理想。

通过智能风险预警，将实现对现场风险的智能识别和预警。通过利用现场的环境、地形、天气、自然灾害，人员分布、人员 HSSE 知识掌握情况、人员培训情况等信息，以及该区域、同类项目的历史信息（项目时间、规模、人员情况、隐患事故情况），基于大数据、人工智能、机器学习等技术，对现场风险进行提前预警，有效降低现场事故、事件的发生，并能够不断进行（机器）学习，提升预警的成功率。

智能风险预警将以文字、图片和视频等方式上传，实时反馈给相关人员，并结合平台的应急管理功能，及时将应急信息自动推送给相关责任人，以辅助相关责任人快速、准确地做出应急响应。

3）员工健康及环境保护智能管理

通过员工健康及环境保护智能管理，将实现员工健康管理数字化和环境保护智能化。

（1）将员工的体检信息录入平台中并进行动态更新管理，对医疗设备及药品进行动态管理，对药品的数量及有效期进行动态监控，当库存不足或即将过期时，主动推送警示信息到相关人员；通过对不同种药品消耗量和急救物资（First Aid）数据进行大数据分析，找出地震队运作过程中 HSSE 管理中的薄弱环节或遗漏项，并自动推送信息至 HSSE 相关负责人；对食品安全进行动态管理，定期监控食品的状态，对即将变质或过期的食品进行有效监控并主动推送警示信息到相关人员；通过平台动态记录和追踪饮用水的质检过程及结果，以及污水的处理的措施和结果。

（2）将当地环境保护法律法规、甲方对环境保护的要求和地震队各工序对环境保护的要求等信息上传至平台，支持地震采集项目环境保护方案的辅助设计，对破坏环境的行为进行预警，对破坏环境的事件进行调查、处理、恢复等跟踪。

6. 全球一体化协同办公

基于原有各类信息系统，构建为东方物探生产作业、经营管理、决策支持、员工服务为一体的智能协作工作平台，为东方物探全球一体化运营管理持续赋能。全球一体化协同办公平台提供统一登陆平台，实现统一身份认证，减少多套账号密码的困扰；提供内部交流、沟通平台，提高信息的安全性；提供新的办公方式，随时、随地能够进行业务处理。

全球一体化协同办公平台主要建设内容包括：基于中国石油的办公系统，建立东方物探的办公平台；完善提升及时通信系统，建立东方物探的PC端+移动端的沟通平台；基于"瑞信"，为机关各职能处室建立"公众号"移动办公系统；集成现有相关系统，实现数据的实时查看与审批；建立东方物探的知识图谱。

三 企业智能决策

东方物探早在20世纪90年代就系统地发布了物探生产作业管理程序文件系列，并持续修订完善，详细规定了东方物探各层级、各业务环节的生产与管理规程、作业程序等，为东方物探各级生产管理的决策支持、系统建设及决策智能化建设提供了依据。

东方物探企业智能决策将主要结合应用陆上智能化地震队生产指挥中心、海上智能化地震队生产指挥中心、全球三级生产指挥中心以实施企业智能决策。本节从自动化生产决策、智能化辅助决策、全球智能协同决策 3 个方面展现东方物探企业智能决策愿景。

1. 自动化生产决策

（1）陆上地震采集生产决策自动化。结合全球三级生产指挥中心，依托智能化地震队生产指挥中心，自动化生产决策将专注于地震队生产现场的生产指挥决策应用场景，将具备各工序智能施工的实时进度统计功能；实时的任务分发、位置监控功能；野外生产数据和日报数据的深度分析挖掘功能。智能化地震队生产指挥中心将实时采集生产项目的全方位数据，数据的支撑将使决策更加智能化、规范化，达到自动生产决策的效果。

（2）海上地震采集生产决策自动化。结合全球三级生产指挥中心，依托海上智能化地震队的智能综合导航、智能化地理信息管理及船舶监控管理等应用功能，提供海上地震采集过程中的全流程管理和监控技术手段，实现现场及远程的信息化管理和辅助决策支持。

2. 智能化辅助决策

依托全球三级生产指挥中心，东方物探各二级单位将实现生产、经营、设备、市场等要素模块的数据分析挖掘和商业智能展示功能，深化以数据为中心的智能辅助决策、协同指挥。深度挖掘数据资产，建立多种数据汇聚方式，满足跨层级、跨部门、跨系统数据汇集，让数据成为有价值的资产，打造智能化经营决策应用：通过数据沉淀，提炼历史经营过程，辅助管理经营规划，让数据成为发展决策依据；建立自动化生产运行机制；通过深度数据挖掘，发现生产过程中的各种管理依据，将生产中的人工评估变成自动评估，形成数字化管理决策分析方式；通过深度发挥数据价值，将复杂数据简单化、简单数据可视化的方式进行数据的商业智能应用，直观发现问题并解决问题，实现各级生产指挥中心的智能辅助决策目标，如图 4-3-5 所示。

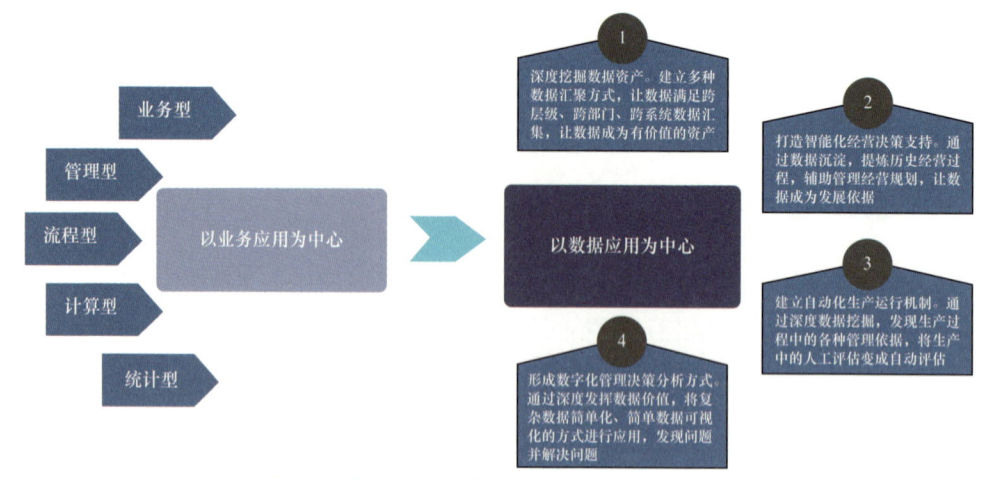

● 图 4-3-5　智能辅助决策路线图

3. 全球智能协同决策

东方物探利用全球三级生产指挥中心实施全球智能协同决策。依托物探区域数据湖的支撑，全球三级生产指挥中心是智能物探云的核心业务应用场景之一，应用了云计算、大数据、人工智能、数字孪生、增强现实、网络安全等技术，能够对全球项目实施协同管理和决策支持：通过实时汇聚全球各工区地震队的生产数据，智能远程诊断并解决施工现场所遇到的技术难题，实现资源统筹高效应用、生产安全监控、全球生产指挥协同三大应用场景。

（1）根据以往历史项目数据，预测项目施工计划所需人员、设备、配件数量，根据既往数据分析对比本次生产物资需求计划数据与之前类似项目的对比差异，辅助施工设计及生产工作计划调优，实现资源统筹高效利用。

（2）基于物探区域数据湖实时获取所有项目生产安全数据，采用数据分析模型，对项目进度、异常情况发展趋势，以及灾害预警情况进行预警展示和推送，全面实时了解生产安全状况。

（3）运用智能决策人工智能算法，建立前后协同的控制指令与管理体系，形成统一规范的控制和指令管理，辅助东方物探各级研究中心、指挥中心的互联互通，实现高效统一的全球智能协同决策。

结 束 语

东方智能物探建设过程中的种种经历、无数艰辛，这里不再一一赘述。目前，东方智能物探已具雏形，借助梦想云，将物探技术与新兴数智（数字化＋智能）技术深度融合，积极运用物联网、大数据、云计算、人工智能、区块链、移动应用等新兴数字化技术，再造物探业务流程，建设"上云—用数—赋能—深耕"智能物探，助力东方物探数字化转型与智能化发展，强力支撑东方物探率先实现世界一流地球物理技术服务公司目标。

东方物探信息化建设取得的阶段性成果，离不开中国石油天然气集团有限公司数字和信息化管理部、中国石油集团油田技术服务有限公司、中国石油勘探与生产分公司和昆仑数智科技有限责任公司等单位领导和专家的关心、指导和帮助，谨以此书聊表谢意！

参 考 文 献

杜金虎，时付更，等，2020. 中国石油勘探开发梦想云研究与实践［J］. 中国石油勘探，25（1）：58-66.

光新军，王敏生，等，2017. 沙特阿美石油公司石油工程技术创新战略及启示［J］. 石油科技论坛，（3）：60-67.

撒利明，甘利灯，等，2014. 中国石油集团油藏地球物理技术现状与发展方向［J］. 石油地球物理勘探，49（3）：611-626.

宋林伟，王小善，等，2020. 梦想云推动地震资料处理解释一体化应用［J］. 中国石油勘探，25（5）：43-49

杨虹，毕研涛，2018. 国外石油企业技术与创新管理特点及趋势［J］. 石油科技论坛，（6）：42-47.

杨午阳，魏新建，何欣，2019. 应用地球物理+AI 的智能化物探技术发展策略［J］. 石油科技论坛，38（5）：40-47.

张少华，2019. 论中国石油物探技术创新高质量发展［J］. 北京石油管理干部学院学报，26（132）：46-49.

赵邦六，董世泰，等，2021. 中国石油"十三五"物探技术进展及"十四五"发展方向思考［J］. 中国石油勘探，26（1）：108-120.

赵改善，2019. 石油物探智能化发展之路：从自动化到智能化［J］. 石油物探，58（6）：791-810.

赵改善，2021. 石油物探数字化转型之路：走向实时数据采集与自动化处理智能化解释时代［J］. 石油物探，60（2）：175-189.

朱斗星，蒋立伟，等，2018. 页岩气地震地质工程一体化技术的应用［J］. 石油地球物理勘探，53（增刊1）：249-255.

Tofig A, AL-Dhubaib, 2011. Intelligent Fields：Industry's Frontier & Opportunities［C］. SPE 141874.